Business Management

企業管理概要 第2版

○ 王德順 著

五南圖書出版公司 印行

企業管理（Business Management）主要結合了社會學、社會心理學、心理學、自然科學、人類學和政治科學等相關理論，發展成一綜合性的管理學科。無論在企業或政府機關皆須應用相關管理知識與技能，管理眾人，並擬訂目標與方針，以有效分配資源，讓員工能發揮潛能及專長，達成最終之營運目標，不但使利害關係人能獲益，也間接對社會善盡一份責任，進而促進社會成長茁壯，經濟繁榮進步。

本書係由「管理功能」與「企業功能」兩大層面加以探討，共分十九章，各章之內容概述如下：

第1章：新經濟的挑戰

主要探討知識的種類與形式、新經濟、知識經濟與國家競爭力的意義。

第2章：管理學導論

包括管理與管理功能及企業功能之意義、管理主管的角色與能力、五力分析、SWOT分析等。

第3章：管理思想的演進

主要內容係將管理思想的演進依時間前後區分為古典管理理論時期（包括科學管理學派、管理程序學派、科層體制學派）、新古典管理理論時期（包括行為科學學派、管理科學學派）、整合管理理論時期（包括系統學派、權變學派）等三個時期。

第4章：決策

針對決策的意義、程序、狀態、風格、類型加以探討。

第5章：目標管理

主要探討設定目標，MBO的意義、程序與優缺點。

第6章：策略管理

內容包括策略的意義、規劃、規劃程序、管理、管理程序、層級等。

第7章：規劃

探討規劃的意義、類型、程序、工具與技術，組織的環境、整體規劃等內容。

序

第8章：組織結構

　　針對組織構成的要素、組織設計的程序、原則與模式、組織結構的構面與權變因素、各類型的組織結構等內容加以探討。

第9章：組織行為

　　內容包括組織行為的內涵、個人行為模式、群體行為等。

第10章：組織文化

　　主要探討文化與組織文化之意義、組織文化之形式與形成、組織文化的構面、組織公民行為、國家文化等內容。

第11章：領導

　　探討領導者與管理者之區別、領導之意義與種類、各種領導理論等內容。

第12章：激勵

　　主要內容包括激勵的涵義與過程、各種激勵理論。

第13章：人力資源管理

　　探討人力資源管理的定義、目標、程序，人力資源規劃與策略、工作分析、招募、裁員、遴選、訓練及發展、績效評估、獎酬、勞資關係等內容。

第14章：溝通與衝突

　　主要探討溝通的意義、程序、類型、障礙，以及衝突的意義、類型，與衝突管理之意義與程序等。

第15章：行銷管理

　　內容包括行銷的意義、程序、觀念，行銷組合、行銷管理之意義與程序、產品生命週期等。

第16章：生產與作業管理

　　主要探討生產作業管理之意義、生產／作業策略、生產型態與系統、整體規劃、作業控制系統、全面品質管理、企業流程再造、及時生產管理、六個標準差等內容。

第17章：財務管理

　　內容包括財務管理概論、資本預算評估方法、投資案之執行、企業槓桿作用、公司治理等。

第18章：電子商務

　　主要內容有電子商務概述、類型、現代商業四流等。

第19章：國際企業管理

　　包括國際企業之類型與策略、海外直接投資、出口模式、授權約定、合資、策略聯盟、併購等內容。

　　本書特色除了探討相關管理理論之外，實為啟發讀者管理思考、管理知識、管理技能之有用工具，並在課程內容與習題中提供一些管理實務或個案分析之演練，期能開啟讀者分析思考之能力，藉由企業管理理論而獲得實務之經驗。另外，在每章節內之重要名詞與觀念處，列出英文名詞對照，使讀者能無障礙的學習，以養成閱讀原文資料之能力。

　　本書可作為大專院校「企業管理學」、「企業管理概論」、「管理學」等科目之教科書，並可提供企業與政府機關從事管理的人員管理應用與訓練之用，亦可作為升學、高普考及各項特考之有用工具。

　　本書得以付梓，要感謝五南圖書出版公司的大力支持與鼓勵、張副總編輯之鼎力協助與建言。尤其在此期間，內人馨以及家母的體諒與支持，照顧幼小的婷兒，使我能無後顧之憂，才得以完成著作。

　　本書內容雖再三斟酌，力求文字通暢，惟疏漏之處在所難免，敬祈各位先進與讀者不吝指正與賜教。

王德順

謹識於國立台北商業技術學院

2004.仲夏

e-mail:man.leader@msa.hinet.net

目錄

目
錄

目錄

目錄

第1章 •
新經濟的挑戰

本章學習重點

1.了解知識的意涵、種類與形式
2.了解新經濟與傳統經濟的差異比較
3.介紹知識經濟的意涵與特色
4.國家競爭力的涵義

何謂「知識」（Knowledge）？

　　知識是文化脈絡、經驗與資訊的組合。其中，文化脈絡指人類看待事情的觀念，常受到社會價值觀、宗教信仰、個性與性別的影響；經驗則是指個人由以前經歷過程中所獲得的知識；而資訊則是資料經儲存、分析與解釋後藉以傳遞訊息的結果，因此，資訊包含確實的實質內容與目的。

　　知識包括結構化的經驗、價值、文化的資訊，以及專家獨特的見解。知識不僅存在於組織的文件儲存系統中，也蘊藏於組織的例行性工作與規範當中。故知識有正式結構，也是直覺的，難以用文字形容，或完全透過邏輯思考來理解其精神涵義。

　　知識需要獲取、累積、擴散、激盪、應用與修正。知識的演進分別由資料或數據、資訊、知識、創新。創新是組織永續經營的基礎，欲在產業中居於領導地位，創新、品質、速度、服務就將成為企業競爭的關鍵要素。

　　有關知識的四個基本操作及成就目標，如圖1-1的說明。

1. 知識發展：
   確保新知識得以改善既有知識，且知識能夠兼具效率（Efficiency）及效能（Effectiveness）的發展。

2. 知識流通及轉移：
   確保新知識能夠在跨部門間流通，並使新知識轉移給新進人員或組織中需要的成員。

3. 知識保存與存取：
   確保知識能有效地保存，且使所有組織成員都易於在第一時間存取其所需的知識。

4. 知識組合：
   確保將可用的知識有效地組合及運用。

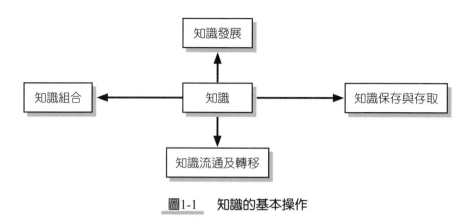

圖1-1　知識的基本操作

經濟合作與發展組織（OECD）認為知識有下列四種型態：

(1)事實性知識（Know-What）

(2)原理性知識（Know-Why）

(3)技能性知識（Know-How）

(4)人力性知識（Know-Who）

◎「知識」需要獲取、累積、擴散、激盪、應用、修正。

知識的種類與形式（依Natarajan & Shekhar, 2000）

1. 隱性知識（Tacit Knowledge）與顯性知識（Explicit Knowledge）：

(1)隱性知識：

隱性知識又稱內隱知識，是一種屬於個人的、直覺的、無法明確描述的知識，例如洞察力、靈感、預感均屬之。此種知識具有三種特性：

①隱性知識的獲取與轉移是經由非正式學習行為與程序，或非結構化或半結構化學習的結果。

②隱性知識是內嵌在個人身上的一種知識，它是經由直接體驗和實際行動後發展而成的知識，難以口語化與形式化，且不易與人分享。此一知識多半是透過學徒訓練方式轉移，或透過說故事、頻繁的互動溝通方式取得。

③隱性知識屬於複雜、無法書面化與標準化的獨特性知識，經由人際互動才能產生共識的組織知識。

　　綜合上述，隱性知識是一種嵌在個人的心智中，須親身經歷並累積的知識，無法用語言文字轉移的知識，而須藉由人際互動，親身體驗才能彼此共享的知識，並透過個人直覺、經驗、習慣、反應及文化等方式表現於外，且能自動調整以因應環境變遷，它是一種活的知識。隱性知識的產出成本較高，可重複使用的機會較低，通常企業將其應用於附加價值較高的作業活動上。

(2)顯性知識：

顯性知識又稱為外顯知識，指容易藉由語言、文字、數字、符號加以表達、傳遞的形式化、客觀化知識，如報告書、電腦程式等。顯性知識的特性有三，說明如下：

①顯性知識是指有規則、有系統可循的過去事件或對象，其內容可藉由具體資料、數學公式、標準化程序來表達、溝通或分享的知識。

②顯性知識是可透過文字、電腦程式、圖像專利等予以書面化、標準化及系統化的知識。

③顯性知識難已抽離當初創造和使用知識的情境，但卻可隨時用精確方式描述。

　　總之，顯性知識具有廣泛適用性，且能被重複使用、複製與學習，經過整理、歸納、分類和儲存達到知識外顯的程度。

2. 結構化知識與非結構化知識：

一般組織中也包括結構化與非結構化兩種知識，說明如下：

(1)結構化知識是由有組織的及彼此關聯的資訊所組成，如組織的檔案會議紀錄、研究報告及作業程序均屬之，此類知識易於保存與分享。

(2)非結構化知識是由散亂且無關聯的資訊所組成，組織中散落在各處且未納入知識庫中的知識均屬之，其重要性有時遠超過結構化知識。

3. 公共知識與個人知識：

(1)公共知識是一種顯性知識，是思考模式的一部分。

(2)個人知識則因資訊或知識公開及分享與否，而可能成為顯性或隱性知識。

4. 程序性知識、陳述性知識、事實的知識、概念的知識：

(1)程序性知識泛指「知道如何」（Know How）的知識。

(2)陳述性知識是指透過語言文字較容易傳達的知識。

(3)事實的知識為「知道什麼」（Know What）的知識。

(4)概念的知識即較不易為他人所觀察而得的知識。

5. 個人知識、組織知識和結構知識：

若由「組織為一有機體」的觀點而言，知識可分為個人知識，組織知識及結構知識，說明如下：

⑴個人知識為存在於個人的心智模式中的知識及智慧，難與他人共享。

⑵組織知識是由組織部門或單位自創性發生，不但易與他人共享，且易於創造組織價值。

⑶結構知識則是透過理念或程序存在於組織之中。

6. 外部知識與內部知識：

⑴外部知識具有容易擁有的特質，如圖書館的書籍、資料等。外部知識通常成為管理的重心，組織可透過建立資料庫的方式充實之。

⑵內部知識則存在於組織成員的腦海中，必須經由轉化過程成為外部知識後，才能在組織內流通。組織應建立知識分享文化，如此才可以使內部知識自由流通，成為組織記憶。

經由上述知識分類與存在形式的說明，可了解知識的本質與特性。知識使組織得以迅速因應變遷，提供穩固的決策基礎。組織必須善用知識，創造不可取代的知識，以強化組織核心競爭力，並藉由建構創新知識和分享知識的機制，奠定組織永續發展的基礎。

何謂「知識經濟」（Knowledge-Based Economy）？

1. Chambers（思科創辦人兼總裁）：

「知識經濟」係指一個以擁有、分配、生產和使用知識為重心的經濟型態。此為國家經濟成長的動力，同時亦為國家經濟發展的關鍵。

2. 大前言一（2000）：

「知識經濟」泛指直接建立在知識與資訊的激發、擴散和應用上的經濟，它創造和應用知識的效能與效率，凌駕於土地、資金等傳統生產要素之上，成為支持經濟不斷發展的動力。

何謂「新經濟」（New Economy）？

1.高希均（2000）：新經濟係為跨越傳統思維及運作，以創新、科技、資訊、全球化、競爭力等因素為其成長之動力，而上述因素的運作，必須依賴「知識」的累積、應用及轉化。

2.「知識經濟」與「新經濟」難以完全分辨，甚至可以交換使用。

3.美國式新經濟，主要是指在資訊科技廣泛應用的條件下，所展現之新經濟型態，其基本內涵主要包括：知識經濟、資訊經濟、全球經濟和網路經濟。

1.2　新經濟的特色

1. 以知識為基礎的經濟：
   知識已取代物資成為生產、分配和出售的主要內容，知識和擁有知識的勞動力，被視為最重要的生產要素。
2. 以資訊科技（IT）為主導的經濟：
   依美國商務部統計，在非農業部門產值中，8.2%來自IT生產部門，48.2%來自IT使用部門。
3. 以全球市場為導向的經濟：
   促成「全球化」的四個動力：中國大陸加速經濟改革、WTO等國際經貿組織的自由化與國際化、美英等國推動自由化與國際化、網路經濟的興起。另外，「對外投資」則為全球化的先趨。
4. 以網路為主的經濟：
   網路經濟主要指EC（電子商務），它包括資訊、產品、服務及支付在網際網路上轉移的所有交易業務。

1.3　新經濟的範疇

1. 「知識」獨領風騷：
   依靠新的「知識」，增加了持續領先的可能性。新經濟的核心是知識經濟，主要的發展動力是科技，科技的核心則是人才。
2. 「管理」帶動「變革」：
   推動變革與阻擋變革的力量是一樣巨大的。
3. 「變革」引發「開放」：
   唯有在開放的社會，才能提供足夠吸引力及安全性，以凝聚人才、資金、技術與資訊。
4. 「科技」主導「創新」：
   美國近十年來的經濟成就，被認為是資訊革命與技術創新所締造出來的。
5. 「創新」推向無限的可能：
   繁榮是創新之果，知識是創新之因。
6. 「速度」決定成敗：
   要求品質改善的速度愈來愈快。
7. 「企業家精神」是化不可能為可能：
   失敗的創業者，把「可能」折損成「不可能」；成功的創業者，化「不可能」為「可能」。
8. 「網際網路」顛覆傳統：
   如報酬遞減率、使用者付費、供需決定價格、交易成本等概念，因網際網路之崛起，而必須作部分修正。
9. 「全球化」創造商機與風險：
   以競爭力來拓展產業版圖。
10. 「競爭力」決定長期興衰：
    競爭力是指一個在世界市場能創造出每人平均財富的能力。產業在生產快速、動盪、變化、全球化的新世紀中，一邊蛻變，一邊成長茁壯。

1.4　第三波產業革命

1.　第一波產業革命（蒸汽機發明）：

　　機器生產、大量製造、工廠林立、資本家形成、農村社會變革。

2.　第二波產業革命（電腦發明）：

　　作業效率提升、企業經營績效突破、產品價廉物美、科技不斷發明。

3.　第三波產業革命（網際網路發明）：

　　網路交易、網路合作研發、網路採購、網路行銷、虛擬商店、虛擬製造。

　⑴網際網路的發展與應用，使企業在最短時間內獲得最滿意的決策，快速反映顧客需要，強化競爭優勢。

　⑵由於數位化科技的應用，產生電子商務（如網路商店、電子銀行）及網路媒體（如網路廣告、人才媒介）等電子交易型態，顛覆了企業傳統的經營方式。

　⑶非屬企業核心能力的作業將被委外進行，大型企業組織結構將予以改變重整。

　⑷由於企業組織的虛擬化，以及電腦進入家庭，人們運用電腦在自家工作，此將可改變人們生產、消費及生活的型態。

　　在二十一世紀的第三波產業革命中，驅動力量已由機器設備和勞動者，轉換為資訊科技與知識工作者（Toffler, 1980）。今日，知識的重要性已凌駕於土地、原料、資金等傳統資源之上，一切知識的主宰是人，故在知識經濟時代下，如何吸引與活用知識工作者，已成為重要的核心議題。

1.5　新經濟與傳統經濟的比較

　　新經濟與傳統經濟在生產要素、財富來源、優先順序、優秀人才、受限因素、市場通路、利潤來源、投資預期、市場變化、組織文化、失敗因素、變革態度、政府角色、受重視者、假想敵等之比較，如表1-1所示。

表1-1　新經濟與傳統經濟的比較

	傳統經濟	新經濟
1.生產要素	土地、機器設備、勞力、原物料	知識
2.財富來源	有形資源	無形資源
3.優先順序	重視硬體發展，以資金、市場為導向	重視軟體發展，以人才、知識為導向
4.優秀人才	完美的管理	策略的創新
5.受限因素	發展受時空限制	超越國界、時間（發展不受時空限制）
6.市場通路	以供需決定價格	以網路決定速度
7.利潤來源	在安定市場中追求利潤	在創新冒險中追求利潤
8.投資預期	賺錢有理之實質世界	冒險無罪之虛擬世界
9.市場變化	產品變化小、生命週期長、附加價值低	產品變化大、生命週期短、附加價值高
10.組織文化	重視秩序與和諧	強調速度與忍受多變
11.失敗因素	高成本、低效率	未符市場需求，顧客流失
12.變革態度	處變不驚、戒急用忍	分秒必爭
13.政府角色	政府保護、補貼、獎勵企業	政府法令鬆綁、民營化、公平競爭
14.受重視者	組織成員	革命份子
15.假想敵	同業競爭者	替代者與潛在競爭者

1.6　知識經濟的特徵

　　知識經濟的特徵，可論述如下：

(1)工業經濟時代的經濟動力是「金錢」（Money），而知識經濟時代的經濟動力則是「知識」（Knowledge）；一般自然資源有其匱乏性，而知識資源則可無限延伸，較無匱乏性。

(2)知識將成為產出的一部分，使最終產品呈現低度物質化趨勢，將使硬體製造與軟體服務間的界限趨於模糊。

(3)掌握科技知識的趨勢，才能創造財富。土地不再是創造財富的唯一來源，未來衡量財富將以衡量其對知識的掌握有多少，未來的成功者必是能掌握關鍵知識的人，成功的企業必是能懂得善用關鍵的企業，強盛的國家必是能掌握關鍵科技知識的國家。

(4)企業競爭優勢乃取決於探索知識的速度，人類生活本質的改變主要取決於

技術的創新與知識的探索。

(5)知識生產力將大幅提升，由於新科技提升，資本生產力取代勞動生產力，使得勞動生產力長期處於供過於求的狀態。未來傳統勞工必須轉型為知識工作者，藉由提升知識生產力來提升自我附加價值。

(6)知識來自於「學習」，而非來自於「經驗」。由於知識進化是十倍速，知識工作者的能力特色乃建立在「學習」，而非「經驗」基礎上。

(7)第三波產業革命。

二十一世紀是以知識為主的產業，企業以招募更多知識工作者，以其專業知識提供對顧客具有價值的產品與服務。由於經濟環境的快速變動，企業宜給予知識工作者充分而良好的工作環境，一方面提供學習環境，另一方面要求其貢獻知識與能力，以成為與員工分享成就的企業。

企業面對知識經濟的到來，宜以產業、政府、學術界、研發團隊為發展核心，並結合外部環境，如技術移轉、資本市場、智慧財產權、研發等，成為高附加價值的價值鏈。唯有企業不斷創新，才能創造價值。

1.7 工業經濟與知識經濟之比較

工業經濟與知識經濟在公司、顧客、供應商、中間過程及勞工方面之比較，如表1-2所示。

表1-2 工業經濟與知識經濟之比較

	工業經濟	知識經濟
1.公司	公司主體為重點	延伸性網路企業
2.顧客	與製造者間接接觸	與製造者直接接觸
3.供應商	地緣的夥伴關係	電子的夥伴關係
4.中間過程	單獨處理過程的獨立實體	連結共享處理過程的延伸
5.勞工	階級制度和功能性管理	授權制度和交互功能性管理

Turner: 2001

在農業時代，土地決定財富；到了工業經濟時代，較注重資本；現今進入知識經濟時代，則必須靠知識創造財富。以往土地、資本都可世襲傳承下去，

而知識卻無法繼承，進入知識經濟時代所應用的知識必須具備創意、直接及主動等特性。創意是看其是否具有獨特性（Unique），知識也是直接被使用的生產要素，更是時時刻刻思考如何以知識創造新價值。如此不斷發揮創意，活用知識，方可為企業累積並創造利潤與財富。

1.8 知識經濟發展的迷思

知識經濟發展有助於國家競爭力的提升，已是各國普遍的共識；然而在追求知識經濟發展的同時，亦應兼顧國家整體制度的重塑與提升。台積電董事長張忠謀先生在2001年提出〈知識經濟之迷思〉專題報告，除闡述知識經濟的基本內涵外，更明白指出知識經濟須建構在國家教育制度與社會法制的基礎之上，並列舉知識經濟的八大迷思，其內容如下：

(1)美國近年來經濟繁榮的主因真是知識經濟發展的結果嗎？

(2)現在美國經濟逐漸衰退，科技產業首當其衝，是否表示知識經濟已泡沫化？

(3)知識經濟發展之關鍵是建立在知識的累積上？

(4)知識經濟僅只適用於科技產業？

(5)知識經濟真有提升全民收入的功能？

(6)臺灣人民的創業精神為知識經濟發展的優勢所在？

(7)知識經濟可在排除政治、人才、法制、社會倫理環境的前提下獨立成長？

(8)知識經濟乃為經濟成長必經之途？

他在〈知識經濟之迷思〉報告中，就國人對知識經濟可能產生的迷思提出說明，基本上仍認定知識經濟確實可以為國家帶來繁榮與富裕，也可為知識經濟發展而創造更多的財富。然而美國經濟的發展固然是拜知識經濟之賜，但更重要的關鍵因素尚包括：①聯邦政府的財政政策，②聯邦儲備理事會對貨幣政策的靈活運用，③經濟快速全球化，及④近年來的科技發展對整體經濟生產力的提升等。且由於知識經濟的高度發展，使得擁有知識的少數菁英份子可以快速的創造財富、累積財富，但是無法擁有知識的多數民眾卻處於極端的劣勢，從而形成少數鉅富的「贏者圈」，拉大貧富差距。所以政府在推動知識經濟時，亦應為多數未能擁有知識的民眾提供知識技能的機會，並加強社會福利規

劃，消弭貧富差距大所引發的動盪。

　　張忠謀董事長進一步指出，經濟是人才、政治、法制和社會倫理的產物，然而在臺灣，傳統中國人的倫理美德卻在逐步消逝中，政治、法治制度也無法隨著時代的進步而調整，教育制度的僵化與各種不同的考試制度，不但無法提升學生的學習能力，更扼殺了年輕學子的創造力與想像力，此一發展趨勢與知識經濟的推動精神完全悖離。基本上，知識經濟不可在排除政治、人才、社會、倫理的前提下獨立成長，相反的，國家應該致力發展政治、人才、法治、教育與倫理的基礎建設，只要國家政治安定、社會安康、經濟繁榮，則知識經濟自然就能水到渠成。「知識經濟是未來的趨勢，我們如要在經濟方面有再躍進式的發展，未來也必須要走這條路。」但在邁向知識經濟之路的同時，還有許多選擇、做法及配套措施有待調整。例如我國的教育改革、金融環境、生態環保、民主政治、法治建立、社會安全、倫理建設等，均有待政府戮力以赴，才有可能使知識經濟的發展更臻完善。

　　美國過去在柯林頓主政的八年間，創造出高經濟成長、低通貨膨脹與低失業率的繁榮景象，究其原因乃在於七〇年代的法令鬆綁、有效率的資本市場、資訊科技的密集投資、基礎科技的研發、創新環境的建立及貨幣政策的彈性等長、短期策略交互運用所致。因此，唯有建構完整的「知識經濟基礎建設」，才能促使知識經濟穩定發展。

　　對照美國知識經濟發展的過程與「八大迷思」，吾人應深切體會「知識經濟」絕非一個口號就能完成，民眾與政府應就國家整體與經濟永續發展策略，從社會、教育、法律、政治與規章等各個層面確切檢討，擬訂配套措施並確實執行，以達到知識經濟發展與人民福祉並進的雙贏局面。

1.9　國家競爭力的涵義

　　1990年哈佛大學管理學大師麥可‧波特（Michael E. Porter）所發表的《國家競爭優勢》（*The Competitive Advantage of Nations*）一書中，認為影響一個國家的競爭優勢有四種環境因素及二種輔助因素，其說明如圖1-2所示。

　　臺灣需要創造良好的投資環境，使本國和外商企業覺得臺灣企業的生產力和競爭力能夠得到提升，努力將臺灣打造成某個專業領域的平台，吸引業者進

駐，提供業者更便利的營運。而一個國家的經濟條件或經濟環境不見得適合所有產業，故波特教授提出所謂的「鑽石體系」（或稱菱形理論），他認為國家應針對「需求條件」、「生產要素」、「企業策略、企業結構和同業競爭」及「相關產業和支援產業的表現」四項整體條件環境因素，並考量「政府」角色及掌握外在「機會」，使得該國產業在國家競爭中具有競爭優勢，現分別說明如下：

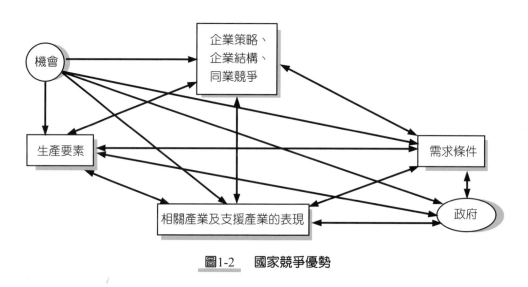

圖1-2　　國家競爭優勢

1. 需求條件：
   係指該項產業對產品或服務的需求狀況和成熟度。譬如內行而挑剔的當地顧客需求、當地市場對某項產業的特殊需求等。

2. 生產要素：
   將國家基本條件如技術、勞力、天然資源、基礎建設、資金等，轉換成較具競爭優勢的能力，以提供企業高品質與專業的投入。

3. 相關產業和支援產業的表現：
   係指一個國家在國際競爭中，企業的輔助產業及相關行業是否健全，並可從相關產業的企業競爭中獲利。當地有強大的供應商及相關行業廠商，以形成產業群聚，而不是各自孤立的產業。

4. 企業策略、企業結構和同業競爭：
   企業的策略規劃、組織結構調整、管理方式及競爭方式皆取決於當地的環境背景，以有效提升企業競爭力。當地環境能夠鼓勵效率、投資及持續升級，使當地廠商之間有公開而激烈的競爭。

波特進一步認為，一個國家的產業發展及競爭優勢亦受到「機會」及「政府」因素之影響。「機會」主要涉及科技研發與技術（如生物技術、半導體技術、奈米技術）的發展、國內外金融情勢、天然災害等的產生。而「政府」因素更為重要，因它可全面影響上述四種基本因素，如政府透過補助、資本市場政策、教育政策（指在生產要素方面）來加以影響，又如政府訂定的標準、制度，也會影響購買者的需求（指在需求條件方面）。

1.10　為何要發展知識經濟

為何要發展知識經濟？

1.　世界潮流：
   ⑴全球化：
   　全球化使得企業可運用全球最便宜的資源，因而廉價資源已不可能作為國家競爭力的來源，而是須靠知識與技術作為國家競爭力之來源。
   ⑵網際網路化：
   　網際網路使資訊及知識傳播更快，將更容易與適當的其他因素結合，而得到更有效的應用。領先運用網路空間（Cyberspace）的國家，可由全球獲得更多知識及資訊所創造的利益，美國即為明顯的例子。
2.　臺灣的機會：
   　知識及網際網路之運用和既有產業或核心能力結合，可以提高國際競爭力及獲利能力，將是我們努力的重點。

為何可以發展？（2001年經建會報告）

   ⑴人民有旺盛的冒險創業精神。
   ⑵資訊產業基礎雄厚，產值位居全世界第四位。

(3)高科技產品具國際競爭力，占我國出口總值**52.5%**。

(4)人力素質佳，就業人口大專以上占**27.5%**。

(5)資本市場已具規模，證券市場成交總數額位居全世界第五位。

(6)有豐富的全球經貿經驗，貿易出口總額位居全世界第十四位。

(7)我國近年來推動「亞太營運中心計畫」、「國家資訊通信基本建設推動計畫」、「科技化國家推動方案」、「產業自動化及電子化推動方案」與「加強資訊軟體人才培訓方案」等重要計畫，已具初步發展知識經濟的基礎。

老師小叮嚀：

1.注意隱性知識與顯性知識的不同。

2.麥可波特的鑽石理論（或菱形理論）是常出現的考題。

自 我 測 驗

1. 有關勤業管理顧問公司提出的知識管理KPIS公式，下列敘述何者為非？
（95年特考）

(A)公式為$K = (P + I)^S$　(B)K = Knowledge　(C)P = People　(D)I = Information　(E)S = Situation

2. 有關平衡計分卡（Balanced Score Card）的組成構面，下列何者為非？
（95年特考）

(A)財務　(B)顧客　(C)企業內部流程　(D)學習與成長　(E)供應商

3. 彼得・聖吉（Peter M. Senge）在《第五項修練》一書中，提及學習性組織的五項修練，下列何者為其五項修練的核心？（95年特考）

(A)自我超越　(B)系統思考　(C)團體學習　(D)改善心智模式　(E)建立共同願景

4. Synergism之意義為：（96年特考）

(A)活力泉源　(B)1+1>2　(C)勞力分工　(D)賦權

5. 平衡計分卡（BSC）之構面為：（複選）（96年特考）

(A)財務　(B)顧客　(C)目標　(D)績效

6.根據勤業管理顧問公司所開發的KPIS公式，知識管理最重要的要素為：
（97年台電公司養成班甄試試題）

(A)人員　(B)分享　(C)知識　(D)資訊

7.傳統產業轉型升級須創造高附加價值之產業型態，傳統產業若欲永續發展
取得競爭優勢，其做法為何？

8.哈佛大學教授麥可‧波特在其所著《國家競爭優勢》（*The Competitive Advantage of Nations*）一書中認為影響一個國家的競爭優勢有四種環境因素，請說明其內容。

9.何謂「知識經濟」（Knowledge Economies）？

10.何謂「國家競爭力」？試加以說明。

本章習題答案：1.(E)　2.(E)　3.(B)　4.(B)　5.(AB)　6.(B)

第 2 章・管理學導論

本章學習重點

1. 介紹管理功能與企業功能之意涵及其關係
2. 管理主管所扮演的角色
3. 五力分析
4. 管理主管應具備的能力
5. SWOT分析

2.1　管理的意義

何謂管理（Management）？

1. Griffin (1995)：
   指用以規劃（**Planning**）、組織（**Organizing**）、領導（**Leading**）、控制（**Controlling**）企業的各項資源，如財務、物資、人力、資訊等，以完成組織目標的程序。

2. Griffin (1999)：
   指組織以有效率（**Efficiency**）和有效能（**Effectiveness**）的運用其資源，以達成組織目標的程序和活動。

3. Robbins (2000)：
   指一種與他人和透過他人有效率和有效能的完成組織活動的程序。

2.2　管理功能（Management Functions）

何謂管理功能？

　　「管理功能」也稱為「管理機能」、「管理程序」或「管理循環」，係指管理者以有效率和有效能的運用組織資源，使組織各部門運作順暢，並謀求組織最大利益，以達成組織目標的管理活動。依Robbins（2000）將管理功能分成四項基本管理程序如下：

1. 規劃（Planning）：
   係設定組織目標，擬訂目標之整體策略，並發展一套計畫方案，以整合及協調各項管理活動。

2. 組織（Organizing）：

建立組織的系統架構及劃分各部門職掌，並確定部門間的權責關係。它包括所須執行的任務（What）、決策者（Who）及下決策、任務編組方式（How）與決策形成等。

3. 領導（Leading）：

係指管理者如何指揮與激勵部屬，以指揮協調他人的活動，並以有效的溝通方式激發部屬努力工作的意願，同時解決問題和衝突。

4. 控制（Controlling）：

首先訂定考核標準，如計畫進度、生產數量、品質水準、銷售目標等。在上述三者功能活動完成後，將原先設定的目標與實際的工作績效（衡量實際績效）作一比較，若有顯著的差異，則採取矯正行動，即監控管理活動以確保可依規劃所預期的目標達成任務。

圖2-1顯示四項管理功能依順序來完成這些活動（如實線箭頭所示），但大部分的管理者同時從事多項活動，且在活動時以無法預期的方式活動（如虛線箭頭所示）。

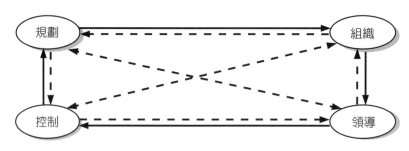

圖2-1　管理程序（或管理循環）

各階層主管的工作

管理主管因職位的不同，一般可分為高層主管、中層主管及基層主管三個層級，他們的工作重點亦有所差別，如圖2-2所示。高層主管大部分時間用於規劃，注重企業的未來發展，制訂企業經營目標與政策；中層主管則是將上述之經營目標、策略規劃等予以轉換為功能性的具體行動方案，這些方案的目標明確且能實現；基層主管則屬實際執行與督導現場作業，為第一線主管，其工作是維護現場效率、準時完工、達成既定的時間、品質、成本、交期等。

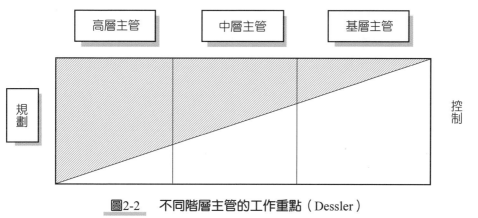

高層主管　　　中層主管　　　基層主管

規劃　　　　　　　　　　　　　　　　控制

圖2-2　　不同階層主管的工作重點（Dessler）

2.3　管理矩陣（Management Matrix）

何謂「企業功能」（Business Functions）？

企業功能係指組織為達成組織目標，依不同之工作性質，而劃分成不同部門，所採取的管理活動。一般而言，企業功能包括下列五項功能（產、銷、人、發、財）：

⑴生產功能（Production）。

⑵行銷功能（Marketing）。

⑶人力資源功能（Human Resource）。

⑷研發功能（Research & Development）。

⑸財務管理功能（Finance）。

管理功能與企業功能之關係

企業功能的有效處理，必須運用管理功能，亦即運用規劃、組織、領導、控制等管理活動，故每一項企業功能的執行皆涉及管理功能的應用。任何

有關生產、行銷、人力資源、財務、研發等工作,皆須運用規劃、組織、領導、控制等管理功能以完成管理活動。例如生產有生產計畫、生產組織、生產控制。生產管理也涉及溝通、激勵、指揮與協調等各項管理功能的活動,如圖2-3所示。

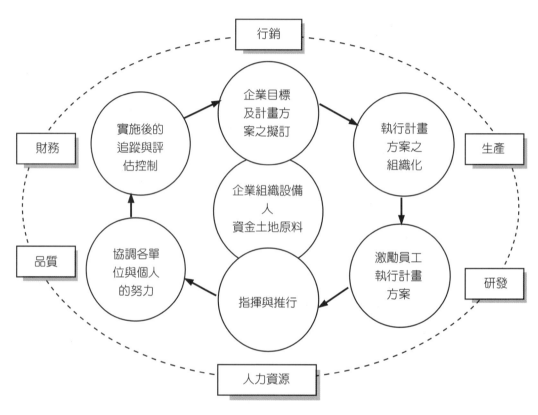

企業功能:生產、行銷、人力資源、研發、財務等

管理功能:規劃、組織、領導、控制等

圖2-3　企業功能與管理功能

何謂「管理矩陣」?

　　組織為發揮經營績效,須將管理功能的規劃、組織、領導、控制等程序善加運用到企業功能的生產、行銷、人力資源、研發、財務等業務工作上,而此二類功能間的交互關係,可以企業功能五個類別為橫軸,管理功能的四個程序

為縱軸，構成一矩陣，此即為「管理矩陣」，如圖2-4所示。

管理功能＼企業功能	生產	行銷	人力資源	研發	財務
規劃					
組織					
領導					
控制					

圖2-4　管理矩陣

2.4　管理主管的角色

　　管理主管的工作，若自其擔任的角色來分析，可幫助了解他們工作的內容。亨利‧密茲柏格（Henry Mintzberg）針對五位企業高級主管，花費五週時間作深入的觀察，歸納出管理主管所擔任的角色有下列三大類十大角色：

1. 人際關係（Interpersonal）角色：
　(1)頭臉人物（Figurehead）或主管：
　　擔任企業組織中主管地位的正式角色，對外代表其負責的企業或部門，並負起企業組織規章及相關法令的工作，如參加慶典儀式、對外訴願等角色。
　(2)領導者（Leader）角色：
　　擔任其負責部門的領導者角色，此一角色有時也由頭臉人物扮演，如激勵、溝通、指揮等角色。
　(3)聯絡者（Liaison）角色：
　　擔任其所負責部門或組織對外聯絡人的角色，維持與外界的溝通，能使外界資訊不斷傳送進來，如收發文書、對公司內外部人員擔任聯絡工作等角色。

2. 資訊（Informational）角色：
　(4)監測者（Monitor）角色：
　　擔任組織內外部資訊神經之角色，負責搜尋組織內外部環境變化之訊

息，如資訊消息之接收、考察旅行等角色。

　⑸傳播者（Disseminator）角色：

　　擔任將所接收的資訊傳送給組織成員之角色，以使成員能了解事實，如傳達書面文件、告知各種訊息等角色。

　⑹發言人（Spokesperson）角色：

　　擔任將組織資訊傳達給外界之角色，如董事會議、與外界往來等角色。

3.　決策（Decisional）角色：

　⑺企業家（Entrepreneur）角色：

　　擔任主動創新、發掘問題之角色，如開創業務、改善方案會議並作記錄等角色。

　⑻紛爭處理者（Disturbance Handler）角色：

　　擔任調和組織各方面紛爭，解決非經常性的例外事件等角色。

　⑼資源分配者（Resources Allocator）角色：

　　擔任資源分配者之角色，將人力、物力、財力等組織資源予以有效分配與運用，如擔任排程、預算、設計等角色。

　⑽談判者（Negotiator）角色：

　　擔任對內與員工晤談，並代表組織對外談判並達成協議的角色。

2.5　五種競爭力分析（五力分析）

　　企業在面對外部環境所存在的機會（Opportunity）與威脅（Threat）時，必須分析其在產業環境中的競爭力。產業可定義為一群企業的集合，他們所提供的產品或服務，彼此間有很高的替代性。高替代性就是產品或服務能滿足同樣基本消費者的需要。1980年哈佛大學管理學院的麥可‧波特（Michael E. Porter）教授在其《競爭策略》（*Competitive Strategy*）一書中，提出五種競爭力模式架構，以協助企業進行外部環境的機會與威脅分析，如圖2-5所示。

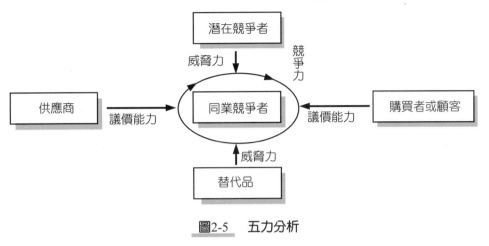

圖2-5　五力分析

　　Porter的模式，專注於一個產業中形成競爭的五個力量。現分別對此五種競爭力模式說明如下：

1. **同業競爭者競爭力：**

　　敵對企業的競爭力大，會成為企業獲利能力的強大威脅；反之，如果敵對企業的競爭力弱的話，則自己將有機會占有更大市場或提高售價，以賺取更多的利潤。

2. **替代品威脅力：**

　　指來自不同產業競爭對手的威脅。雖然滿足顧客需要的產品分屬不同產業，替代品的替代性強，但企業亦不敢輕易提高價格，否則會導致顧客流失。例如經營咖啡產品的企業，雖然沒有茶飲業者競爭，但若咖啡價格相對於茶提高太多，則部分喝咖啡的顧客便會轉而去喝茶。

3. **潛在競爭者威脅力：**

　　潛在競爭企業是目前和企業並不處在同一產業，但如果它要的話，則它有能力去進行。現存的企業都會嘗試阻礙潛在競爭者進入所屬產業，因為進入此產業的企業愈多，對現存企業獲利能力的威脅愈大。如果新進入企業的風險高（即進入門檻高），則現存企業就能利用機會來提高價格，賺進更多的利潤。

4. **購買者的議價能力：**

　　購買者若具有強大的議價能力，則當他們要求較高品質及較低售價時，會使得企業的營業成本面臨提高的風險；反之，擁有較弱議價能力的購買者，是售價與品質的接受者，給予企業提高售價及賺取更多利潤的機

會。

5. 供應商的議價能力：

當供應商要求提高企業所須支付原物料或零組件的價格，或降低所供應產品的品質時，企業因而會面臨提高成本及降低獲利能力的威脅；相反的，議價能力弱的供應商，則給予了企業對供應商壓低進貨價格及提高進貨品質的要求，可增進獲利能力的機會。

2.6　管理主管應具備的能力

管理學者凱茲（Katz, 1974）認為一位管理者應具備下列三項關鍵技能，而且隨著層級的不同，這三種能力的重要性也有明顯差異：

1. 概念性能力（Conceptual Skills）：

指一個管理者的抽象思考能力。它屬於一概念性的綜合能力，管理者須在有形與無形的錯綜複雜問題因素情況中，抽絲剝繭、理出頭緒，以縱觀全局、發現問題、洞察問題、掌握問題，來達成一整體性的決策。此觀念化的能力包括大部分的心智能力，譬如歸納、整合、邏輯推理、類比延伸等之能力。一般而言，高層主管（Top-Management）須具備較多的概念性能力。

2. 人際關係能力（Interpersonal Skills）：

指管理者與他人溝通、協調與激勵他人的能力。管理主管經常須與企業內外部各界人士溝通，且須領導部屬努力工作，與同事協調合作，對上司方面亦須維持良好關係，以保持工作順利進行。一般而言，高層主管、中層主管（Middle-Management）與基層主管（First-Line Management）皆須具備人際關係能力。

3. 技術性能力（Technical Skills）：

指完成某一特別之技術性業務或作業上的能力，譬如撰寫電腦程式、財務報表之編製等。一般而言，基層主管須具備較多的技術性能力，以帶領部屬克服業務上技術性的問題。

管理階層與管理技能

　　由圖2-6可知，高層主管須具備較多的概念性能力，而只具備較少的技術性能力；反之，基層主管須具備較多的技術性能力，而只具備較少的概念性能力；另外，對中層主管而言，人際關係能力最重要。人際關係能力對高層及基層主管同樣也很重要，換言之，所有的主管都必須成功的與人維持良好的關係。

圖2-6　　不同管理階層所須具備的管理能力

2.7　SWOT分析

　　藉由外部環境偵測與內部資源分析，以界定組織所具有之競爭優勢（Strength）、劣勢（Weakness）及所面臨之機會（Opportunity）與威脅（Threat）等綜合在一起，以期找出組織可加以開發的利基（Niche），稱為經營環境的SWOT分析。掌握SWOT分析的原則是發揮優勢、強化弱勢、抓住機會、避免威脅，並掌握時勢，趨向成功。

內部的優勢與劣勢

　　企業的競爭優勢來自於發揮組織內部優勢、強化弱勢。此可由以下四項具相關聯性的因素：效率、品質、創新及顧客回應來說明。掌握這四項因素的能

力愈強,則企業比起其競爭者將擁有更多優勢,具有更大競爭力而能經營得較為成功;反之,則易失敗。

1. 效率（Efficiency）:

   效率的定義是「產出」除以「投入」,相當於生產力。企業是投入資源（包括勞力、資金、機器、物料、管理等）轉換成產品或服務的組織。

2. 品質（Quality）:

   提供高品質產品或服務的企業,在生產時因能減少浪費而降低成本,且在市場上能為企業創造良好的品牌聲譽。品牌聲譽佳的企業,往往能以較高價格銷售其產品。

3. 創新（Innovation）:

   創新是企業在技術上的突破,成功的創新將會給企業帶來獨特性,創造新的附加價值。這個獨特性使企業異於其對手,並且能對其具獨特性的產品獲取較大的利潤。

4. 顧客回應（Responsiveness）:

   滿足顧客需求的能力,或是針對個別顧客的特殊需求而量身訂做,及時提供產品或服務,此等企業便具有收取較高價格的競爭優勢。

老師小叮嚀:

1.注意管理矩陣之意義。

2.管理主管應扮演的角色是常出現的考題。

3.麥可波特的五力分析除要分析五個產業的競爭對象外,尚須分析此五種力量的強弱（重要考題）。

4.注意凱茲（Katz）的管理主管應具備的三種能力,對高層、中層、基層主管的重要性,亦是常出現的考題。

5.SWOT分析是重要的考題。

自我測驗

1. 依Katz對管理才能的看法，下列哪一項才能對優秀高階主管來說最為重要？（95年特考）

    (A)觀念性能力　(B)人際關係能力　(C)溝通能力　(D)領導能力　(E)技術性能力

2. 有關Porter的五種競爭力分析項目，下列何者為非？（95年特考）

    (A)潛在競爭者　(B)購買者的議價能力　(C)供應商的議價能力　(D)自己產品的生命週期　(E)替代產品的威脅

3. 以下哪一項不屬於管理程序的主要功能？（97年鐵路公路特考）

    (A)規劃　(B)組織　(C)協調　(D)控制

4. 管理者利用SWOT分析觀察組織的優勢、劣勢、機會以及以下哪一項？（97年鐵路公路特考）

    (A)科技　(B)創新　(C)組織文化　(D)威脅

5. 企業組織的「核心競爭力」（Core Competencies）是屬於SWOT的哪一項？（97年鐵路公路特考）

    (A)優勢　(B)劣勢　(C)機會　(D)威脅

6. 密茲伯格（Mintzberg, 1973）提出管理者的十個角色，當管理者遇到員工罷工或緊急災禍事故須做出快速處理時，所扮演的角色為何？（97年鐵路公路特考）

    (A)創業家角色（entrepreneur role）　(B)困擾處理者角色（disturbance handler role）　(C)監控者角色（monitor role）　(D)發言人角色（spokesperson role）

7. Henry Mintzberg將管理者的十個角色分成人際關係、決策、資訊三大類，下列哪一個角色與其他三個角色不屬於同一類？（96年特考）

    (A)頭臉人物（Figurehead）　(B)領導者（Leader）　(C)企業家（Entrepreneur）　(D)聯絡者（Liaison）

8. 依Mintzberg觀察管理者所扮演的角色，下列何者屬於資訊角色（Informational Role）？（複選）（95年特考）

    (A)聯絡者（Liaison）　(B)發言人（Spodesperson）　(C)資源分配者（Resources Allocator）　(D)監測者（Honitor）　(E)傳播者（Disseminator）

9. 依H. Mintzberg之研究，下列何者屬於人際層面之角色？（複選）〔96年特考〕

(A)發言人（Spokesperson） (B)頭臉人物（Figurehead）

(C)聯絡人（Liaison） (D)談判者（Negotiator）

10. 「做正確的事」指的是：〔96年中華電信企業管理〕

(A)效率 (B)效能 (C)生產力 (D)技術

【解析】

異同＼項目	效率（Efficiency）	效能（Effectiveness）
相同處	(一)皆為績效評估的工具之一。 (二)皆為管理者追求之最終目標。	
Peter Drucker定義	Do the thing right（把事情做正確）	Do the right thing（做正確的事情）
公式	Output（產出）／Input（投入）	Outcome（實際產出）／Objective（預期目標）
著重點	最低資源使用率（重方法手段）	最高目標達成率（重目標）
能力	達成目標的能力	選擇正確目標的能力
表現	Economy of input（投入的經濟度）	Quality of output（產出的品質度）
管理者層級	中、基層主管較重視	高層主管較重視
學派	古典學派	行為學派

11. 管理活動是由規劃、執行、控制等一連串步驟的循環作用，稱為：

〔97年台電公司養成班甄試試題〕

(A)生產循環 (B)組織循環 (C)管理循環 (D)科學循環

12. The position of chief information officer (CIO) at a financial institution (e.g. banking insurance companies) is considered to be a:

(A)staff position (B)line position (C)top-management (D)middle-management position (E)first-line management position

13. For Managers to understand the relationships between types of various tasks of a firm, they must possess:

(A)planning skills (B)conceptual skills (C)interpersonal skills (D)technical skills (E)communication skills.

14. Mintzberg's ten management roles can be grouped into：

(A)Interpersonal relationships, information transfer, and decision-making

(B)Interpersonal relationships, leadership, and decision-making

(C)leadership, decision-making and planning (D)Information transfer,

管理學導論

decision-making, and resource allocation　(E)resource allocation, leadership, and planning

15. Which of the following are typical goals that the management function can help to achieve？（複選）

(A)high production efficiency　(B)high product quality　(C)limited competition　(D)customer satisfaction　(E)employee satisfaction

16. An automobile manufacturer that increased the total number of cars produced at the same cost, but with many defects would be：

(A)efficient and effective　(B)increasing efficiency　(C)increasing effectiveness　(D)concerned with inputs　(E)concerned with output

17. Which of the following best demonstrates the concept of effective management？

(A)getting goals accomplished　(B)minimizing resources uses　(C)increasing output with the same input　(D)maintaining output with fewer resources　(E)none of the above

18. The four basic building blocks of competitive advantage are:

(A)low cost, quality, efficiency, and customer responsiveness.

(B)differentiation, quality, innovation, and customer responsiveness.

(C)quality, efficiency, differentiation, and customer responsiveness.

(D)customer responsiveness, quality, efficiency, and human resources.

(E)quality, customer responsiveness, innovation, and efficiency.

19. Which kind of skills enables managers to take an overall view of how the parts of the organization interrelate and to think strategically？

(A)Conceptual　(B)Technical　(C)Analytic　(D)Diagnostic

20. Which of the following is not one of Michael E. Porter's five competitive forces presented in his model？

(A)the amount of rivalry from competitors　(B)the internal strengths of the organization　(C)the bargaining power of suppliers　(D)the threat of substitute products or services in the market

21. 管理功能係指：

(A)請購、採購、驗收、付款等功能　(B)策略、戰術、方案、整合等功能　(C)生產、行銷、人事、研發等功能　(D)規劃、組織、用人、領

033

導、控制等功能

22. 管理功能中，控制的基本步驟有：①建立績效標準，②工作績效的衡量，③比較實際的績效與績效標準，④針對差異採取改正行動，其順序為：（97年台電公司養成班甄試試題）

(A)①②③④　(B)①④③②　(C)①③②④　(D)①②④③

23. 一位良好的主管或經理人員應該做好「管理工作」，以達成目標，下列何者不是管理性工作？

(A)目標計畫　(B)組織設計　(C)技術操作　(D)用人指導

24. Which of the following management roles is not interpersonal?

(A)entrepreneur　(B)figurehead　(C)leadership　(D)liaison

25. What are the four basic managerial function？

(A)Planning, Organizing, Leading, and Controlling　(B)Technical, Interpersonal, Conceptual, and Communication　(C)Information Technology, Management, Psychology, and Accounting　(D)Diagnostic, Action, Monitoring, and Decision

26. Katz曾提出管理者應具備三項主要的技能，下列何者不包含在內？

(A)技術性能力　(B)數理能力　(C)人際關係能力　(D)概念性能力

27. 國外石油一直漲價，對國內汽車廠是屬於：（96年中華電信企管概要）

(A)內部威脅　(B)外部威脅　(C)內部機會　(D)外部機會

28. 下列有關高階主管工作及任務之敘述，何者有誤？

（97年台電公司養成班甄試試題）

(A)花較多時間在指揮與控制的工作上　(B)工作較偏向管理性的工作

(C)負責組織目標與經營方針　(D)需要較多的觀念化能力，較少的技術性能力

29. When a manager is engaged in drawing up a contract with a customer, the role he is portraying is that of：

(A)resource allocator　(B)entrepreneur　(C)disseminator　(D)negotiator

30. Robert Katz認為對高層主管而言，何種管理技能最為重要？

(A)概念性技能（Conceptual Skills）　(B)人際關係技能（Human Relation Skills）　(C)技術技能（Technical Skills）　(D)推斷技能（Deductive Skills）

31. 基層（第一線）管理者在哪方面的技能應較高層管理者強？

    （96年中華電信企管概要）

    (A)人際關係技能　(B)技術性技能　(C)觀念性技能　(D)整合性技能

32. Management is best described as:

    (A)the process of personally completing tasks in an efficient manner
    (B)the process of efficient task completion through others　(C)the process
    of using scarce resources to produce output　(D)all of the above　(E)none
    of the above

33. 就密茲伯格（Mintzberg）的觀點來說，經理人或管理者所扮演的角色可
    分為三大類十大角色，請問下列何者之陳述是正確的？（複選）
    (A)管理者是一位精確的「利益計算者」　(B)管理者必須要處理「人際
    關係、資訊、決策制訂」的工作　(C)管理者必須扮演對外「談判者」的
    角色　(D)管理者必須是一位好的「服務者」　(E)管理者有時需要扮演
    代表企業的「頭臉人物」角色

34. 管理者有不同角色，下列何者為決策角色？（96年中華電信企業管理）

    (A)發言人　(B)聯絡人　(C)監督者　(D)資源分配者

35. 企業作策略規劃時，常須分析所處的外在環境及本身條件以制訂有效的
    策略，此分析工具為：（97年台電公司養成班甄試試題）

    (A)魚骨圖分析　(B)ABC分析　(C)要徑分析　(D)SWOT分析

36. 在亨利・密茲伯格（Henry Mintzberg）所分類的管理工作角色中，下列
    哪些角色的工作集中在處理企業內部事務？①領導者　②資源分配者
    ③聯絡者　④偵察者　⑤傳播者（97年台電公司養成班甄試試題）

    (A)①②⑤　(B)①②③④　(C)②③⑤　(D)①②③④⑤

37. 基層管理者每天使用較多時間在從事的職務是：

    (A)控制工作　(B)創造士氣　(C)參加會議　(D)職務輔導

38. 試分別定義「管理」（Management）與「管理者」（Manager）。

39. 個案分析

    　　1990至1995年大陸以平均12.6%的經濟成長率名列開發中國家的首
    位，大陸汽車產業拜經濟起飛之賜亦大幅成長。1986年大陸第七次五年
    計畫將汽車工業列為基礎重點產業，大力扶植汽車工業，在此廣大商機
    之主客觀條件下，全球的汽車廠和零組件廠無不積極提出針對大陸汽車
    市場的策略，展開合資、技術合作等方式進行卡位。臺灣汽車業者因地

緣、語言、文化條件之便，加上大陸廉價土地、低成本的誘因，與廣大汽車市場、售後服務市場的吸引，紛紛赴大陸投資。政府有鑑於國內汽車市場需求成長有限，不易達到經濟產量規模，以及為紓解加入WTO的競爭壓力，於1995年開始開放國內汽車業者赴大陸投資，1996年5月更大幅放寬汽機車業者赴大陸投資的審查尺度，因此，國內多家汽車及零組件業者紛紛到大陸設廠。

A汽車公司為成長考量，乃選擇中國大陸為A汽車事業發展的延伸，將大陸視為長期營運的根據，以其成功的臺灣技術經驗為基礎，憑藉良好的經營管理優勢，積極在大陸各汽車定點廠找尋合作夥伴。基於福建省地理位置較近，具有三通優勢，目前尚未有地區性工業。同時，福建汽車工業集團在各方面較符合公司的需求，談判態勢並不強勢，比較容易談合作事宜，最後A汽車選擇與該公司合資作為進入大陸市場的跳板。1995年9月雙方簽署合資協議，11月成立B汽車公司，A汽車與福建汽車公司各持股50%，由A汽車主控經營，總經理與重要主管皆由A公司派去支援。1996年8月大陸中央政府正式通過核准A汽車與福建汽車廠合資B汽車廠。

A汽車公司選定閩侯縣設立一座現代化全新車廠。為了建立整個汽車產業體系，A汽車公司同時引進27家零組件衛星工廠業者一同至當地投資設廠，形成一塊占地160餘公頃的汽車工業區。在B汽車營運初期，A汽車公司採取當地裝配的策略，由臺灣出口零組件至大陸裝配生產。不過單靠零組件貿易，須增加運費、關稅的負擔，無法在大陸市場取得競爭優勢。隨著大陸經營規模日益擴大，A公司與B公司將朝零件分工，一部分零件在大陸當地生產，一部分零件則在臺灣生產。一方面可提高B汽車產品自製率，而降低在大陸的生產成本；另一方面因臺灣零組件廠商同時供應臺灣與大陸車廠零組件，將可擴大廠商的生產規模，進而提高競爭力。而且在擴展大陸市場後，A公司的日本母公司也因關鍵零組件之出口增加而獲利，達到雙贏的局面。

A汽車未來想以中國汽車市場為主導，建構一個具國際競爭力的完整汽車體系，其涵蓋整車生產、銷售與零組件。因此，去年A公司積極在大陸鋪設通路，在福建、浙江、上海、江蘇、廣東、北京、重慶、武漢等十餘地點設40餘處的銷售維修據點。

此一大陸投資主要由A汽車公司主導，A汽車公司的日本母公司則扮

演從旁協助的角色。在大陸投資案提供的支援包括以下數端：①產品由日本母公司提供，由日本母公司授權A汽車公司，然後再轉授權B公司生產；②某部分產品技術由日本母公司支援；③在大陸生產引擎，由日本母公司與B公司當地車場合資設立的引擎廠供應，不從臺灣出口。

儘管大陸市場存在步步商機，不過也暗藏危機。在執行此一投資計畫時，仍會遭遇以下幾項困難：

⑴大陸政府政策限制太多，對企業經營每每掣肘，法規又不明確，常常有變動限制，使得公司事業發展遭遇困擾。

⑵大陸汽車市場銷售體系尚未建立秩序，目前仍相當混亂，銷售業不發達，因此通路擴展速度緩慢。

⑶由A汽車派去管理B公司之經理人員，將面臨適應當地環境、融入當地組織內部的管理問題。同時在50對50的股權比例下，雙方母公司如何相互溝通歧見，均會影響到合資事業未來的發展速度。

⑷由於這是第一次建立海外管理體系，母子公司之間如何有效分工，仍有待經驗的累積，因此需要多加調適。

問題：請對A公司前往大陸進行合資設廠做成SWOT分析，並提出若干可精進的策略方向。

40. 管理功能有哪些？彼此間的關係為何？

41. 試比較效率（Efficiency）與效能（Effectiveness）有何異同？

42. What view suggests that managers are directly responsible for and organization's success or failure?

(A)symbolic view of management　(B)autocratic view of management

(C)omnipotent view of management　(D)linear view of management

(E)quailty view of management

43 The C.F. Martin Guitar Company has been producing acoustic instruments considered to be among the finest in the world. Current CEO Christ Martin continues to be committed to the guitar maker's craft. He even travels to Martin dealerships（經銷商）around the world to hold instructional clinics. Few companies have had the staying power of Martin Guitar. Why？What are the keys to the company's success？A primary one has to be the managerial guidance and skills of a talented leader who has kept organizational members focused on important issues such as quality. C.F.

Martin Company is an interesting blend of old and new. Although the equipment and tools may have changed over the years, employees remain true to the principle of high standards of musical excellence. However, the company is doing well under Chris's management. Revenues have continued to increased and in 2000 were close to ＄60 million.

(1)All of behaviors performed by Chris correspond to the management roles discovered in the late 1960s by which of the following management scientists？

(A)Herzberg　(B)Skinner　(C)Mintzberg　(D)Fayol　(E)Maslow

(2)What management roles would Chris be playing as he visits Martin dealerships around the world?

(A)leader　(B)disseminator　(C)monitor　(D)figurehead　(E)All of the above are true.

(3)What management roles would Chris be playing as he assesses the feasibility of new guitar models?

(A)leader　(B)figurehead　(C)monitor　(D)disturbance handler (E)spokesperson

(4)What management roles would Chris be playing as he keeps employees focused on the company's long-standing principles?

(A)monitor　(B)liaison　(C)disseminator　(D)spokesperson　(E)resource allocator

(5)A human resource of the company attending a local Society for Human Resource Management meeting would be functioning in which role?

(A)informational　(B)leader　(C)liaison　(D)disseminator　(E)associational

44. One of the basic assumptions of systems theory is that organizations are neither self-sufficient nor self-contained; rather, they exchange resources and are dependent on the:

(A)internal environment　(B)external environment　(C)steckholders (D)stockholders.

45. With rapid technological development the nature of managerial work changes in all of the following except:

(A)Technical skills of supervisors become increasingly more important.

(B)Helping workers adapt to new technologies becomes very important.

(C)Direct control of employees becomes essential and easier to do.

(D)Participative and open communication styles become more important.

(E)Coaching and counseling approaches to supervision become appropriate.

46. A teaching method of _____ should force the trainee to think through problems, propose solutions, choose among them, and analyze the consequences of the decision?

(A)case study (B)lecturing (C)seminar (D)brainstorming

47. Mintzberg concluded that managers perform ten different highly interrelated roles attributable to their jobs. All of the following are management roles except:

(A)interpersonal (B)informational (C)communicational (D)decisional

48. A manager with poor _____ skills may face conflict with subordinates and lose valuable employees as a result of the conflict.

(A)technical (B)financial (C)marketing (D)human relations (E)analytical

49. Porter's competitive forces model includes the following except:

(A)the firm's suppliers (B)the firm's buyers (C)availability of complementary products (D)new entrants (E)availability of substitute products

50. Which of the following Statement best represents the symbolic view of management?

(A)Outside forces have most of the influences on organizational outcome.

(B)Effective managers are viewed as role models that employees emulate.

(C)Upper management's proper role is that of organizational figurehead.

(D)Managers are one of the three significant forces that determine organizational outcomes. (E)Managers are directly responsible for the success or failure of the organization.

51. In environmental SWOT analysis the organizational position is analyzed according to its:

(A)opportunities and threats (B)opportunities and weaknesses (C)strengths and threats　(D)strengths and weaknesses　(E)return on investment

52. What is a SWOT analysis?

53. 請說明企業功能（Business Functions）與管理功能（Management Functions）之內涵及其關聯性（請在文字說明以外，再用圖表方式摘要表達上述內容），並簡要論述你對上述內容的正面及負面觀點。

54. 密茲伯格（H. Mintzberg）根據高階管理者的實際觀察，提出管理者有十個角色的說法。試列舉該十個角色，並說明其中的關係。

55. 何謂管理程序？試以文字及繪圖說明之。

本章習題答案：

1.(A)　2.(D)　3.(C)　4.(D)　5.(A)　6.(B)　7.(C)　8.(BDE)　9.(BC)　10.(B)

11.(C)　12.(C)　13.(B)　14.(A)　15.(AB)　16.(B)　17.(A)　18.(E)　19.(A)

20.(B)　21.(D)　22.(A)　23.(C)　24.(A)　25.(A)　26.(B)　27.(B)　28.(A)

29.(D)　30.(A)　31.(B)　32.(B)　33.(BCE)　34.(D)　35.(D)　36.(A)　37.(A)

42.(C)　43(1).(C)　43(2).(C)　43(3).(C)　43(4).(C)　43(5).(C)　44.(B)　45.(A)

46.(A)　47.(C)　48.(D)　49.(C)　50.(A)　51.(A)

第 3 章・
管理思想的演進

<u>本章學習重點</u>

1.介紹科學管理學派重點

2.介紹管理程序學派重點

3.介紹科層體制管理學派重點

4.介紹行為科學學派重點

5.介紹管理科學學派重點

6.介紹系統學派重點

7.介紹權變學派重點

3.1 前言

由於資訊科技及網路通訊技術不斷的發展，對組織結構、生產要素、人力資源、產品與服務的利基、競爭的核心能力、經營策略、行銷方式等產生了重大的變化，而有了「知識經濟」的新管理思想，將資訊與通訊科技結合，使「知識」與「資訊」的應用、擴散、創新，成為企業競爭力的關鍵性因素。

在此管理思潮之下，諸如學習型組織、知識管理、虛擬組織、策略聯盟、全面品質管理等，皆促成新的管理思想與企業新的經營模式。對於過去管理思想發展的了解，有助於我們看清楚現在與預測未來。管理思想的演進必然受到各時代經濟、技術、社會、政治等各項環境因素的影響。經由這些多年思想的累積，奠定了今日管理實務與思想的演進。

現將「管理思想的演進」依各階段之時代背景，簡列說明如下。

古典管理理論時期（Classical Management）（1900~1940年代）

可分為以下三種學派：

1. **科學管理學派（Scientific Management）：**
   係由如何改善作業人員生產力的觀點出發，來看管理的領域。主要的代表人物有：
   (1)泰勒（Taylor）：
   強調科學管理四原則。
   (2)吉爾布斯（Gilbreth）：
   發明「動作研究」、「基本動作」、「微動作分析」。
   (3)甘特（Gantt）：發明甘特圖、獎勵工人制度。

2. **管理程序學派（Management Process）：**
   係著重在以整體組織的觀點來探討管理，為現代的管理與組織理論奠定了基本架構。主要的代表人物有：
   (1)費堯（Fayol）：
   強調管理五大功能（即規劃、組織、指揮、協調與控制），並提出管理十四項原則。

⑵雷尼（Reiley）：

依本身實務經驗，歸納出管理四原則。

3. 科層體制學派（Bureaucratic Management）：

或稱官僚學派，係建立一高效率的官僚體系或科層組織（Bureaucracy），使在一理性合法職權之下，明確界定層級分工。主要的代表人物有：

- 韋伯（Weber）：以制度取代人治，係為一種「理想的組織」，建立在法制及理性架構下之職權，以成為一層級結構。

上述管理程序學派與科層體制管理學派可合併稱為行政管理學派（Administrative Management）。

新古典管理理論時期（New Classical Management）：

（1940~1960年代）

可分為下列二種學派：

1. 行為科學學派（Behavior Science Management）：

或稱人際關係學派（Human Relation），強調人與人之間的關係會影響工作績效。如現代部分的領導與激勵理論、人力資源管理等，皆受到當時行為科學管理理論之影響。主要的代表人物有：

⑴梅岳（Mayo）：

著名的「霍桑研究」（Hawthorne Studies），係利用科學方法來探討組織行為。

⑵馬斯洛（Maslow）：

提出「需求層級理論」（Hierarchy of Needs），強調滿足員工不同層級的需求，是最佳的激勵方式。

⑶麥克里高（McGregor）：

提出「X理論和Y理論」，X理論強調人性惡論，對人性採負面觀點；Y理論則強調人性善論，對人性採正面觀點。

⑷巴納德（Barnard）：

主張二種觀點，一為「社會合作系統」（Coorperative Social Systems），強調管理者須藉由溝通協調，使部屬相互合作，努力工作，以達成組織目

標。另一則為「職權接受理論」（Acceptance Theory of Authority），強調管理者之職權，乃源自於部屬的接受方為有效。

⑸赫茲柏格（Herzberg）：

主張「雙因子理論」，包括薪資、工作環境等之「保健因子」（Hygiene Factors），及成就感、責任感、認同感之「激勵因子」（Motivation Factors）。

2. 管理科學學派（Management Science）：

或稱計量學派，強調以統計方法、數學理論及電腦程式運算，以解決管理上所面臨的問題，譬如以系統分析、作業研究（Operation Research, OR），藉由一系統方法尋求最佳解決途徑。主要的代表人物有：

⑴麥克瑪拉（McNamara）：

應用管理科學方法來改進決策，並用來解決國防資源分配的問題。

⑵桑頓（Thorton）：

應用系統分析方法，尋求最佳解決管理上之問題，創造其建立的利頓實業（Litton Industries）高達十億元的多角化產業。

整合管理理論（Integrated Management）：（1960～2000年代）

或稱新近管理理論時期，可分為下列二個學派：

1. 系統學派（System Approach）：

係將「系統」定義為一組互相關聯與依賴的元素。其管理應用的系統觀可分為組織的系統觀、動態環境的系統觀、社會系統觀、投入產出系統觀、思維系統觀等五種。

2. 權變學派（Contingency Approach）：

或稱「情境學派」（Situational Approach），它認為組織架構是否適當，管理方式是否有效，端視工作的種類性質及其所面對的環境而定。即分析情境的差異後，再選擇最適合的管理解決方案。主要的代表人物有：

• 彭斯（Burns）和史托克（Stalker）：針對「機械式組織」（Mechanistic Organization）和「有機式組織」（Organic Organization），須視外界環境、工作複雜度、專業技能等，而給予不同的管理方式。

「管理思想的演進」可整理如圖3-1所示：

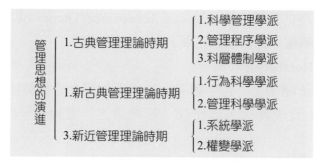

圖3-1　管理思想演進之系統圖

3.2　科學管理學派（Scientific Management）

　　古典管理理論興起於二十世紀初，此時出現了大型企業，它可分為科學管理（Scientific Management）與一般行政管理（Administrative Management）二種學派。其中一般行政管理學派又可細分為管理程序（Management Process）學派與科層體制（Bureaucratic Management）學派二種。

　　科學管理學派強調改善工人的生產力，以提升工作效率。一般行政管理學派則較強調法制層面與探討如何使整體組織更具效能。在產業革命後，面臨管理上最大的問題，就是如何建立一套制度，以面對當時工人短缺的情形，諸如提升工人技術與訓練、機器維修、原料供應等，以提高生產效率。在此時期的管理重心有二，以面對技術上的問題：

1.　改善工作方法：

　　諸如對機器的操作與維修、倉儲管理、工人技術之改善等，皆為此時期重要的管理工作。

2.　激勵員工：

　　諸如誠心合作、激勵員工，使員工樂於改進工作方法。在此時期的管理，主要是以技術為中心的管理。而在此時代背景下，探討如何改善工作效率的科學管理理論即出現了。

3.3　泰勒的四原則

泰勒實驗

　　科學管理學派早期的代表人物為泰勒（Fredrick W. Taylor, 1856-1915），被尊稱為「科學管理之父」。當時他是賓州費城一家鋼鐵公司的機械工程師，他發現員工工作經常沒有效率，因此開始利用科學方法的觀察、測量、實驗、分析、比較等來解決管理上的問題，譬如下列三種實驗：

1.　鐵塊搬運的研究：

　　泰勒經過多次實驗，觀察工人的搬運方法，測量工人的搬運時間，經過不斷的改進，由每人平均每天搬運12又1/2噸，增加為47噸；每天的工作時間卻只須原來的43%，其餘時間均為休息。

2.　鏟鐵砂與煤粒的研究：

　　泰勒經過不斷實驗的結果，發現鏟鐵砂的鏟斗重量要比鏟媒粒的重得多，平均每一鏟斗的重量為21磅，可獲得鏟掘工作量最高。因此，他更改制度，改由工廠提供大小不同、功用各異的鏟子，對提高工作效率很有幫助。

3.　金屬切割工作的研究：

　　經過不斷的實驗，不同的切割機器與工具，其運轉速度及進料速度之相互配合，因而獲得一項鋼材的專利權，並使切割時間縮短為三分之一。

獎工制度

　　泰勒另外又設計了按件計酬的「獎工制度」（Incentive System），改變過去固定薪資的方式，使生產量提高的傑出工人領取較高的薪資，並將管理者與作業人員的工作予以明顯區分。

泰勒的管理四項原則

經過泰勒的改善，高品質的工作創造了產量增加及高昂士氣，並將科學方法運用於一般的管理問題，因而提出了科學管理的「四項原則」：

1. 動作科學化原則（Principle of Scientific Movement）：
   將每一工人的工作細節，發展出一套科學的方法，以取代舊式的經驗法則。

2. 誠心合作原則（Cooperation and Harmony）：
   誠摯地與工人合作，以確信所有的工作皆與科學原則一致。

3. 責任劃分原則（Great Efficiency and Prosperity）：
   將工作與責任平均分攤給管理與工人之間，以發揮最大分工效率原則。

4. 人員甄選科學化原則（Scientific Selection）：
   運用科學方法來選拔、訓練、發展及教導員工。

3.4　吉爾布斯的動素論（Therbligs）

砌磚研究

法蘭克‧吉爾布斯（Frank Gilbreth）與麗蓮‧吉爾布斯（Lillian Gilbreth）夫婦提出「砌磚工作研究」，他們將傳統工人砌磚動作詳加分析與改進，藉以提高工作效率。譬如將砌外層磚所須手部動作的數目，由18個減少為4又1/2個；砌內層磚所須手部動作的數目，由18個減少為2個。他們又設計了一個可調節高度的座架，以方便減少彎腰及取磚的動作。經由此項改進設計，使工人由原先每人每小時砌磚120塊，增加到每人每小時砌磚350塊。

動素研究

　　吉氏夫婦被尊稱為「動作研究之父」，他們將工人工作時的手部基本動作歸類為十七項，稱為「動素」（Therbligs，此為吉爾布斯Gilbreth的倒拼字），包括有十七項動作如下：①搜尋（Search），②尋找（Find），③選擇（Select），④抓（Grasp），⑤定位（Position），⑥裝配（Assemble），⑦使用（Use），⑧分解（Dissemble），⑨檢查（Inspection），⑩搬運負荷（Transport Loaded），⑪預位（Preposition），⑫卸荷（Release Load），⑬無荷搬運（Transport Empty），⑭可避免等候（Avoidable Wait），⑮不可避免等候（Unavoidable Wait），⑯休息（Rest），⑰計畫（Plan）。

　　吉氏夫婦將各項操作中的動作，分為四大類：

1.○：作業操作

2.⇨：搬運

3.□：檢查

4.△：儲存

　　他們將各種動作的時間、次數、距離等項目，予以清楚的記錄，製作成作業分析圖。

微動作分析（Micromotion Analysis）

　　吉氏夫婦用攝影機以1/2000秒的時間，透過動作時間的研究，來探討工人手部與身體的動作，以決定每位工人在每一動作上所花費的時間，此可找到肉眼所無法察覺的多餘動作並加以消除之。

3.5　甘特圖（Gantt Chart）

工作紅利獎金制度（Task & Bonus System）

　　亨利・甘特（Henry L. Gantt）與泰勒是同一家鋼鐵公司的同事，他設計了一種紅利獎金制度，修正泰勒的按件計酬法，將泰勒原先獎勵工人的獎工制度擴展到領班，規定只要領班所屬的工人在規定時間內完成工作，也可獲得紅利獎金。此一制度將科學管理的領域由工人擴展到管理者。

甘特圖

　　甘特最有名的應是他為管理者設計了一種規劃與控制的條形圖，亦為一種排程工具。甘特主要以橫軸表示時間，縱軸表示工作計畫及目前進度，而每一粗黑橫條代表某一工作開始及完成的時間，如圖3-2所示。

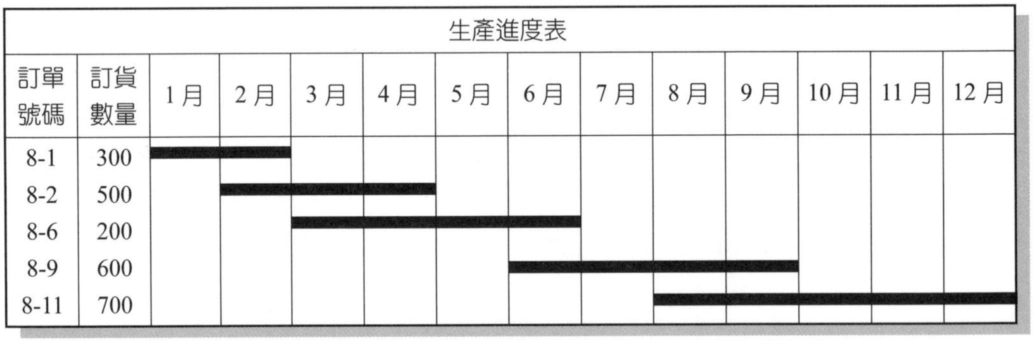

生產進度表													
訂單號碼	訂貨數量	1月	2月	3月	4月	5月	6月	7月	8月	9月	10月	11月	12月
8-1	300												
8-2	500												
8-6	200												
8-9	600												
8-11	700												

圖3-2　甘特圖

　　另外，科學管理學派尚有幾位著名的理論，其中以艾默生（H. Emerson）和亞當・史密斯（Adam Smith）為代表。

　　艾默生以其所著的《效率十二原則》為追求效率的管理思想的代表，有「效率教長」（Hight Priest of Efficiency）之稱，可見當時產業界對效率的重

視。該十二項維護效率的原則為：①目標，②常識，③諮詢，④紀律，⑤公平，⑥記錄，⑦日程，⑧工作標準，⑨標準化環境，⑩標準化操作，⑪工作說明，⑫效率獎金。

亞當·史密斯在其《國富論》（*The Wealth of Nations*）一書中提出「分工思想」，強調「工作專業化」，他認為分工可提高工人技術，節省時間，改善工作方法，以提高生產力。

3.6　管理程序學派（Management Process）

前述的科學管理學派，對於管理的發展有不可磨滅的貢獻。但是其較重視工廠的管理及現場工作效率，對於一般行政管理較不重視。另外，他們也強調工作研究，以提高生產力為重點，把工人視經濟人（Economic Men），完全依經濟的理性觀點來說明管理，但對於工作上的「人性面」則有所疏忽。然而影響工人績效的因素，不應僅是獎金收入，人們尚有其他的需要與理想追求。其次，科學管理學派皆以基層工作人員作為研究重心，未能充分注意組織結構中較高層次的管理問題，對於企業組織中的個人及整體行為亦未能有所關注。

為因應上述的缺失而發展出一般行政管理理論，它包括管理程序學派和科層體制，較偏重於管理的原則，以整體組織的觀點來探討管理問題，也奠定了新古典管理理論的基礎。

費堯的管理十四項原則

亨利·費堯（Henri Fayol, 1841-1925）與泰勒是同一時期的人，泰勒著重工作現場的管理及使用科學方法以提高生產力；費堯則著重一般行政管理者（如經理人）的管理。

費堯常被尊稱為「現代管理之父」，他首先界定管理功能（Management Functions），包括規劃、組織、指揮、協調與控制，這些功能反映了管理程序的核心。他也為管理工作劃分了企業功能，諸如技術、商業、安全、財管、會計等，如圖3-3所示。

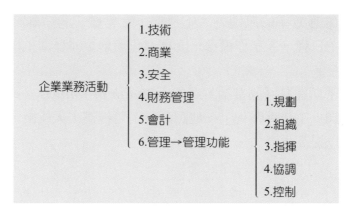

<u>圖3-3</u>　**費堯的企業活動與管理活動**

　　費堯依據其多年來從事管理工作的實務經驗，整理出下列十四項管理原則：

1.　分工原則（Division of Labor）：
此一原則與亞當史斯密所主張的專業分工相同，並主張將分工專業應用於技術與管理的分工合作上。組織透過分工專業化後，可使技術純熟並提高工作效率。

2.　權責一致原則（Authority and Responsibility）：
有權必須負其責，職位愈高者，其責任愈不易確定。職權賦予管理者下達命令的權利，但伴隨其職權的是職責，職責應相互一致對等。

3.　紀律原則（Discipline）：
無論是基層工人或高層管理主管，皆應遵守組織的法規紀律。好的效率代表有效能的領導，對於不遵守規定之員工應予以懲戒。

4.　指揮統一原則（Unity of Command）：
每一員工只服從一位上級主管之命令，避免令出多門，無所適從。

5.　方向統一原則（Unity of Direction）：
凡屬具有同一目標的各項工作，應由一位主管依一套計畫去指揮，並只由一位主管負責。

6.　共同利益優先原則（Subordination of Individual Interest of the Common Good）：
組織的目標必須涵蓋個人及整體組織的目標。管理者應以身作則，消除員工的私心，將組織整體利益置於個人或組織內小團體的利益之上。

7. 獎酬公平原則（Remuneration）：

工人的薪資必須講求公平合理。

8. 集權原則（Centralization of Authority）：

集中化（Centralization）乃指部屬參與決策的程度。而決策權力的集中與分散，應視企業的個別情況及工作性質而定。例行性工作者可採較多的集權。

9. 指揮鏈原則（Scalar Chain）：

指一組織中，由最高階層而下應有明確階層劃分，其職權關係就如同一條鐵鏈，命令溝通須依此垂直鏈關係層層相連。

〔註〕費堯的跳板原則（Gangplank）：指在組織中屬於同一層級者，應可直接相互溝通。惟他們必須取得其上級主管的許可，其溝通結果不得違背上級主管的意旨，並於事後向其主管報備，如此可不妨礙到組織層級的完整性，且可達到快速溝通的效果。

10. 秩序原則（Order）：

強調物有定位、人有定職。人性秩序的完善，端賴於有效能的組織，也有賴於人事遴選的審慎。

11. 公平原則（Equity）：

強調主管應公平與合理的對待部屬，管理主管亦應以身作則，使組織內保持公正。

12. 人事安定原則（Stability of Staff）：

管理主管流動頻繁將會影響組織效率，而不必要的職位調動不但影響員工技能的培養，亦影響員工的安全感與安定感。高層主管應有完備的人事規劃，以因應人事職位出缺時的替代人選。

13. 主動原則（Initiative）：

鼓勵員工自動自發，培養創造力與進取心，以激發其高度參與。

14. 團隊精神原則（Esprit de Corps）：

遵守指揮統一原則，並多作溝通，以強化團隊的精神，並建立組織的和諧。

　　管理程序學派之基本弱點，係其對有關管理原則的說明往往過於籠統，譬如「指揮統一」原則與「分工專業」原則會有所衝突，若依指揮統一原則，於組織中任何職位的人須作決策時，其所受的影響力應只來自單一的上級；若他

的決策經由分工專業原則，則必須依據多方面的諮詢意見與資料，如此將與指揮統一原則有所衝突。

3.7 科層體制管理學派
（Bureaucratic Management）

　　馬克斯・韋伯（Max Weber）是一位德國社會學家，亦是一位組織理論家，他發展出一套理想的組織模式，稱為科層組織或官僚組織（Bureaucracy），以理性和法規制度為基礎，係屬權威結構的理論，強調以制度取代人治，建立權威關係以描述組織的活動，此種運作具有高度的穩定性與一致性。組織成員各因其所處職位，依法獲得某項權威。有關組織結構理論，將於第8章再予敘述。

　　科層體制包含了六項主要特性：

1. 分工專業化：
   所有的工作須為簡單、例行性且明確界定的任務。

2. 職權階級：
   部門與職權均納入層級結構中，任何一較低層級皆應受較高層級之監督與控制。

3. 正式遴選：
   組織成員皆依訓練、教育或測驗方式等技術水準而錄用。

4. 正式法規：
   為了使員工的行為具一致性，管理者須依據組織的法令與規範執行任務。

5. 不徇私：
   避免因個人之好惡或個性而有不同的管理方式，凡依法規而實施的對象皆應一視同仁。

6. 企業導向：
   管理者為專業經理人，而非企業所有權人，係以生產效率為導向，決策亦不偏頗，一切以達成企業整體的目標為主。

3.8 行為科學學派
(Behavior Science Management)

在古典管理理論時期，較著重探討管理者如何控制員工的行為，要將員工的行為予以標準化。然而，在新古典管理理論時期，除繼續強調管理功能與組織結構的研究之外，亦開始研究許多的人性與社會行為，譬如管理者如何以激勵或溝通的方式使部屬努力工作，以達成組織的目標；亦即將人性帶入組織裡，透過合作協調、溝通來完成組織的任務。

行為科學管理較著重員工的個人行為及群體過程（Group Process），並強調工作場合中行為過程（Behavioral Process）的重要。此學派較強調人的因素對學派組織的影響，故也稱為人力資源（Human Resource）學派。其代表人物有以下幾位，分述如下：

孟斯特柏（Munsterberg）的工業心理學

孟氏為德國著名的心理學家，被尊稱為「工業心理學之父」。他的主要貢獻是開創了一項理論——工業心理學，係將心理學應用到工業上。他主張以科學方法研究人類行為，並找出一般人類的行為模式。他也應用心理測驗來改進員工的遴選，應用人類行為理論以激勵員工，並藉由對員工技術能力與適當工作的要求，以增進工作效率。

佛來特（Follet）的人本哲學觀

瑪麗佛來特（Mary Parker Follet）認為管理者應將員工的情緒、情感與信念相結合，將員工視為夥伴，藉由經驗和組織來領導部屬，而非只是正式職權。另外，組織應本於群體的倫理而非個人主義來運作，才可獲得和諧。

佛來特認為管理係為持續動態的過程，即管理者為了解決一問題，其解決方法可能引發新的問題。而解決問題的方式之一是讓員工參與，其次是以協調方式解決問題。其協調溝通原則有下列四項：

⑴直接與決策者接觸溝通。

⑵在規劃初期最有效。

⑶須考慮情境中任何可能的因素。

⑷須持續進行。

巴納德（Barnard）的合作群體系統與職權接受理論

查斯特巴納德（Chester Barnard）曾擔任新澤西州貝爾電話公司的總裁，為一實務人士。他強調下列二種觀點：

1. 社會合作系統（Coorperative Social System）：

他認為一組織須相互合作，藉由員工間不斷的溝通，管理者以激勵、協調方式使員工努力工作，以獲得組織的整體績效，同時與外在環境人士如供應商、顧客、投資者等維持良好的關係。管理者並環視組織外在環境，適時調整組織內在的架構及策略，以取得內外環境間的平衡。

2. 職權接受理論（Acceptance Theory of Authority）：

巴納德認為管理者的職權，必須獲得職權施加對象——「部屬」的認同接受，其職權才有意義、有效。

人際關係（Human Relation）學派

一般而言，行為管理學派可分為二：一為人際關係學派，另一為人力資源（Human Resource）學派。人際關係學派的主要代表人物為梅岳的「霍桑研究」。

霍桑研究（Hawthorne Studies）

此研究最早發生於美國西方電氣公司（Western Electric Company）的霍桑工廠（Hawthorne Plant），係該工廠工程師企圖探討工廠照明度和生產力間的關係，將實驗分為實驗組與控制組二組，並邀請哈佛大學教授耶頓梅岳

（Elton Mayo）共同進行研究，分為下列三階段方式來探討：

1. 照明度與生產力的關係：

(1)實驗組：

無論工廠燈光照明增加或減低，生產力皆增加。

(2)控制組：

工廠燈光照明固定保持不變，生產力仍增加。

(3)結論：

①「照明度」與「生產力」無明顯相關。

②「照明度」可能只是影響生產力許多因素之一。

2. 一小群體觀察實驗：

(1)小群體成員非正式的設定了可被大家接受的產出水準，而不依廠方規定的標準產量去工作，以避免產量過高。

(2)小群體成員各採用不同的態度，對待他們的主管。

(3)由於小群體成員交往情況不同，會形成一種社會性的派系（Social Acceptance），遠比誘因來得重要。

3. 大規模訪問面談：

工作人員的工作績效，不但因員工們自己的情況而定，同時也受到同仁間交流情感的影響。

4. 結論：

(1)霍桑效應（Hawthorne Effect）——工作者對新環境的好奇和興趣，在初始階段將獲得正面的結果（如生產量的增加）；另一方面當知道自己的行為受到觀察或給予特別注意時，其生產量也會提高。亦即工作者對新環境的好奇和其行為受到注意時，其行為將產生明顯影響。

(2)個人化與社會化的過程（Individual and Social Process）將影響員工的行為與態度，也影響了員工的情緒和人際關係（社會互動），此也決定了組織的生產力和員工的滿足感。

(3)群體規範比計件工資誘因，更能影響組織績效和目標的達成。

(4)為獲得員工的工作績效，不僅在物質上有良好的工作環境，同時也須注意員工個人心理上的需求和社會互動的影響。

人力資源（Human Resource）學派

人際關係學派強調一個滿意的員工會增加生產力，而人力資源學派則強調增加生產力將使員工獲得滿足感。此二學派之差異，如圖3-4所示。

學派 ＼ 發展	步驟一	步驟二	步驟三
人際關係學派	改善組織與員工間的關係	增加員工滿足感	提升員工生產力
人力資源學派	激勵員工發展潛能	提升員工生產力	增加員工滿足感

圖3-4　人際關係學派與人力資源學派的差異

人力資源學派主要由員工個人信念，而不是由研究的數據所形成的。其代表的理論有馬斯洛的五種需求，分別是生理需求（Physiological Needs）、安全需求（Safety Needs）、社會需求（Social Needs）、自尊需求（Esteem Needs）和自我實現需求（Self-Actualization Needs）。

一旦下一層級的需求被滿足後，就再也無法誘發其行為。另一方面，馬斯洛也認為高層級的需求較不易獲得滿足，因其獲得滿足需求的手段較少所致。至於其詳細的論述，將於第12章介紹。

麥克里高（McGregor）的XY理論

道格拉斯麥克里高（Douglas McGregor）提出有關「人性」的二項假設，即X理論與Y理論。X理論強調性惡論，對人性行為持負面看法，認為人們本性懶惰、被動和逃避責任；Y理論則認為人們本性能自動自發，接受責任，視工作如休息遊戲般的自然。麥克里高認為Y理論最能適用於人性的假設。

赫茲柏格（Herzberg）的雙因子理論

赫茲柏格（Frederick Herzberg）為一心理學家，他透過和九家公司二百位的工程師與會計師的面談，請其回想他們感到最滿足且最受激勵，及最不滿

足且感到最不被激勵者，以發展其理論。結果發現，受訪人員覺得不滿足的項目多與工作環境有關，而滿足者則多屬於工作本身。

赫茲柏格認為，能帶給員工滿足者（Satisfaction），有一些內在工作本身因素可作為激勵之條件，並產生良好的績效，稱為「激勵因子」（Motivators），又稱為「內部因子」（Intrinsic Factors）或「滿足因子」（Satisfiers）。若沒有這些因子，就不會引起高度不滿足。

3.9　管理科學學派（Management Science）

管理科學學派又稱計量管理學派（Quantitative Management Perspective），此學派主要源自於二次大戰時，以數學或統計學的方法來解決軍事上的問題。戰後此種計量方法被應用於民間企業上，譬如杜邦（Du Pont）、奇異電器（GE）也開始將此技術應用於廠址選擇、倉儲規劃等決策。它主要強調以統計方法、數學理論及電腦程式運算，以解決管理上所面臨之問題，譬如以系統分析、作業研究（OR），藉由一系統方法尋求最佳解決方式。此學派主要的代表人物有麥克瑪拉（McNamara）與桑頓（Thornton）。

管理科學學派的特色有下列四項：
(1)以科學方法解決管理之問題。
(2)強化管理者決策能力。
(3)重視易於量化之經濟成本與效益。
(4)運用數學模式、資訊設備作分析。

麥克瑪拉（McNamara）成本─效益分析

勞勃麥克瑪拉（Robert McNamara）原為一名軍官，後來加入美國福特汽車公司，並應用統計方法來改進福特汽車公司的決策。他後來當上福特汽車公司的總裁，隨後並成為美國的國防部長，在國防部長任內提出成本效益分析方法，以量化國防資源分配的決策，最後他成了世界銀行總裁。

桑頓（Thornton）的利頓實業

查理桑頓（Charles Thornton）原也是一名軍官，後來進入企業界發展，創造了價值十億美元的多角化實業集團——利頓實業（Litton Industries），他以數量方法來制訂採購與分配的決策。

管理科學學派以科學方法解決管理上之問題，有以下六項程序：
(1)蒐集觀察資料。
(2)確認問題。
(3)建立模式。
(4)選擇最佳方案。
(5)以實驗驗證。
(6)回饋修正。

3.10 整合管理理論時期
（Integrated Management）

管理科學學派較倚賴各種數學工具來解決許多企業所面臨的複雜問題，譬如對目標設定、績效評估、規劃方案的分析等，皆受到管理科學學派的影響。

但是，管理科學學派對於一個模式中所包含的管理上人性面問題，以及涉及之相關因素並無法全部予以量化，故管理科學學派仍處於工具性階段。

近年來歐美日等工業化國家致力於經濟的發展，再加上全球化貿易的風潮，更增加了管理上的難度；另一方面，由於科技的不斷發展，使得在市場競爭、行銷管理、技術創新、成本結構等都面臨新的問題。同時使得企業主管們除了須具備事業知識與技能外，尚須具備管理理論、組織結構及管理實務之素養。正因如此，當前環境就出現了二大管理思潮——系統理論與權變理論。

系統學派（System Approach）

系統學派將「系統」定義為一組互相關聯與相依的元素，此元素包括人體、群體、態度、動機、目標、職位、職權等所形成的一個聯合體，它的基本架構如圖3-5所示。

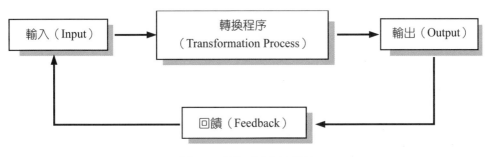

圖3-5　系統的基本元素

此架構包括輸入（Input）、轉換程序（Transformation Process）、輸出（Output）和回饋（Feedback）等四部分。輸入係指人力、原料、資金、資訊等；轉換指將輸入轉換成輸出；輸出係指經轉換後的結果；回饋則指系統狀態的資訊。系統學派可用來說明將輸入轉換成輸出的過程，引申來說，即組織透過輸入，經管理技術而轉換成組織的產品或服務（即輸出）。

系統有二種型態，分別說明如下：

1. 封閉系統（Closed System）：
   係指系統元素未與環境互動，亦不受環境的影響。譬如古典管理學派、管理科學學派皆將企業視為一封閉系統。

2. 開放系統（Open System）：
   係指系統與環境間產生互動，使藉由外部環境的投入，經過系統本身管理程序轉換成一些輸出，再藉由輸出到外部環境（包括任務環境與總體環境）。譬如行為科學學派、系統學派、權變學派皆將企業視為一開放系統，如圖3-6所示。

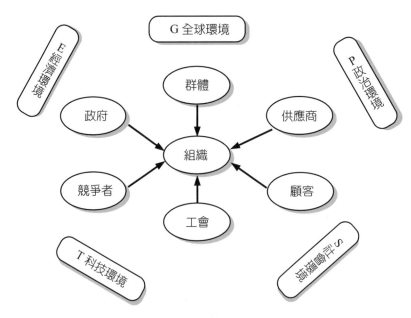

圖3-6　組織的開放系統

　　系統學派之理論甚為複雜，其應用的系統觀點有下列五種：

1. 組織的系統觀點：

　　將組織視為一系統，組織內部的一個部門視為一次系統，而組織這個大系統是由各部門的次系統所組成。管理者站在高層級的系統觀點，可通盤了解有關各項因素間的相互關係。

2. 動態環境的系統觀點：

　　管理者須面對一個動態的環境，此動態環境與企業組織是相互影響與相互依存的，其不變的目標乃為建立可預知的經常性關係，以求得系統的平衡。

3. 社會系統適應與維繫力觀點：

　　社會系統係指為某種目的所設立，以人為主的系統。社會系統為一開放系統，與外部環境交互作用，以適應外部環境的變化。社會系統需要具有下列二種力量：

　(1)隨環境需要而改變的適應力。

　(2)維持系統穩定的維繫力。

　　企業藉由不斷的變革（適應力）以適應環境的變化，另一方面並藉由維繫企業（系統）的穩定（維繫力），使其不致因變革太快而失控。

4. 投入產出系統觀點：

此系統之投入包括：

⑴人力資源：

管理者、勞工、組織、創新等。

⑵財務資源：

長期投資、營運資金等。

⑶物力資源：

原料、設備、土地等。

⑷資訊資源：

技術、市場、環境等資訊。

此系統的產出包括：

⑴產品、服務、顧客的滿意。

⑵利潤、投資者的滿意。

⑶員工、社會的滿意。

此系統認為，管理的重心係以最經濟有效的方法將投入轉換成產出，並使產出大於投入。

5. 思維系統觀點：

運用系統化的思考模式，可促使管理者針對問題而想到許多有意或無意的後果。

權變學派（Contingency Approach）

權變學派亦稱情境學派（Situational Theory），係指企業組織結構是否適當，管理方式是否有效，須視工作的種類性質及其所面臨的環境而定，即分析情境的差異後再選擇適當的管理解決方案，如圖3-7所示。

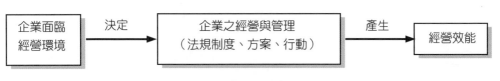

圖3-7　權變學派的管理方式

管理者為了適應各種情境，須找出各種權變因素。最常見的權變因素有下列四項：

1. **組織規模：**

   管理者工作的主要影響因素為組織成員的人數多寡（組織規模），譬如組織規模愈大，將面臨的溝通協調也愈大，管理困難度也會增加。

2. **例行性科技：**

   例行性科技所須的組織結構與非例行性科技不同，管理者的工作將受到例行性科技較大的影響。

3. **環境的不確定性：**

   對於政治、經濟、科技、社會文化等外部環境的不確定性，會影響管理程序。適合於穩定及可預測的環境，不見得適合於快速變動與不可預測的環境。

4. **個別差異：**

   領導者所採取的激勵手段、領導風格與工作設計，皆與部屬的個別差異有關。領導者宜針對個別的成長環境、需求、期望，適時地調整其領導方式。

在1960年代，學者彭斯（Burns）和史托克（Stalker）提出高度結構化的組織，稱為「機械式組織」（Mechanistic Organization）。另一則為彈性的組織，稱為「有機式組織」（Organic Organization），此種理論也開啟了權變理論或情境理論思想的開端。表3-1簡明列出機械式組織和有機式組織之間的差異。

表3-1　機械式組織與有機式組織在管理功能上的差異

	機械式組織	有機式組織
規劃	1.重視過去資料與分析 2.缺乏彈性 3.理性分析	1.重視未來發展與預測 2.富有彈性 3.主動創造
組織	1.組織結構性高 2.職能劃分 3.指揮鏈	1.彈性組織 2.功能式組織 3.授權與協調
用人	1.重視績效標準 2.工作說明規範明確 3.強調工作方法	1.重視績效發展 2.強調工作潛能發揮 3.運用組織發展

領導	1.重視外在物質 2.強制性領導程度高 3.組織化績效導向	1.重視內在精神 2.自我管理程度高 3.輔導化發展導向
控制	1.強制性控制 2.重視最終成果 3.強調效率與標準	1.自我控制 2.重視最終成果 3.強調成果與成就
舉例	紡織廠 1.強調效率 2.專業分工 3.適於穩定環境	電子廠 1.強調創新 2.自我控制 3.適於不穩定環境

老師小叮嚀：

1.注意在各學派中的代表人物，如泰勒的獎工制度、費堯的管理十四項原則、韋伯的科層體制、梅岳的霍桑研究、馬斯洛的需求理論、麥克里高的XY理論、赫茲柏格的雙因子理論等，皆是常出現的考題。

2.注意機械式組織與有機式組織之差異。

3.注意各管理學派演進的時間先後順序及其代表人物。

 自我測驗

1.麥克里高（D. McGregot）的Y理論觀點，以下何者符合？

（97年鐵路公路特考）

(A)員工天生不喜歡工作　(B)喜歡逃避責任　(C)普遍具有良好的決策能力　(D)認為安全是工作中最重要的因素

2.當人們知道自己是被研究的對象時，表現通常會變得不一樣，是何種效應？（97年鐵路公路特考）

(A)熱爐效應　(B)霍桑效應　(C)增強效應　(D)透明天花板效應

3.有關管理學者及其所提出之觀點，下列何者為非？（95年特考）

(A)泰勒（Taylor）—功能式組織（Functional Organization）　(B)吉爾博斯（Gilberth）—微動作分析（Micromotional Analysis）　(C)費

堯（Fayol）—管理十四原則　(D)艾默生（Emerson）—例外管理
（Management by Exception）　(E)麥格瑞特（McGregor）—XY理論

4. 依據馬斯洛（Maslow）的需求層級理論，在滿足免於遭受傷害或危險需求後，將繼續追求下列何種需求？〔95年特考〕

(A)生理需求　(B)安全需求　(C)社會需求　(D)尊敬需求　(E)自我實現需求

5. 有關管理學派的敘述，下列何者為真？（複選）〔95年特考〕

(A)霍桑（Hawthorne）實驗係行為學派學者霍桑研究工人生產力和照明度的關係　(B)科學管理學派與管理科學學派皆強調科學精神　(C)古典學派強調控制幅度愈大愈好　(D)權變學派認為沒有一個管理理論可以適用所有的情況　(E)古典學派的學者泰勒（Taylor）提出時間研究

6. 在管理各個學派中，下列敘述何者有誤？〔96年特考〕

(A)霍桑實驗開啟了組織行為的研究　(B)霍桑實驗原始設計是基於科學管理的理念　(C)韋伯的科層式組織理念對現今的組織仍有相當影響力　(D)費堯的十四項原則針對組織基層作業作出明確規劃，奠定了一般行政理論的基礎

7. 下列之配對，何者不正確？

(A)動作研究之父：吉爾布斯（Gilbreth）　(B)程序學派之父：費堯（Fayol）　(C)管理科學之父：泰勒（Taylor）　(D)工業心理學之父：密茲柏格（Mintzberg）

8. 在管理各個學派發展中，出現過一些偉大的人物、經典思想和發明，請問下列陳述何者是正確的？（複選）

(A)泰勒（Taylor）是科學管理之父，他發明了「時間及動作研究」　(B)韋伯（Weber）提出科層組織（Bureaucracy）的理念，這對現今的組織觀念仍有相當影響力　(C)霍桑（Hawthorne）實驗的原始設計是根基於科學管理的理念　(D)霍桑實驗開啟了組織行為的研究　(E)費堯（Fayol）提出管理十四項原則，針對組織基層作業作出明確規範，奠定了行政理論（管理程序學派）的基礎

9. 以科學方法建立數學模型之管理學派，稱為：〔96年中華電信企業管理〕

(A)管理科學學派　(B)經營管理學派　(C)科學管理學派　(D)權變學派

【解析】
管理思想演進如下：

(一)古典管理理論時期：

　　1.科學管理學派

　　2.管理程序學派

　　3.科層體制學派

(二)新古典管理理論時期：

　　1.行為科學學派

　　2.管理科學學派：強調以科學統計方法、數學理論及電腦程式運算，以解決管理上所面臨的問題。

(三)近代管理理論時期：

　　1.系統學派

　　2.權變學派

10. 甘特圖（Gantt Chart）主要作用為：（96年中華電信企業管理）

(A)規劃　(B)領導　(C)指揮　(D)協調

11. When Fayol speaks about the line of authority from top management to the lowest ranks, he is referring to:

(A)specialization　(B)division of labor　(C)the scalar chain　(D)order

12. 下列有關霍桑研究的敘述，何者有誤？（97年台電公司養成班甄試試題）

(A)係由哈佛大學教授梅育（Mayo）所主導　(B)地點在美國西方電氣公司的霍桑工廠　(C)於1927年到1932年間共分二階段進行　(D)開啟了日後對人群關係研究的熱潮

13. 在各種組織型態中，金字塔型之組織結構又稱為官僚組織（Bureaucracy），此型態組織之設計是著眼於組織設計能符合：

(A)理性　(B)人情　(C)法規　(D)傳統

14. One implication of the Hawthorne Studies is that workers can be motivated by receiving:

(A)attention　(B)money　(C)challenge　(D)bonuses　(E)profit sharing

15. One could say that Fayol was interested is studying ____ management issues, whereas Taylor was interested in studying ____ management issues.

(A)micro, macro　(B)macro, micro　(C)both were micro　(D)both were macro　(E)neither was micro

16. The principle of unity of command suggests that managers within an organization should reach agreement on the goals and objectives of the

organization.

17. The Hawthorne Studies were conducted at the:

(A)electric lighting plant　(B)steel mill　(C)book publishing plant
(D)Ford Motor plant　(E)Western Electric Company

18. Frederik Taylor's primary scientific management goal was to:

(A)make the organization a more harmonious place to work　(B)establish a policy that would be common to all workers　(C)increase worker efficiency by scientifically designing jobs　(D)increase worker effectiveness by scientifically designing jobs

19. Which of the following would likely be found in mechanistic organization?

(A)Wide span of control　(B)Empowered employees　(C)Decentralized responsibility　(D)Few rules and/or regulations　(E)standardized job specialties

20. 泰勒主義者（Taylorists）相信，對生產之人最有效的激勵因素是：

(A)良好的人際關係　(B)工作安全　(C)讚許認可　(D)薪資報酬　(E)工作設計

21. 「每位員工只接受一位上司的命令」乃是亨利費堯（Henri Fayol）十四原則中的哪一個原則？（96年中華電信企管概要）

(A)權威原則　(B)紀律原則　(C)指揮統一原則　(D)目標統一原則

22. 強調組織與個人的共同目標，採分權式管理型態，鼓勵參與管理的是：
（97年台電公司養成班甄試試題）

(A)M理論　(B)Z理論　(C)Y理論　(D)X理論

23. Based on his scientific management principles, Taylor suggested which of the following pay principles?

(A)monthly salary　(B)monthly salary with bonus　(C)seniority pay
(D)incentive pay

24. An open system and its subsystem are characterized by:

(A)a transformation process that involves production, maintenance, adaptation, and management　(B)an input selection that is know for being so accurate that it can be closed　(C)output criteria that are subjective　(D)boundary spanning that connects employees to products to organizational subsystems　(E)none of the above

25. The Hawthorne experiment that evaluated the impact of group incentives on group productivity concluded:

(A)group productivity is directly related to piece work rate   (B)the importance of factors like acceptance and group membership were more important than money in determining productivity   (C)productivity increased when scientific management principles were applied   (D)all of the above

26. Scientific management was:

(A)pioneered by Henri Fayol   (B)an outgroup of the Hawthorne studies which found that people performed best in an environment of clearly specified, narrow job task   (C)focused on effectiveness rather than efficiency   (D)successful at increasing output, in part through the use of incentive systems   (E)all of the above

27. Contingency means that:

(A)organizations should be structured loosely   (B)management structure is determined by the era or times   (C)one thing depends on other things, such as structure depending on environment   (D)the key contingent of workers should be college graduates   (E)all of the above

28. Maslow is probably best known for his theory on:

(A)levels of aspirations   (B)levels of achievements   (C)levels of needs   (D)levels of directions.

29. Indicate whether the following statement is true or false, and provide a short explanation about your choice（是非題）：

Recognition from others is one of the intrinsic motivators in the workplace.

30. Theory ＿＿＿ is based on positive assumptions about workers.

(A)Z   (B)X   (C)Y   (D)C

31. Which of not one of Fayol's principles:

(A)Authority and responsibility   (B)Line of authority   (C)Globalization   (D)Unity of command

32. Which of the following comparisons of system 4 and Weber's bureaucracy is most accurate?

(A)Both neglect the social process in organizations   (B)Both tend to be inflexible and rigid　(C)Both are universal approaches to organization design　(D)Both come from the classical school of management thought (E)Neither uses participative goal-setting processes

33. A reporting relationship in which an employee receives orders. From, and reports to, only one supervisor is known as:

(A)line of authority　(B)centralization　(C)unity of direction　(D)unity of command

34. Managers who use mathematical models and electronic computers to reach decisions are using which management approach?

(A)classical　(B)management science　(C)system　(D)contingency

35. 霍桑研究（Hawthorne Studies）最重要的發現是：

(A)群體力量對管理與生產的影響　(B)參與式決策對管理與生產效率的影響　(C)人際關係對士氣的影響　(D)照明設施對產出的影響

36. Which of the following statements characterizes the thinking that emerged from the Hawthorne studies?

(A)If jobs are properly designed and proper incentives provided, predictable results will follow　(B)Workers will perform their jobs as they are told to and maximize their output so as to increase their pay (C)Concern for the worker will lead to greater worker satisfaction, which will then lead to increased output　(D)Workers generally dislike work and need to be closely supervised to ensure adequate productivity (E)People are motivated primarily by money

37. 強調管理者應有效處理組織的人性面是：

(A)科學管理　(B)官僚式　(C)系統管理　(D)行為管理學派的理念

38. 下列有關管理理論的陳述，請選出錯誤的：

(A)系統理論提供「視內、外在環境因素為一體」架構，作為有關管理工作思考的一種方法　(B)權變理論認為不同的情況及條件，需要不同的管理理論　(C)科學管理強調人性及人際關係的運用　(D)Z理論為結合日本式及美國式管理的某些特性而成的理論

39. From a systems perspective, operations management is most concerned with the _____ of the organization.

(A) inputs　(B) processing　(C) outputs　(D) structure

40. 信奉X理論的管理者偏向以什麼當作績效指標？

(A)工作結果　(B)工作行為　(C)人格特質　(D)同儕評比

41. Follet's ideas about the relationship between management and worker is described by which of the following statements?

(A)Management controls worker behavior.　(B)Managers should rely on their authority.　(C)Managers should be considered part of the common group.　(D)There is an inherent conflict between management and workers that can be overcome.　(E)Management should rely on their knowledge and power to lead worker.

42. Which of following phrases is most associated with scientific management?

(A)management relations　(B)one best way　(C)supply and demand (D)quality control　(E)machinery over humans.

43. 霍桑研究（Hawthorne Studies）的主要發現之一是：

(A)權力與責任須相稱　(B)診斷管理問題時必須仰賴行為科學　(C)採取財務誘因，激勵員工（譬如差別計件獎工制）　(D)以上皆非

44. 在1930年代的梅育（Mayo）所做的霍桑研究（Hawthorne Studies），是屬於哪一個管理思想學派？（96年中華電信企管概要）

(A)科學管理學派　(B)系統理論學派　(C)官僚體制學派　(D)行為學派

45. An open system and its subsystem are characterized by:

(A)A transformation process that involves production, maintenance, adaptation, and management.　(B)An input selection that is known for being so accurate that it can be closed.　(C)Output criteria that are subjective.　(D)Boundary spanning that connects employees to products so organization subsystems.

46. Which of the following statement (s) is (are) correct?（複選）

(A)According to Maslow, living life to the fullest is most closely associated with fulfilling the physiological need.　(B)According to Maslow's hierarchy of needs, a person who buys a smoke alarm is motivated to do so in an attempt to fulfill the security need.　(C)Based on Maslow's hierarchy, a homeless person will most likely work toward fulfilling the social needs. (D)According to Maslow, the need to self-actualize is to achieve satisfaction by being the best one can be.

47. One of the first individuals to recognize and apply human relations practices was:

(A)Robert Owen　(B)W. Edwards Deming　(C)Max Weber　(D)Frederick W. Taylor　(E)Peter Drucker

48. 有關管理學派的演進，下列何者敘述是對的？（複選）

(A)Boulding採取系統學派的觀點　(B)Mayo是行為學派的始祖 (C)Hawthorne Experiment開啟了管理科學的研究　(D)Fayol提出規劃、組織、命令、協調、控制五項管理程序　(E)Taylor被稱為科學管理之父

49. The important managerial concept linking authority and responsibility came from the writings of:

(A)Fredarick Taylor　(B)Max Weber　(C)Frank and Lilian Gilbreth (D)Henri Fayol

50. Which of the following four theorists are associated with the early human resources approach?

(A)Owen, Munstarberg, Taylor, and Fayol　(B)Folleet, Owen, Mayo, and Weber　(C)Barnard, Munsterberg, Owen, and folleet　(D)None of above

51. When the external environment uncertainty is high, the organization should have a ____ structure that emphasizes lateral relationships such as teams and task forces.

(A)loose　(B)tight　(C)mechanistic　(D)organic　(E)inorganic

52. The ____ is an unbroken line of authority that links all of the persons in an organization and shows who reports to whom.

(A)linking pin　(B)organizational chart　(C)chain of command (D)strategic plan　(E)organizational mission

53. 梅耶（Elton Mayo）所進行霍桑研究（Hawthorne Studies）本來是要進行一項「科學管理」的研究，為何卻開啟了行為學派的管理學研究？

54. The ____ theory states that a manager's choice of organizational structures and control systems depends on characteristics of the external environment.

(A)mechanistic　(B)management science　(C)organic　(D)contingency

55. 簡要說明Z理論。

56. 請說明下列學者對管理思想或理論之貢獻，並評論其對管理實務之影響。
    ⑴D. McGregor
    ⑵E. Mayo
    ⑶T. Burns and G. M. Stalker

57. 解釋下列名詞：
    McGregor's Theory X and Theory Y

58. 簡要說明系統理論。

59. ⑴解釋下列名詞：Situational Theory。
    ⑵它與傳統理論有何不同？

60. 何謂「需求層級理論」？

61. 解釋名詞：Entropy。

62. 簡要說明霍桑研究的意義。

63. 解釋名詞：Synergy。

本章習題答案：

1.(C)　2.(B)　3.(D)　4.(C)　5.(BDE)　6.(D)　7.(C)　8.(BCD)　9.(A)

10.(A)　11.(C)　12.(C)　13.(A)　14.(A)　15.(B)　16.(✗)　17.(E)　18.(C)

19.(E)　20.(D)　21.(C)　22.(C)　23.(D)　24.(A)　25.(B)　26.(D)　27.(C)

28.(C)　29.(○)　30.(C)　31.(C)　32.(E)　33.(D)　34.(B)　35.(A)　36.(C)

37.(D)　38.(C)　39.(B)　40.(A)　41.(E)　42.(B)　43.(B)　44.(D)　45.(A)

46.(ABD)　47.(A)　48.(ABDE)　49.(D)　50.(D)　51.(D)　52.(C)　54.(D)

第4章‧
決　　策

本章學習重點

1.介紹決策的意義
2.介紹決策的程序
3.介紹決策的狀態與模式
4.介紹理性決策與有限理性決策
5.介紹群體決策

4.1　決策的意義

　　「決策」又稱「決策形成」（Decision Making），係指管理者針對問題在經過客觀的比較分析後，作出一最佳或具有效能的選擇方案。

　　決策的重要在於分析與選擇二項能力，所以管理精進的方向之一，就是改善管理者的決策能力。決策的成效對組織目標的達成影響極大，且其為規劃功能的一部分，甚至可自成一格，自不可不重視。

　　管理功能的重點就是要解決問題，此即為決策。譬如基層管理者要作工作進度的決策，高層管理者則要作策略規劃的決策，其所須考慮的因素十分複雜，故有相當的困難度。

4.2　決策的程序

　　Robbins將決策程序（Decision-Making Process）分為八個步驟，如圖4-1所示，依序分別為問題的形成、界定決策標準、賦予權重、發展可行方案、分析可行方案、選擇可行方案、執行可行方案、評估決策效能。現分別說明如下：

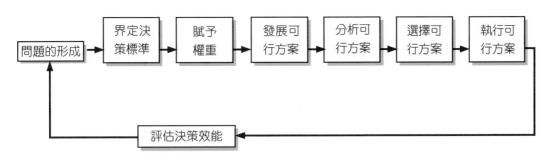

圖4-1　決策的程序

問題的形成（Identify Problem）

　　管理者首要了解問題所在，不可將現象當作問題來處理。問題的形成不可用主觀的判斷，也不可忽視問題形成的重要性及複雜性。

界定決策標準（Decision Criteria）

　　管理者在問題形成的同時，也要知道如何界定決策標準，以便將問題與標準作一比較，而此決策標準可能是過去所設定的目標、但在此步驟中，若決策標準未將其他可能的目標因素，譬如組織目標、環境條件等考慮進去，那麼這些目標因素就有可能未列入方案當中，造成遺珠之憾。決策標準主要是受到決策者的偏好、價值觀及經驗所影響。

　　例如某人買車的決策是為了代步，其考慮的決策標準（相關因素）有：

(1)價格。

(2)形式（四門或二門）。

(3)大小（小型或中型車）。

(4)製造商。

(5)配備。

(6)維修紀錄。

(7)內部舒適性。

(8)性能。

(9)操作性。

(10)省油。

賦予權重（Allocation of Weights to Criteria）

　　上述買車的決策標準，其相對重要性可以權重性大小表示，並以權重大小代表決策中的相對優先順序與重要性。最重要的標準權重若定為10分，則上述買車的決策標準的權重大小，可以表4-1表示：

表4-1　　購買汽車決策標準及權重大小

標準	權重
1.價格	10
2.性能	8
3.省油	6
4.製造商	5
5.配備	5
6.內部舒適性	4
7.操作性	3
8.大小	2
9.維修紀錄	2
10.形式	2

發展可行方案（Development of Alternatives）

　　此為針對解決問題而提出所有的可行方案。但要注意一點，就是此階段並不須要分析評估，只須列出所有的可行方案即可。以上述買車為例，可針對市面車種列出可行的選擇方案，如表4-2所示：

表4-2　　發展買車的可行選擇方案

	車種
可行選擇方案	1.Toyota Camry
	2.Ford Liata
	3.Mitsubishi Lanser
	4.Nissan Sentra
	5.Nissan Cefiro
	6.Benz 280
	7.Ford Activa
	8.Toyota Vios

分析可行方案（Analysis of Alternatives）

在列出可行的選擇方案後，就依據標準與權重大小，將每一可行方案中的每一決策標準予以權重大小，經累積總分後，即可找到最適方案。以買車為例，如表4-3所示：

表4-3　　買車的可行方案分析（滿分為100分）

	價格	性能	省油	製造商	配備	內部舒適性	操作性	大小	維修紀錄	形式	總分
1.Toyota Camry	3	9	4	9	7	8	6	2	3	8	59
2.Ford Liata	8	6	5	5	5	4	6	5	4	8	56
3.Mitsubishi Lanser	9	9	6	6	5	4	8	5	5	8	65
4.Nissan Sentra	9	10	8	8	8	9	10	9	10	8	88
5.Nissan Cefiro	4	8	4	8	8	9	4	2	3	8	58
6.Benz 280	2	7	3	10	7	10	4	2	3	8	56
7.Ford Activa	10	2	8	5	3	2	3	10	2	6	51
8.Toyota Vios	8	5	9	3	6	3	5	6	8	5	55

選擇可行方案（Selection of Alternatives）

上述的分析可行方案中，評估的標準多少會有一些個人的主觀判斷，因此可能會出現表4-3中價格（售價）差異甚大的Ford Liata與Benz 280，其總分卻相同的情況；也有可能出現售價接近的Mitsubishi Lanser和Nissan Sentra，而其總分卻有相當大差異的情況。

但在上述所分析的可行方案中，僅對每一車種作一決策標準，尚未考慮權重大小。現將所有買車方案的分數分別乘以其權重大小，即可得到表4-4的結果。

表4-4　選擇買車的可行方案（評估值×標準權重大小）

	價格(10)	性能(8)	省油(6)	製造商(5)	配備(5)	內部舒適性(4)	操作性(3)	大小(2)	維修記錄(2)	形式(2)	總分
1.Toyota Camry	3 (30)	9 (72)	4 (24)	9 (45)	7 (35)	8 (32)	6 (18)	2 (4)	3 (6)	8 (16)	282
2.Ford Liata	8 (80)	6 (48)	5 (30)	5 (25)	5 (25)	4 (16)	6 (18)	5 (10)	4 (8)	8 (16)	276
3.Mitsubishi Lanser	9 (90)	9 (72)	6 (36)	6 (30)	5 (25)	4 (16)	8 (24)	5 (10)	5 (10)	8 (16)	335
4.Nissan Sentra	9 (90)	10 (80)	8 (48)	8 (40)	8 (40)	9 (36)	10 (30)	9 (18)	10 (20)	8 (16)	418
5.Nissan Cefiro	4 (40)	8 (64)	4 (24)	8 (40)	8 (40)	9 (36)	4 (12)	2 (4)	3 (6)	8 (16)	282
6.Benz 280	2 (20)	7 (56)	3 (18)	10 (50)	7 (35)	10 (40)	4 (12)	2 (4)	3 (6)	8 (16)	257
7.Ford Activa	10 (99)	2 (16)	8 (48)	5 (25)	3 (15)	2 (8)	3 (9)	10 (20)	2 (4)	6 (12)	257
8.Toyota Vios	8 (80)	5 (40)	3 (18)	9 (45)	3 (15)	6 (24)	3 (9)	5 (10)	6 (12)	8 (16)	269

　　根據表4-4中的決策標準、相對權重及買車各方案的總分得知，Nissan Sentra得到最高分（418分），此將成為「最佳方案」。

執行可行方案（Implementation of Alternatives）

　　在選出「最佳方案」後，須將決策付諸行動予以執行；若此時執行不當，仍有失敗的可能。以上述買車為例，既已選擇Nissan Sentra為最佳方案，此時就要著手接洽Nissan Sentra的經銷商，並辦理付款的手續。

評估決策效能（Evaluation of Decision Effectiveness）

決策程序的最後一個步驟就是針對方案的選擇和方案的執行，評估決策的結果是否確實解決了問題，並達到預期的結果？以上述買車為例，對使用車子的價格、性能、省油、配備……等予以評列優缺點，並儘量予以量化，以對買車的整體效能進行評估，並作為下次買車時之參考依據。

4.3 決策的狀態

在進入決策程序之前，要先了解決策的狀態，亦即掌握對於未來可能發生情況的了解程度。資訊愈充分，對未來可能發生情況愈了解，則決策的正確性就愈高；反之，對未來的情況愈不了解，決策的正確性就愈低。一般而言，決策所面對的狀態有四種，如圖4-2所示。

(1)確定性（Certainty）狀態。

(2)風險（Risk）狀態。

(3)不確定性（Uncertainty）狀態。

(4)衝突性（Conflict）狀態。

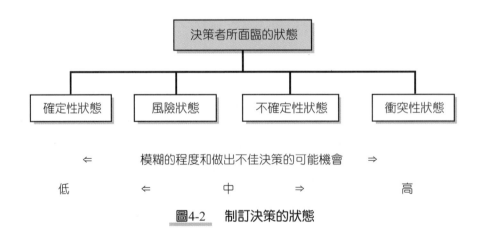

圖4-2 制訂決策的狀態

確定性狀態

當決策者對於可能解決方案的結果有明確的了解，模糊程度較低，且能清楚知道所面對的問題及其替代方案，預測最終的結果準確，則其便是處於確定性狀態（State of Certainty）下作出的決策。例如購買汽車時在Nissan Sentra和Mitsubishi Lanser二種車種中選擇，該二車廠皆能明確告知售價與交期，因而模糊程度低，較能作出準確的決策。

風險狀態

風險狀態較為常見，指尚有一些不確定性。在界定問題上，以可供選擇的方案所達成預期結果的機率來了解風險狀態，亦即該事件未能完全掌握，決策存在著若干程度的風險。例如與工會談判，若未獲滿意答覆，工會可能會發動罷工的機率。

不確定性狀態

因為組織環境的複雜性和動態性，因而缺乏充分完整的資訊以推估各種替代方案結果的機率。不確定性狀態在理論上無法作理性決策，在管理上的不確定性狀態，多以人為的判斷來估計各項風險機率，當作風險情況處理。例如企業大量借貸，當遇到經濟不景氣時，就會發生周轉困難，此為過度樂觀估計風險所致。

衝突性狀態

衝突性狀態發生於競爭者出現的情況，某一方案的條件報償須視競爭對手的反應而定。譬如甲、乙二公司係競爭者，當某一方獲得利益時，另一方必定有所損失，其損失之和恰等於零，稱為「零數和」，指雙方對狀態皆有相同而完整的知識與資訊。

假設A公司有m個可行方案，B公司有n個可行方案，而A_i與B_j雙方方案之組合可形成E_{ij}的後果，則整個競賽可利用一個m×n矩陣表示，稱為競賽矩陣（Game Matrix），如圖4-3所示。

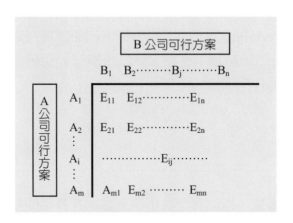

圖4-3　競賽矩陣

圖4-3中，E_{ij}代表A公司之利益或B公司之損失，故A公司希望E_{ij}愈大愈好，B公司則相反。若超過二者的競賽，損益之和不必恰等於零，如此複雜狀況較接近事實，但卻未必能求得分析之解答。

4.4　決策的模式

決策的模式（Decision Model）一般可分為三種，即理性決策（Rational Decision-Making）、有限理性決策（Bounded Rationality Decision-Making）及政治決策（Political Decision-Making），如圖4-4所示。

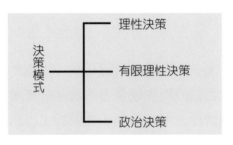

圖4-4　決策的模式

理性決策的程序與第4.2節決策的程序之八大步驟相同；惟理性決策主要是著眼於組織的經濟利益作為最佳決策，有限理性決策僅以有限的標準來評估問題，政治決策則是由組織中一些小群體在互動過程所作的決策。

4.5　理性決策、有限理性決策與政治決策

理性決策

依Robbins（1999）提出（完全）理性決策，有下列七種假設：

1. 目標導向：
   有清楚的目標，且目標之間不產生衝突。
2. 決策資訊已知：
   所有可能的方案與結果皆是已知的。
3. 明確的偏好：
   決策者很清楚自己的偏好。
4. 穩定的偏好：
   決策者之偏好一致且穩定。
5. 無時間與成本限制：
   決策無時間與成本的限制。
6. 問題明確：
   決策的問題明確。
7. 追求最大報償：
   決策者以獲得最大報償的方案為追求的目標。

理性決策的程序與第4.2節決策的程序相同，係以完全理性（客觀與合乎邏輯）來追求組織經濟利益的最佳決策。

有限理性決策

Herbert Simon認為絕大部分的個人與組織的決策都非完全理性，而是會受到其價值觀、習慣及技能所限制，同時也受到資訊獲得的不完整及不可控制之環境因素的限制，稱為有限理性。

有限理性決策係指決策者可在有限的模式下，理性的進行決策。其有下列三種假設：

1. 資訊不充足：
   替代方案的資訊不夠充分與完整。
2. 受限於個人影響：
   決策受到個人價值觀、技能及認知的影響。
3. 追求「滿意解」（Satisficing）：
   決策結果追求滿意而非最佳的方案，以滿足特定狀態下的最低標準者。

政治決策

政治因素也是決策行為本質的影響因素。政治決策（Political Decision-Making）係指組織內、外一些具有影響力的人或小團體，當其所面臨的問題或追求的目標無法一致時，便透過政治運作模式，以獲得多數人滿意的解決方案（Hellriegel, 1999）。具有影響力的人或小團體可能會以自身的最大利益來犧牲組織的長期利益，也可能會以自身的追求目標而犧牲組織的長遠目標，此時就要透過諸如協商、溝通、妥協來獲得最佳的平衡點。

4.6 程式化決策與非程式化決策

當決策者的目標與問題非常明確時，可以程式化決策處理之；反之，當決策者的目標與問題的資訊不充分或完整時，則以非程式化決策處理之。

程式化決策

　　程式化決策（Programmed Decision）係指決策者的目標與問題非常明確，具重複性及例行性，且有一套清楚的處理問題方式，此時即屬於高度結構化問題（Well-Structured Problems），與理性假設相符合。

　　程式化決策通常適用於簡單化且高度依賴過去經驗處理模式的「依例決策」，譬如一般生產排程的決策，即屬程式化決策。

非程式化決策

　　非程式化決策（Non-Programmed Decision）係指決策者的目標與問題的資訊不充分或完整，且具創新性及非例行性，須有一套特定的處理方式，此時即屬於低度結構化問題或非結構化問題（Ill-Structured Problems），與有限理性假設類似。

　　程式化與非程式化決策在問題類型及組織層級之比率關係，可參考圖4-5。

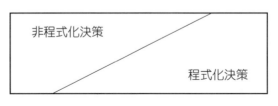

圖4-5　程式化決策與非程式化決策

4.7　決策風格

　　Robbins（1995）定出決策風格（Decision-Making Style）的二項構面，分別是：

1. 思考方向：
   有些決策者偏向理性及邏輯性，其處理模式具有一致性；有些決策者則偏

向創造力與直覺，其處理模式具有宏觀性。

2. 模糊忍受力：

有些決策者強調高度一致性，使模糊忍受力降到最低；有些決策者則較能接受高度不確定性。

若以上述二構面分別作為X軸與Y軸，則可將決策風格區分為四個區域，分別是指導型（Directive）、行為型（Behavioral）、分析型（Analytic）、概念型（Conceptual），如圖4-6所示。

圖4-6　決策風格

1. 指導型：
   理性的思考方式及較低的模糊忍受力，強調有效率與邏輯性，著重短期快速決策。

2. 行為型：
   直覺的思考方式及較低的模糊忍受力，強調與他人合作，關心且接受建議者。

3. 分析型：
   理性的思考方式及較高的模糊忍受力，強調以充分的資訊考慮多種方案。

4. 概念型：
   直覺的思考方式及較高的模糊忍受力，強調宏觀及長期觀點，尋找創造力以解決各種方案。

4.8　群體決策

　　組織內有許多的決策是由群體而非由個人所決定的。群體在組織中有所謂的委員會、工作小組、研究小組、設計團隊、行銷團隊等。Robbins（2001）將群體決策的優缺點列述如下：

群體決策的優點

　　(1)可提供更多更完整的資訊。
　　(2)可有更多替代方案供選擇。
　　(3)可獲得更多決策方案的認同。
　　(4)增加決策之合法性。

群體決策的缺點

　　(1)耗時且耗費成本。
　　(2)造成少數人的壟斷結果。
　　(3)在服從壓力下形成「群體迷思」（Groupthink）。
　　(4)責任模糊不清。
〔註〕群體迷思（Groupthink）：係指因群體的服從壓力，使成員會壓抑不同
　　　　的、少數的或不受歡迎的觀點，因而抑制了群體中創新與批判性的思
　　　　考，甚至降低了最後決策的品質。

群體決策的方法

　　一般而言，為了強化創造性思考並增加效能，可運用下列方法，使決策更具創意：

1. 腦力激盪法（Brainstorming）：

   腦力激盪法係指一種透過群體創意思考，鼓勵提供大量意見，且禁止任何對提案的批評，以發掘出嶄新的解決方法。此種創造性能力係來自於創造性的用腦過程。此法約由五至十二人組成。

2. 名義群體技術（Nominal Group Technique）：

   群體成員須親自出席，且各自獨立作成決策，禁止互相討論，祕密地將每個人的問題與解決方案列入清單中，成員開始討論各項意見，最後再以獲得投票票數最多者入選為最佳方案。此技術最常用於創新的構想方案上。

3. 德爾菲群體（Delphi Group）法：

   此法係以群體成員匿名且不互相碰面的方式填寫問卷，各自表達意見，將這些意見整合後，再請成員提出解決方案。如此反覆，直到獲得共識與結論為止。

4. 魔鬼辯證法（Devil's Advocate）：

   為了避免開會一面倒的情形，群體中會有一人被指定扮演「魔鬼」批評者的角色，提出所有決策結果無法被接受的理由，如此藉由辯證，可發掘出方案的缺點，進而予以改進。

5. 電子會議（E-Meeting）：

   電子會議係結合電腦科技與名義群體技術，群體成員藉由電腦鍵盤於各方討論後，將自己的意見輸入，經由電腦螢幕展現群體成員的意見和結果。

老師小叮嚀：

1. 注意決策的程序。
2. 決策的狀態亦是常出現的考題。
3. 決策的模式有三，其中理性決策與有限理性決策之間的差異應弄清楚。
4. 程式化決策與非程式化決策之不同點，亦須注意。
5. 注意群體決策的優缺點及其方法。

自我測驗

1. 假設A公司行銷經理決定市場的五個行銷策略（A1-A5），也知道競爭對手B公司的三個競爭策略（B1-B3）。若其不知道這五個策略的成功機率為何，但其能作出下表，顯示在B公司的不同策略下，A公司可能的獲利情形如下。請問如果A公司行銷經理是一個悲觀主義者，則他會選哪一個方案？（95年特考）

   (A)A1　(B)A2　(C)A3　(D)A4　(E)A5

A公司策略 B公司策略	A1	A2	A3	A4	A5
B1	12	13	25	23	15
B2	10	15	20	21	19
B3	8	17	16	19	21

2. 續上題，若依拉普拉斯準則（Laplace Criterion），假段B公司競爭策略發生的機率皆相同，則A公司行銷經理會選哪一個方案？（95年特考）

   (A)A1　(B)A2　(C)A3　(D)A4　(E)A5

3. 下列何者不是完全理性決策模式（Rational Decision Making）的假設？（95年特考）

   (A)追求滿意解，而非最佳解　(B)理性的決策者　(C)理性的決策程序
   (D)前後決策偏好一致　(E)所有相關訊息已知

4. 焦點群體研究（Focus Group）進行過程中會有一主持人，請問下列對主持人的工作敘述何者有誤？（97年特考）

   (A)主持人必須確定每一位參與成員都加入討論　(B)主持人必須阻止有強烈個人意識者主導討論過程　(C)主持人必須引導討論的過程，加入討論的行列　(D)主持人必須確保討論的重點是放在主題上

5. 下列各項中，何者並非群體決策常用的技術？（97年特考）

   (A)名目團體　(B)線性規劃　(C)腦力激盪　(D)德菲法

6. 下列何種決策情況，決策者可採用期望值法作決定？（97年特考）

   (A)風險性情況　(B)確定性情況　(C)不確定情況　(D)衝突性情況

7. 下列對Groupthink之說明，何者為真？（96年特考）

   (A)可幫助群體思維一致，往正面發展　(B)會在道德判斷上產生惡化現象
   (C)對圈外人會持正面印象　(D)管理者應盡力促成Groupthink的現象

8. Simon提出的行政模型（Administrative Model）認為經理人實際制訂決策的情境為：（複選）〔96年特考〕

(A)不具有充分與完整的資訊　(B)受有限理性（Bounded Rationality）的限制　(C)必須要有明確且具創意的選案　(D)在制訂決策時傾向於獲得滿意水準即可

9. 下列敘述何者為非？（複選）〔96年特考〕

(A)F. W. Talor提出了受限的理性原則（Principle of Bounded Rationality）(B)決策者採主觀滿意路線時，即希望選取最適之方案　(C)決策者在風險性情況下作決策時，一般均會應用「期望值分析」的技術　(D)若你需要至紐約出差，對當地之氣候狀況一無所知，這時若以Maximax之決策原則，則你決定不須攜帶雨具

10. 針對群體決策之敘述，何者為真？（複選）〔96年特考〕

(A)群體知識總和，較個人知識為大　(B)群體中會有社會壓力，使個人必須隨從附和群體　(C)群體成員對策接受度較高　(D)群體中一有競爭，則可能發生求勝重於解決問題的偏頗

11. 有關群體決策的敘述，下列何者為真？（複選）〔95年特考〕

(A)決策結果容易被相關人員所接受　(B)結果易為妥協的滿意解（Satisficing Solution）　(C)容易導致風險移轉（Risk Shift）　(D)決策速度迅速且責任劃分明確　(E)易產生群體思考現象（Groupthinking）

12. 決策若有多人參與，其優點為：〔96年中華電信企業管理〕

(A)節省時間　(B)節省成本　(C)較多資訊　(D)有人主導

【解析】

群體決策之優點：

㈠可提供更多更完整的資訊。

㈡有更多替代方案供選擇。

㈢可獲更多決策方案之認同。

㈣增加決策之合法性。

群體決策之缺點：

㈠耗時且耗成本。

㈡造成少數人之壟斷結果。

㈢在服從壓力下形成「群體迷思」。

㈣責任模糊不清。

※群體迷思（Groupthink）：指因群體之服從壓力，使成員會壓抑不同的少數或不受歡迎之觀點，因而抑制了群體中創新與批判性之思考。

13. 決策乃是一種過程（Process），該過程的首要步驟是：

（96年中華電信企管概要）

(A)確認決策的準則（標準）　(B)分配準則（標準）的權重　(C)分析可行的方案　(D)確認問題

14. Lyndon Johnson's continued support of troops and money to the Vietnam war is frequently used as an example of :

(A)Decision under risk　(B)Decision under high conditions of uncertainty

(C)An irrational decision　(D)Escalation of commitment　(E)The garbage can model of decision making

15. In the garbage can model of decision making process, decisions are:

(A)Random　(B)Systematic　(C)Sequential　(D)Optimal　(E)Rational

16. Which of the following is an assumption of rationality?

(A)The problem is ambiguous.　(B)Multiple goals are to be achieved.

(C)All alter natives and consequences are clear.　(D)Time and cost constraints are known.

17. Participative decision making tends to be associated with:

(A)Lower productivity　(B)Interpersonal rivalry within a group　(C)Less creativity among employees　(D)Rapid decision making　(E)Higher levels of employee job satisfaction

18. Rhonda is collecting data on how well the organization has done since their new strategy was implemented. She is in what stage of the managerial decision marking process?

(A)The generation of alternatives　(B)Implementation of the chosen alternative　(C)Recognition　(D)Evaluation and feedback　(E)Selection of desired alternative

19. Victor, a product manager, wants to increase the market share of his product.He is unsure about how to go about it, not knowing for sure how costs, price, the competition, and the quality of his product will interact to

influence market share. Victor is operating under a condition of:

(A)risk　(B)ambiguity　(C)certainty　(D)uncertainty　(E)brainstorming

20. The technique in which group members respond in writing to questions posed by the group leader is known as the ＿＿＿＿＿＿＿ technique.

(A)Delta　(B)Beta　(C)Delphi　(D)Alpha

21. Jacob recently called together his work group. He wanted them to help him slove a problem with the new machines. He asked for their ideas, then said no critical comments were to be allowed until everyone had run out of ideas. Jacob was using a technique known as:

(A)brainstorming.　(B)the Delphi technique.　(C)creative management.
(D)conflict management.

22. 請問下列哪些敘述，符合吾人對groupthink的了解：（複選）

(A)是群體的一種道德現象　(B)是群體成員共同的興趣　(C)是群體成員共同凝聚智慧的過程　(D)是群體成員共同作出理智的決策　(E)是群體壓力迫使異議者放棄原先的立場

23. 請問下列哪些項目所陳述之觀念，符合吾人對groupshift的了解：（複選）

(A)是一種群體決策的迷思現象之一　(B)是群體共同集思廣益的結果
(C)是群體成員一起遷移居所的現象　(D)是群體作出較個體更為極端的決策　(E)是群體成員共同的偏好與興趣

24. 下列何種市場預測方法是屬於計量（量化）法？
　　（96年中華電信企管概要）

(A)主管經驗判斷法　(B)銷售員意見法　(C)專家判斷法　(D)因果分析法

25. 管理功能中，規劃的核心為：（97年台電公司養成班甄試試題）

(A)組織　(B)策略　(C)決策　(D)目標

26. If a manager was purchasing a computer system, issues such as price and model are examples of which part of the decision-making process?

(A)problem identification　(B)criteria　(C)weight allocation
(D)identifying decision criteria　(E)evaluating decision effectiveness
(F)implementing the alternatives

27. 根據拉普拉斯決策準則（Laplace Criterion），請就下列可能的報償矩陣中四個方案擇其一：

(A)A_1　(B)A_2　(C)A_3　(D)A_4

可能方案	可能增加銷售量			
	N_1	N_2	N_3	N_4
A_1	−300	1100	2300	3400
A_2	−100	1200	2200	3200
A_3	300	1200	2100	3000
A_4	700	1500	1800	2700

〔提示〕本題屬「不確定狀態」中的Laplace決策準則，係為一均等原則，即每一方案均有相同的權重（Weighing）。

28. Which of the following is not a quantitative technique?

(A)break-even analysis　(B)linear programming　(C)pay-off matrices

(D)programmed decisions not establishing precedent　(E)decision trees.

29. After an alternative has been selected, the decision maker:

(A)evaluates the decision's effectiveness.　(B)must weight the criteria.

(C)is through with the decision-making process.　(D)must see that the decision is put into action.

30. The pressure to conform in groups is known by which of the following terms?

(A)management by objectives　(B)TQM　(C)shirking　(D)groupthink

(E)group freeloading effect

31. The most efficient way to handle well-structured problems is through _____ _____ decision-making.

(A)linear　(B)unique　(C)focused　(D)hit-and-miss　(E)programmed.

32. Rational managerial decision-making assumes that decision are made in the best _____ interests of organization.

(A)economic　(B)payoff　(C)statistical　(D)revenue　(E)budgetary.

33. A manager who ignored information that points to a problem would have what type of decision-making style?

(A)problem slover　(B)problem seeker　(C)problem avoider　(D)problem maker　(E)problem inhibitor

34. 某經理的決策行為表現出有限理性（Bounded Rationality），故決策時某經理最不可能的是：

(A)對替代方案及標準所知有限　(B)選擇滿足是他目前期望水準的第一

替代方案　(C)其行為受個人的認知、偏見等因素的影響　(D)僅依據徵兆及直覺決策

35. Decision making is typically described as which of the following?

    (A)deciding what is correct　(B)putting preference　(C)choosing among alternatives　(D)processing information　(E)the end result of data collection

36. _____ means that the people limits, or boundaries, on how rational they can be.

    (A)Bounded irrationality　(B)Classical bureaucratic　(C)Classical distinguished　(D)Bounded rationality　(E)Administrative bureaucratic

37. 當決策的選擇方案是高度的風險時，此方案的：

    (A)後果很確定　(B)後果是概率性的，但其概率可估計　(C)後果是概率性的，但其概率無法估計　(D)後果有機會成本的問題

38. An oil company is trying to decide where to drill for oil. It has identified a limited set of alternatives and developed probability estimates for various sites. His is known as:

    (A)decision making under uncertainty.　(B)decision making under risk.
    (C)decision making under absolute certainty　(D)decision making under unrealistic conditions.　(E)none of these.

39. 管理學中的決策理論（Decision Theory）乃是：

    (A)說明高階層管理人員之行為　(B)描述管理人員在實際生活中如何選擇方案之行為　(C)一種規範性理論，指示管理人應如何選擇最佳方案
    (D)作業研究的別名

40. Brainstorming is the process of:

    (A)suggesting and evaluation as many ideas as possible.　(B)generation and evaluation alternatives using a structured voting method.
    (C)suggesting possible alternatives without evaluation.　(D)developing group agreement on a solution to a problem.

41. 某總經理對群體決策持負面看法，故較不可能認同下列何項陳述？

    (A)個人可能主導或控制整個決策群體　(B)整個決策群體知識的總和較大　(C)順從社會壓力會抑制決策群體的成員　(D)群體傾向接受最早可能的確實的答案，而忽略其他可能的解答

42. 決策者具有穩定性，容易掌握資訊，則我們可稱這種決策為：

(A)已知決策　(B)程式化決策　(C)規律性策略　(D)以上皆非

43. 在組織制訂決策的過程中，常出現雖然與會者眾，但與會者可能受制於需要維持和諧並達成共識的氣氛，而不願或不擅自提出不同的意見，此即所謂的：

(A)Groupthink　(B)Rational Decision　(C)Heuristics　(D)Devil's Advocacy　(E)Opposite Thinking

44. 決策是管理者的主要工作，決策品質的好壞會影響組織成效。學者依決策的態度及做法將決策分為理性、半理性（有限理性）及直覺三種模式。請說明此三種模式的決策方式、優缺點及適用情境。

45. 決策可為程式化決策（Programmed Decision-Making）與非程式化決策（Non Programmed Decision-Making）二大類，試列舉說明之。

46. Describe the rational, bounded rationality, and political models of decision making.

47. 就決策的行為面，決策模式型態為何？

48. 某公司為配合發展擴充產量之目標，考慮二項方案，一為增設新廠，一為於現址擴廠，公司選擇標準假定為淨利，目前面臨的問題是：究竟應採取哪一方案？

經過分析，二個方案各有優劣，主要取決於可能增加之銷售量而定。如果所增加的銷售量在二百萬元以下時，採現址擴廠；反之，如能增加五百萬元以上銷售量時，則採設新廠，如下表所示。

該表包括有五種假設自然狀況，根據這些狀況計算二個方案所能獲得的利潤。

不同的可能銷售量對二個方案的利潤比較（單位：千元）

淨利　可能方案　　可能增加的銷售量	1,000	2,000	3,000	4,000	5,000
增設新廠	−600	200	1,000	2,100	3,300
現址擴廠	200	600	900	1,100	2,000

49. 理性決策的程序為何？理性決策與滿意決策（有限理性決策）有何不同？

50. 解釋下列各名詞：

⑴Brain Storming

⑵Nomial Group Technique

⑶專家智慧法（The Delphi Technique）

⑷Devil's Advocate Approach

⑸Groupthink

⑹Group shift

⑺Heuristic Programming of Decision-Making

⑻程式化決策（Programmed Decision-Making）

⑼報酬矩陣（Payoff Matrix，又稱償付矩陣）

⑽有限理性（Bounded Rationality）

⑾理性決策（Rational Decision-Making）

51. 管理主管決策與個人決策的差異為何？

52. 若你是一個經理人員，當你發現在部門所隸屬的任務群體（Task Group）當中有「群體思考」（Groupthink）的現象時，請問你會怎麼辦？

53. 說明決策的活動在管理上的意義。

54. 試說明有限理性的決策程序。

55. 試說明組織決策與個人決策的區別。

56. 群體決策與個人決策在效能與效率上有何差異？

57. 群體決策的優缺點為何？

本章習題答案：

1.(D)　2.(D)　3.(A)　4.(C)　5.(B)　6.(A)　7.(B)　8.(ABD)　9.(AB)

10.(ABCD)　11.(ABCE)　12.(C)　13.(D)　14.(D)　15.(A)　16.(C)　17.(E)

18.(D)　19.(D)　20.(C)　21.(A)　22.(AE)　23.(AD)　24.(D)　25.(C)

26.(C)　27.(D)　28.(D)　29.(D)　30.(D)　31.(E)　32.(B)　33.(C)　34.(D)

35.(C)　36.(D)　37.(B)　38.(B)　39.(C)　40.(C)　41.(B)　42.(B)

第 5 章・
目標管理

本章學習重點

1.介紹目的與目標之差異
2.MBO的意義與程序
3.MBO的優缺點

5.1　設定目標

　　彼得杜拉克（Peter Drucker）在1945年時表示：「真正的困難不在於決定需要什麼目標，而在於如何決定目標。」他並列出目標設定有下列八大項目：

1. 市場定位（Market Position）：
   制訂其希望維持市場占有率的領先地位。

2. 獲利能力（Profitability）：
   包括提高淨利毛利率。

3. 生產力（Productivity）：
   降低每一單位產品的生產成本。

4. 創新（Innovation）：
   每年新產品數目、專利核准數目等。

5. 財務資源（Finance Resource）：
   如負債與淨值比率、存貨周轉率等。

6. 管理者的發展（Personal Development）：
   管理人才的訓練與培育。

7. 員工態度（Employee Attitude）：
   提升員工士氣與對組織的承諾。

8. 公共責任（Public Responsibility）：
   參與社會公益活動。

　　其中，獲利能力、市場地位、生產力、財務資源之目標皆可衡量（Measurability），而創新、管理者的發展、員工態度、公共責任則不可衡量。

設定目標理論

　　巴納德（Barnard）強調界定組織目標係一種「由下而上」、經全體組織成員同意後才形成的。他認為界定目標的因素有下列三項：

1. 外界環境力量：
   如企業面對政府法規制度、工會抗爭、競爭者之威脅等。

2. 組織內部掌握的資源：
   與政府、工會、供應商所掌握的資源較佳者，較能獲利。

3. 管理者之價值觀：
   組織的價值體系影響管理者之價值觀。

5.2 目的與目標

目的（Goal）

係達成組織的理想狀況，明確說出組織為何存在。它包括下列二種：

1. 社會目的（Social Goal）：
   包括基本目的、哲學目的。

2. 經濟目的（Economic Goal）：
   包括策略目的與次策略目的。

目標（Objective）

目標是在未來期限內具體達成特定的績效。

SMART原則

目標設定須滿足下列幾項原則：

(1)Specific（特定的、明確的）

(2)Measurable（可衡量的）

(3)Achievable（可達成的）

(4)Result-Oriented（成果導向的）

(5)Timely（期限的）

5.3　目標管理（MBO）的意義

目標管理（Management by Objectives, MBO）係彼得杜拉克於1954年在其《管理實務》一書中所提出。他說 "MBO is a technique in which a superior and his or her subordinate jointly set goals for the latter and periodically assess progress toward these goals." 即組織各部門的目標是部屬與管理主管所共同決定的，且定期評估目標進度，並以此作為獎懲依據，使較低階層的員工也「參與」了目標的設定，故MBO係結合「由下而上」與「由上而下」二種程序。

若所有組織成員均能達成其個人目標，則其所屬部門的目標也可達成，最後組織整體目標也終將得以實現。

如何設定目標

彼得杜拉克對如何設定目標（How to Setting Objectives），提出下列幾項原則：
(1)由上而下。
(2)區分目標層級。
(3)目標須可衡量。
(4)強調參與。
(5)重視個別差異而設定目標。
(6)目標須具挑戰性。
(7)目標項目不宜太多。

5.4　目標管理的程序

目標管理的程序包括下列五項：

1. 設定組織目標（Set Organizational Goals）：
   高層者須先設定組織的策略性目標，並建立衡量指標，說明每一部門應達到何種特定績效。

2. 設定部門目標（Set Department Goals）：
   由各部門主管會同其上級主管共同訂定該部門的目標，以支持組織的策略性目標。

3. 討論部門目標（Discuss Department Goals）：
   各部門主管邀集部屬共同商討該部門的目標，並發展其個人目標。

4. 設立個人目標（Set Individual Goals）：
   各部屬發展個人目標，及達成目標的時程表。

5. 回饋（Feedback）：
   各部門主管與部屬定期評估績效，且監控和分析目標達成的進度。

此一程序在下一規劃期間重複進行，如圖5-1所示。

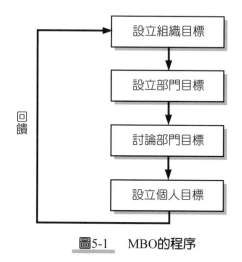

圖5-1　MBO的程序

5.5　目標管理的優缺點

目標管理的優點

(1)使組織有充分的授權。

(2)使管理者可集中正確的目標。

(3)使組織有完整之規劃系統。

(4)使員工因參與決策與自我控制而獲得較多的工作滿足。

(5)可藉此培育及發掘優秀人才。

(6)改善上司與部屬間的關係。

目標管理的缺點

(1)忽略組織長程目標。

(2)忽略人性層面，會為達成目標而不擇手段。

(3)以為有了MBO，就可以成功的達成目標。

老師小叮嚀：

1.SMART原則是常出現的考題。

2.注意MBO的意義及方法。

3.MBO的優缺點及其程序也要注意。

自 我 測 驗

1. 下列何者不是目標設定的目的？（97年鐵路公路特考）

   (A)目標是可以設定明確的方向與指引　(B)目標是可以協助管理者考核績效　(C)目標是可以協助資源的分配　(D)目標是可以讓政府知道企業要完成的工作

2. 有關目標管理（MBO）的敘述，下列何者為真？（複選）（95年特考）

   (A)由杜拉克（Drucker）首先提出　(B)績效目標係由高階主管單方面訂定，並強制分配下屬執行　(C)使組織內實施更大幅度的授權　(D)以目標為基礎的管理工具　(E)是一個規劃與控制系統

3. Deming's criticisms of specific goals, such as those set by processes like MBO, include all of the following expect?

   (A)specific goals encourage team focus, not individual achievement.　(B)employees view objectives as ceiling, rather than as floors.　(C)specific goals limit an employee's potential.　(D)Specific goals direct employee efforts toward quantity of output and away form quality.

4. Management by objectives (MBO) can be described by which of the following statements:

   (A)An autocratic system　(B)A "bottom up" system　(C)A "top down" system　(D)Both a "top down" and a "bottom up" system　(E)A statistic system

5. An advantage of MBO is the:

   (A)time taken for the process leaves less time to work.　(B)detailed performance evaluations increase paperwork volume.　(C)emphasis on what should not be done in the organization.　(D)process gains employee commitment.

6. Management by objectives was originally proposed by:

   (A)Abraham Maslow　(B)Frederick Herzberg　(C)Victor Vroom　(D)Peter Drucker

7. Which of the following is the foundation of planning?

   (A)employees　(B)objectives　(C)outcomes　(D)computers　(E)the

planning department

8. 目標管理的特色有：（複選）

(A)組織中上下階層共同制訂目標　(B)明確訂立獎懲制度　(C)建立定期檢討制度　(D)目標落實到基層員工身上　(E)以上皆非

9. 下列敘述何者有誤？〔97年台電公司養成班甄試試題〕

(A)工作豐富化強調高附加價值的管理性工作　(B)例行性決策在主題清楚且確定狀況下應用客觀機率來作決策　(C)MBO是強調將組織的目標轉化為各部門及各員工的目標　(D)MBO是由主管設定目標後，交由員工執行並激勵其努力達成之過程

10. 在目標管理（MBO）制度中：〔96年中華電信企業管理〕

(A)應定期去檢討目標進度　(B)目標應在任務完成時去加以檢討　(C)目標被認為是控制的工具　(D)目標由管理者所決定

【解析】

目標管理（MBO）：Peter Drucker

(一)組織各部門目標是由部屬與管理主管共同設定。

(二)定期評估目標進度。

11. MBO的四要素為目標具體化、參與式決策、期限完成及

(A)專業分工　(B)績效回饋　(C)獎罰分明　(D)充分授權

12. What is the first step in the planning process?

(A)putting plans into action　(B)choosing alternatives　(C)stating organizational objectives　(D)developing planning premises.

13. In the management by objectives (MBO) system,

(A)objectives are determined by management.　(B)goals are only reviewed at the time of completion.　(C)goals are used as controls.　(D)progress is periodically reviewed.　(E)objectives are determined by subordinates.

14. Which of the following is not one of four common elements of Management By Objectives (MBO)?

(A)goal specific　(B)participative decision-making　(C)an explicit time period　(D)a system loop　(E)performance feedback

15. 名詞解釋：MBO（目標管理）

16. 目標管理（MBO）的程序中是由誰來定目標？目標若不切實際怎麼辦？

本章習題答案：

1.(D)　2.(ACDE)　3.(A)　4.(D)　5.(D)　6.(D)　7.(B)　8.(ABD)　9.(D)
10.(A)　11.(B)　12.(C)　13.(D)　14.(D)

第 6 章 ·
策 略 管 理

本章學習重點

1.介紹策略規劃及其程序

2.介紹策略管理及其程序

3.介紹組織策略層級

4.BCG模式

5.一般性競爭策略

6.適應性策略

6.1　策略的意義

策略（Strategy）的意義，可由以下幾位管理學者定義：

Griffin　　：指達成組織目標的廣泛性計畫。

Mintzberg：係為一連串的決定與行動的一種型態。

Glueck　　：為一套具有協調性、廣泛性、整合性之計畫。

許士軍　　：因應外界環境變動，為達成組織目標所採取的手段，且為重大資源調配（Resource Deplayment）的一種方式。

司徒達賢：指組織的型態和不同時間點之間，這些型態所改變的軌跡；他以型態分析以下五個集合：

①組織現在長得什麼樣子（型態）？

②目前的樣子，未來還可有效延續嗎？

③組織未來希望變成什麼樣子？

④組織為什麼要變成未來的樣子？

⑤採取何種行動，才可使組織變成未來的樣子？

Porter　　：指執行與競爭者不同的行動，或採取不同的方式來執行此一類似行動。

綜上所述，策略主要涉及企業目標的決定與變更，以指引企業思考與行動的一項計畫，即策略係經由企業的一套主要計畫目標和政策，在企業願景的指引下，建立企業內部資源能力之優勢與掌握外在環境之機會，以達成企業願景的一項手段和方式。

6.2　策略規劃

策略規劃（Strategy Planning）係指組織為獲取競爭優勢所擬訂的長期性計畫，亦即採取一綜合性之行動方案，運用組織各項資源以達成組織目標。

另依Glueck的定義，策略規劃為形成一套有效策略的行動、決策與程序之集合。

組織進行策略規劃的目的有以下四項：

(1)設立組織目標。

(2)藉由組織成員的努力與協調，以發揮組織綜效。

(3)創造出特有的競爭優勢。

(4)分散組織的風險，降低不確定性。

6.3 策略規劃程序

策略規劃程序（Strategy Planning Process）又稱策略形成（Strategy Formulation），它有以下主要步驟，如圖6-1所示：

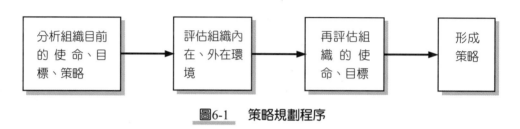

圖6-1 策略規劃程序

1. 分析組織目前的任務使命、組織目標、採行之策略。
2. 評估組織的內在、外在環境：

(1)內在環境：

內在環境因素包括組織任務、領導方式、公司政策、技術設備、組織結構、組織文化、資源能力、人力資源等。

分析組織的產品、市場、品質、服務、價格等方面的優勢（S）與劣勢（W）。

(2)外在環境：

外在環境因素包括P（政治的／法律的，Political/Legal）、E（經濟的，Economic）、S（社會文化的，Social/Culture）、T（科技的，Technology）、新競爭者加入、替代品出現、競爭者改變策略、顧客需求變化、供應商合作關係、政府政策改變、新科技發展、市場結構改變等。

分析組織的利潤、市場占有率、成長、多角化、國際化、產品發展、技術更新、財務結構等方面的機會（O）與威脅（T）。

Business Management

3. 再評估組織的使命與目標。

4. 形成策略：

發展策略方案，選擇一最佳的策略目標。

6.4 策略管理

策略管理（Strategy Management）係為維持組織目標、組織環境（Environment）、組織資源（Resource）的相互配合，所發展出策略這項管理程序。此三項的相互配合，構成了策略金三角，如圖6-2所示。

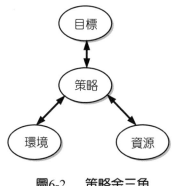

圖6-2　策略金三角

目標係策略所追求的標的，而策略則是達成目標的手段，且能反映出外在環境與組織資源的狀況。

環境：指在組織的外部，其環境因素包括了機會（Opportunity）與威脅（Threat）。

資源：指在組織的內部，其環境因素包括了優勢（Strength）與劣勢（Weakness）。

結合上述環境與資源的分析，即為SWOT（Strength, Weakness, Opportunity, Threat）分析。掌握SWOT分析的原則是發揮優勢、強化劣勢、抓住機會、避免威脅，並掌握時勢，而趨向成功。

6.5 策略管理程序

策略管理程序（Strategy Management Process）係將策略規劃程序再加上二個步驟，即「策略執行」與「結果評估與控制」，以完成一策略管理程序，如圖6-3所示。

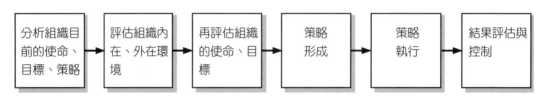

| 分析組織目前的使命、目標、策略 | → | 評估組織內在、外在環境 | → | 再評估組織的使命、目標 | → | 策略形成 | → | 策略執行 | → | 結果評估與控制 |

圖6-3　策略管理程序

1. 分析組織目前的任務使命、組織目標、採行之策略。
2. 評估組織的內在、外在環境。
3. 再評估組織的使命與目標。
4. 策略形成：
   策略形成是一種構想願景的過程，指策略的內容探討如何創造和競爭者間的差異、多角化方向、以成本或品質為主的競爭策略。
5. 策略執行：
   策略形成之後，須有效的執行策略，才是成功的策略。主要探討如何以組織結構控制系統作為實現策略的工具。
6. 結果評估與控制：
   指績效評估的方法、計畫執行控制等。檢討策略成效，採取修正評估，此有助於策略的達成。

策略性思考

馬歇爾·羅伯特（Marshall-Robert）在《突圍而出：策略思考的威力》一書中，以策略性思考角度來解釋許多創新者成功之經驗。他認為若採模仿策略，反而會讓競爭者控制了遊戲規則，易導致失敗。策略性思考（Strategic Thinking）係一種策略形成與策略執行的重要能力，能正確判斷周遭環境預期

之變化，以突破性的創意與隨時掌握外在環境的變化，擬訂未來願景的可行策略，且能與員工充分溝通執行的方向與目標後，採取必要的行動方案。

6.6　組織策略的層級

當組織只產出少數產品或服務時，高層管理者僅須發展一套策略規劃，即已足夠涵括組織的活動；當組織擁有多角化（Diversification）的事業時，則不同的事業單位就需要有不同的策略，而各事業單位也擁有自己的功能部門。

在一組織中，若能界定出事業單位策略（Strategy Business Unit, SBU），則一般可將組織策略分為下列三個層級，如圖6-4所示。

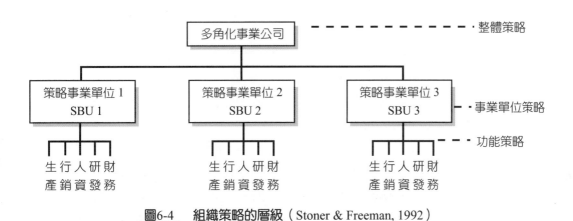

圖6-4　**組織策略的層級**（Stoner & Freeman, 1992）

整體策略（Corporate Strategy）

整體策略又稱「組合策略」或「總公司策略」或「基本策略」，係指組織在面對一個「複合式」（Complex）、「多角化」（Diversification）的經營環境中，為獲得「綜效」（Synergy）與「極大化」（Maximize）的資源調配（Resource Deployment），所採用的一種手段或方式。

彼得杜拉克（Peter Drucker）認為在設定組織整體策略時，須考慮下列各項：

⑴市場定位（Market Position）。

⑵獲利性（Profitability）。

⑶生產力（Productivity）。

⑷創新（Innovation）。

⑸實體與財務資源（Physical and Finance Resource）。

⑹管理績效與發展（Managerial Performance and Development）。

組織整體可分為下列五項策略：

1. 穩定策略（Stability Strategy）：
   當管理階層對於組織目前的績效感到滿意或環境非常穩定時，所採取的維持現狀的策略。

2. 成長或擴充策略（Expansion Strategy）：
   當組織企圖擴張營運、提升績效時所採取的策略。

3. 緊縮策略（Retrenchment Strategy）：
   當組織緊縮營運規模，為扭轉不利或克服危機時所採取的策略。

4. 整合策略（Integration Strategy）：
   指組織因應當時環境所採取上述二種或三種的策略，此為最常採用的。

5. 多角化策略（Diversification Strategy）：
   它通常涵括在成長策略中，多角化策略係指組織增加新的產品或服務，或是進入一個與原先經營領域不同的產品市場所採取的策略。但在國內外的案例中，採多角化策略失敗的比例非常高，故宜「固守本業」。

Hill & Jones在其《策略管理理論》（*Strategy Management Theory*）一書中提出「垂直整合策略」（Vertical Integration Strategy），強調組織透過「向後整合」（Backward Integration）控制生產製造的關鍵性投入資源，或「向前整合」（Forward Integration）控制產出的配銷通路，將營運的範疇向上游或下游延伸，合併由一個管理機構經營。

另外波士頓顧問團（Boston Consulting Group, BCG）模式係為整體層級策略規劃的工具之一，可用來界定不同的SBU，並針對不同的SBU給予資源調配。有關SBU相關內容，將於第6.7節中詳細介紹。

事業單位策略（Strategy Business Unit, SBU）

SBU也可稱為「競爭策略」（Competitive Strategy）或「組織策略」，為一般策略管理所討論的主要策略。它係指在一個單一產業區隔（Industry Segment）或競爭區隔（Competitive Segment）中，所採取的競爭優勢（Competitive Advantage）極大化的資源調配的一種手段或方式。

Michael Porter（1980）提出「一般性競爭策略」（Generic Competitive Strategy, GCS），他認為所有的事業單位在進行競爭時所採取的策略，可分為下列三種基本策略型態：成本領導（或低成本）策略、差異化策略、集中策略。有關GCS的相關內容，將於第6.8節詳細介紹。

另一個SBU的架構，可以安索夫（Igor Ansoff）於1995年在〈多角化策略〉一文中提出的產品／市場矩陣（Product/Market Matrix）為代表，係以「產品」與「市場」二變數來分析四種SBU之替代方案，如圖6-5所示，分別說明如下：

	現有產品（舊）	新增產品（新）
現有市場（舊）	市場滲透	產品開發
新增市場（新）	市場開發	多角化經營

圖6-5　產品／市場矩陣

1. 市場滲透策略（Market-Penetration Strategy）：
   係透過積極的行銷活動，以提升組織之現有產品在現有市場上的占有率。
2. 市場開發策略（Market-Development Strategy）：
   係將現有產品打入新開發的市場。
3. 產品開發策略（Product-Development Strategy）：
   係在現有市場開發新產品，以增加對現有顧客的銷售量。
4. 多角化策略（Diversification Strategy）：
   係開發新產品以打入新市場。

在SBU中另外一項架構係由Miles and Snow提出「適應性策略」的四種策略型態，分別是防禦者（Defender）、探勘者（Prospector）、分析者（Analyzer）與反應者（Reactor），其相關內容將於第6.9節詳細介紹。

功能性策略（Functional Strategy）

功能性策略係為獲取資源「生產力極大化」所從事的企業功能策略，其目的在傳達組織短期目標及描述其達成短期目標的行動方針。一般而言，功能性策略有下列五項內涵：

1. 生產策略：

產能規劃、自製或外包等之策略。

2. 行銷策略：

行銷4P等之策略。

3. 人力資源策略：

員工薪資、招募人才等之策略。

4. 研發策略：

技術移轉自行研發、技術領先等之策略。

5. 財務策略：

投資、融資、股利等之策略。

6.7　BCG模式

波士頓顧問團（Boston Consulting Group, BCG）模式，係為組織整體層級策略工具之一，可用來界定不同的SBU，及針對不同的SBU給予資源調配。波士頓顧問公司發展出一種「BCG模式」（BCG Model）或「BCG矩陣」（BCG Matrix）的分析方法，如圖6-6所示。其中一個組織中有五個事業單位，圈圈大小代表該事業單位相對營業額大小，位置則以市場成長率與相對市場占有率來表示，橫軸代表「相對市場占有率」（Relative Market Share），縱軸代表「市場成長率」（Market Group Rate）。而相對市場占有率係指該SBU相對於最大競爭者的市場占有率，市場成長率則指該SBU每年的市場成長率。

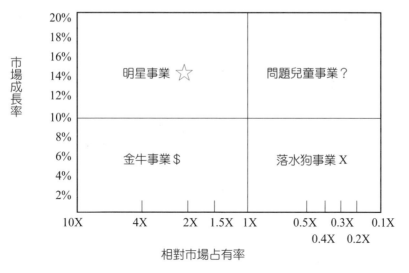

圖6-6　　BCG模式／BCG矩陣

組織可針對各SBU不同的狀況來加以判斷須採穩定、成長、緊縮或整合策略。現分別說明如下：

1. 明星事業（Stars）：

   為一高市場成長率與高相對市場占有率的領導廠商，其能產生大量的現金流入，但也須支出相當可觀的現金。

2. 金牛事業（Cash Cow）：

   為一低市場成長率與高相對市場占有率的事業，是企業現金的主要來源，可用來支援其他成長率高而急須用錢的企業。

3. 問題兒童事業（Problem Children）：

   為一高市場成長率與低相對市場占有率的事業，它須大量的資金流入，使企業快速成長；惟利潤有限，若無資金支援，將成為落水狗事業。

4. 落水狗事業（Dog）：

   為一低市場成長率與低相對市場占有率的事業，不須太多的資金，績效較難改進。

   藉由上述的說明，可將事業單位的SBU與組織整體策略對照如下：

事業單位的BCG	組織整體策略
明星事業	成長策略
金牛事業	穩定策略
問題兒童事業	整合策略
落水狗事業	緊縮策略

6.8　一般性競爭策略

　　BCG模式在1980年代以後已較難發現高成長的企業，且其以資金流動作為管理重點，再加上僅使用市場成長率和相對市場占有率二個變數，低相對市場占有率的企業也有可能會獲利，高市場成長率的企業未必就擁有最好的市場，要求追求高市場成長率反而降低了公司利潤，且只與最大競爭者作比較分析，卻忽略了成長率快速的小企業。

　　Michael Porter於1980年提出事業單位在面對五大競爭作用力時所採行的策略，可分為下列三項基本策略型態，亦即所謂的「一般性競爭策略」：

1.　成本領導（Cost Leadership）策略：
　　強調規模經濟與效率，在不影響產品品質與功能之下，製造標準化產品，降低成本，使訂價低於競爭對手，以與競爭者競爭。另一方面，在勞工人事成本增加時，可減少勞工人數，取得低成本優勢；掌握專利或生產技術的優勢，也可節省成本，故採取成本領導策略的企業，須為技術領先、高生產效率的企業。

2.　差異化（Differentiation）策略：
　　強調高品質、創新與彈性、科技能力、品牌形象，其利潤遠比差異化的成本高出許多。當大多數消費者視為有價值的因素，在企業間成為獨特時，所採取的策略稱之。故差異化策略專注於特殊顧客群、配銷通路或產品線區隔的競爭策略。

3.　集中（Focus）策略：
　　係指管理者自產業中選擇一組特定市場區隔（如生產多樣化、產品種類、配銷通路），在此區隔中追求成本領導或差異化優勢時，所採行的策略。以整體產業來看，此種策略對企業而言通常較不具競爭優勢。

價值鏈（Value Chain）分析

Michael Porter於1985年提出「價值鏈」，其價值鏈分析採系統觀點，視組織由一組轉換程序所組成，每個程序有各自的投入與產出。

他認為在企業的價值鏈中，各項活動包括主要活動與支援活動合起來所創造的價值，減去所有活動所花費的成本，就是企業的盈餘。而每一項活動，都以成本優勢或差異化產生附加價值，如圖6-7所示。

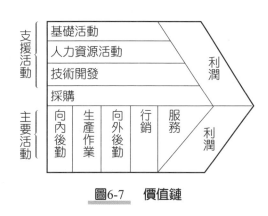

圖6-7　價值鏈

價值鏈分析的步驟有三，說明如下：

(1)描述生產的產品或服務的價值鏈，找出主要活動與支援活動。

(2)探討活動與活動之間成本的關係，找出其更具效率與效能之連結，即為企業的優勢所在。

(3)找出各種活動之間的綜效（Synergy）。

競爭優勢的來源

競爭優勢主要來自下列三項，如圖6-8所示：

(1)核心競爭力（Core Competence）。

(2)有形資產。

(3)無形資產。

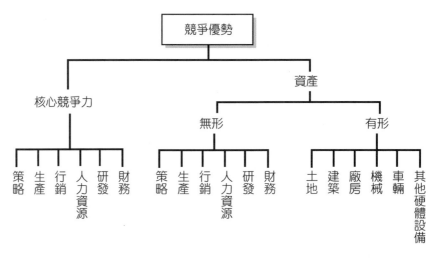

圖6-8　競爭優勢的來源

　　C. K. Prahalad and G. Hamel（巴哈拉和漢默爾）於1990年在《哈佛管理評論》（*Harvard Business Review*）的〈公司的核心能力〉（The Core Competence of the Corporation）一文中提及，核心競爭力可使公司產品創新及市場占有率延伸，以創造競爭優勢，並建立自己的企業文化及價值觀。公司以企業家精神，設定目標，採策略性思考（Strategic Thinking），以有效的決策能力創造品牌優勢，並以創新能力加強顧客服務導向。

　　核心競爭力（Core Competence）係指企業在一群產品或服務上取得獨特技術或領先地位，增進顧客價值鏈及競爭差異化，並能快速回應市場需求所必須的能力。而其獨特的技術包括諸如財務控制、技術整合、研發技術、專利、獨特技術，使成為最低成本生產者等。欲提升企業的核心競爭力，可將非核心業務外包（Outsourcing），保留核心業務，以降低成本，提升企業價值。

　　至於無形資產的例子，可以下列數項說明：

1. 供應商：
   無形資產包括合約、授權、經特殊管道取得原料。
2. 公司：
   信譽、網路。
3. 產品：
   專利權、商標權、著作權。
4. 行銷：
   資訊、資料庫。

5. 生產作業：

優良的製程、規模經濟、最低成本的生產者。

6. 顧客：

合約、授權、忠誠度。

卡在中間（Stuck in the Middle）

Michael Porter在提出成本領導或差異化競爭策略時指出，BCG的策略模式有缺陷，並提及若兼採成本領導與差異化策略卻不徹底時，有可能陷於「卡在中間」的兩難。也就是說，採行成本領導與差異化二策略必須徹底執行，否則將陷入卡在中間兩難的局面。

卡在中間係指若同時採行成本領導與差異化策略時，很難將市場占有率與投資報酬率都表現得很好，易陷於兩難的局面，造成力量分散的結果，使得企業無法有效建立競爭優勢，終致無法維持長期的成功，如圖6-9所示。惟在面對顧客需求多樣化及網路通訊發達的資訊科技時代，同時兼採成本領導與差異化，才有不陷於卡在中間之可能。

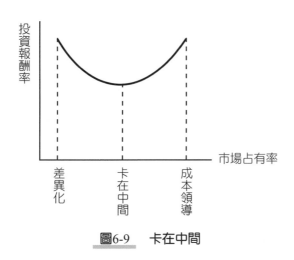

圖6-9　卡在中間

6.9　適應性策略

Mles and Snow於1978年提出「適應性策略」（Adaptive Strategy）或「適應性模式」（Adaptation Model），強調以「直接環境」狀態作策略訂定的準則，並以「環境動態的程度」作區分，注重與外在環境的配合是「由外而內」。其架構中界定四種策略型態，分別說明如下：

1. 防禦者（Defender）：
   在穩定成熟的環境中，採高度分工、高度標準化、集權控制管理。用少數的產品項目堅守原有特定的區隔市場，以追求效率。

2. 探勘者（Prospector）或前瞻者：
   在快速變化（Changing）的成長環境中，採中度分工、標準化及中度集權控制管理，但對從事未來目標的活動控制較鬆散。積極投入於不同的區隔市場，並試圖掌握任何成長的機會，以追求創新與彈性。

3. 分析者（Analyzer）或模仿者（Imitator）：
   在動盪（Dynamics）的環境中，採低度分工、標準化及分權管理，視不同的區隔市場而採行不同的因應策略。在成熟穩定的市場採防禦者，追求效率；在成長的市場採探勘者，追求創新與彈性。惟效率與彈性皆不是最高。

4. 反應者（Reactor）：
   在任何的環境中，無法隨環境變化，採取因應策略，屬於後知後覺者。

Mles and Show認為，只要策略與事業單位之環境、內部結構管理能配合得好，前三者之任一種皆可能會成功，惟「反應者」終將會導致失敗。

老師小叮嚀：

1. 注意策略規劃與策略管理的不同處。

2. 注意策略規劃程序與策略管理程序的不同處。

3. 整體策略中垂直整合的向前整合及向後整合，亦是常出現的考題。

4. 整體策略與事業單位策略之差異與相對應所採取之策略，亦須注意。

5. 注意安索夫的多角化策略。

6. BCG模式／矩陣的分析方法是常出現的考題（重要考題）。

7. 麥可波特的一般性競爭策略（G.C.S）（重點考題）。

8. 麥可波特的價值鏈（重要考題）。

9. 注意Miles & Snow的適應性策略。

自我測驗

1. 麥可波特提出的價值鏈分為主要活動和支援活動，以下何者為支援活動？ （97年鐵路公路特考）

   (A)生產製造　(B)行銷銷售　(C)進貨後勤　(D)技術發展

2. 依照BCG模式將策略事業單位分為四種經營型態，雖市場占有率高，但所處產業的市場成長率低的事業為何？ （97年鐵路公路特考）

   (A)明星事業　(B)金牛事業　(C)問題事業　(D)落水狗事業

3. 麥肯錫顧問公司（McKinsey）提出7S的觀念架構來診斷一家公司的經營績效，下列何者位於七項組織構成要素之中樞地位？ （95年特考）

   (A)Strategy　(B)Shared Value　(C)Staff　(D)Skill　(E)System

4. 有關BCG模式的敘述，下列何者為真？（複選） （95年特考）

   (A)由波士頓顧問群針對策略事業單位所提出之成長與占有率模式

   (B)狗（Dogs）為低成長、低占有率的事業，應採擴大投資策略　(C)問題（Question Marks）為市場高度成長但低占有率的事業　(D)明星（Stars）為組織產生許多現金流入，其為低度成長市場中的領導廠商

   (E)金牛（Cash Cows）為高度成長市場中的領導廠商

5. 有關規模經濟（Economy of Scale）與範疇經濟（Economy of Scope）的敘述，下列何者為真？（複選）（95年特考）

(A)規模經濟指隨內部綜效及產出的增加，使單位成本下降的現象　(B)範疇經濟即為多樣化經濟　(C)金融控股公司跨足了銀行、保險、證券等業務，並訓練理財專員，可賣保險、基金等多種金融商品，即是規模經濟的現象　(D)因大量採購而有折扣優待，為範疇經濟的現象　(E)二者皆為企業追求成長、降低成本之競爭策略

6. Jim Collins所著《從A到A+》（From Good to Great）一書提出「First Who, Then What」的建議，下列何者為其最主要內涵？（95年特考）

(A)企業只要先找到對的人，這些人便會為公司開創新局　(B)企業要尋求正確的目標，才能經營成功　(C)要成為一流的公司，應該要培養一流的人才　(D)一個公司不應該先找到人，再決定發展策略　(E)一流的人才不一定會產生一流的貢獻

7. 依據Kim與Mauborgne《藍海策略》（Blue Ocean Strategy）一書中，下列何者為其主張？（複選）（95年特考）

(A)開創沒有競爭的新市場　(B)削價競爭以增加現有市場的產品銷售量　(C)提供顧客高價值與低成本的產品　(D)創造新的需求，並透過成本控制追求持續領先　(E)創建藍海成敗的關鍵是創新與實用、價值與成本二組的密切配合

8. 依據Anosoff的產品／市場擴展矩陣（Product/Market Expansion Grid），下列敘述何者為真？（複選）（95年特考）

(A)使用產品及市場所形成的組合方式來分析市場機會　(B)對舊產品、舊市場而言，宜使用多角化策略　(C)對舊產品、新市場而言，宜使用市場開發策略　(D)對新產品、舊市場而言，宜使用產品開發策略　(E)對新產品、新市場而言，宜使用市場滲透策略

9. 施振榮先生所提之「微笑曲線」指出企業創造高附加價值的主要能力是：（97年特考）

(A)生產、研發　(B)生產、資訊　(C)行銷、資訊　(D)研發、行銷

10. 在波特（Porter）的價值鏈（Value Chain）模式中，價值活動可分為主要活動與支援活動，請問下列何者不屬於主要活動？（97年特考）

(A)研發　(B)進料後勤　(C)生產　(D)行銷

11. 下列有關BCG模式的敘述，何者正確？（96年特考）

(A)是由波特（Porter）發展出來的一種策略規劃工具　(B)低度成長與低市占率的事業單位應採擴大投資策略　(C)問題兒童事業為一預期市場成長率高但相對市場占有率低的事業　(D)金牛事業是一個高度成長市場中的領導廠商

12. 企業若想增加對供應系統的所有權或控制力，則應採取下列何種成長策略？（96年特考）

(A)水平整合　(B)向後整合　(C)向前整合　(D)以上皆非

13. 公司每個月舉行之主管會報檢討組織目標之達成狀況，係屬於何種層級之控制？（96年特考）

(A)作業控制　(B)財務控制　(C)策略控制　(D)結構控制

14. 在波士頓顧問團（Boston Consulting Group）提出的BCG矩陣中，相對市場占有率低、市場成長率高的是什麼事業？（96年特考）

(A)明星事業　(B)金牛事業　(C)落水狗事業　(D)問題事業

15. 現在企業流行併購風，而可口可樂公司併購Minute Maid橘子汁公司係屬何種策略？（96年特考）

(A)多角化　(B)穩定　(C)垂直整合　(D)專注

16. 名列今年世界500大之首的企業Wal-Mart，其採行之策略為：（96年特考）

(A)成長　(B)差異化　(C)成本領導　(D)焦點

17. Miles和Snow建議企業可採行的理想型事業策略（Business Strategy）為：（複選）（96年特考）

(A)分析者（Analyzer）　(B)創新者（Innovator）　(C)探勘者（Prospector）　(D)防禦者（Defender）

18. 下列何者為Porter價值鏈活動中的支援性（Support）活動？（複選）（96年特考）

(A)營運基礎架構（Firm Infrastructure）　(B)人力資源管理（Human Resource Management）　(C)技術發展（Technology Development）　(D)採購（Procurement）

19. 依據Ansoff的產品／市場擴展矩陣，下列敘述何者為真？（複選）（96年特考）

(A)在現有產品及現有市場中，企業可採市場發展策略成長　(B)在現有產品及新市場中，企業可採市場滲透策略成長　(C)在新產品及現有市場

中，企業可採產品發展策略成長　　(D)在新產品及新市場中，企業可採多角化策略成長

20. Porter的競爭策略中強調規模經濟與效率的乃是：

(A)低成本策略　(B)差異化策略　(C)集中策略　(D)集中差異

21. 下列何者屬於公司層級的策略選擇：

(A)成本領導（Cost Leadership）　(B)多角化（Diversification）　(C)差異化（Differentiation）　(D)集中化（Focus）

22. 下列何者不是波特競爭策略？（96年中華電信企業管理）

(A)差異策略　(B)成本領導策略　(C)集中策略　(D)反應策略

【解析】

麥克波特（Micheal Porter）所提出之一般性競爭性策略有三：

㈠低成本（或成本領先）策略：強調規模經濟與效率、產品標準化、降低成本。

㈡差異化策略：強調高品質、創新彈性、專注於特殊客戶群。

㈢集中化策略：指管理者自產業中選擇一組特定區隔市場（如生產多樣化、產品種類、配銷通路），在此區隔中，追求低成本或差異化優勢。

23. Business-level strategy involves choices concerning all of the following except:

(A)distinctive competence.　(B)vertical integration.　(C)product differentiation.　(D)market segmentation.

24. According to the BCG matrix, which of the following has a low relative market share in a high-growth industry?

(A)cash cow　(B)question mark　(C)dogs　(D)stars

25. According to Michael Porter, the two ways to obtain a competitive advantage in an industry are:

(A)low cost and efficiency.　(B)low cost and differentiation.　(C)premium pricing and differentiation.　(D)innovation and differentiation.

26. 就Boston Consulting Group所提出的成長─占有率矩陣而言，當企業中的某一事業部正處於市場占有率低且市場成長率也低的狀況下，請問下列哪一些類型可符合此狀態？

(A)cash cow　(B)question mark　(C)stars　(D)snails　(E)dogs

27. 當事業單位強調差異化策略時，必須強調：

(A)清楚的工作說明書　(B)內部招募升遷　(C)績效評估的行為控制
(D)創新與彈性

28. The way a company positions itself in the marketplace to gain a competitive advantage is part of:

(A)corporate-level strategy　(B)business-level strategy　(C)functional-level strategy　(D)strategy implementation

29. Which of the four business groups in the corporate portfolio matrix has high growth and high market share?

(A)cash cow　(B)stars　(C)question mark　(D)dogs　(E)elephants.

30. An organization that is diversifying its product line is exhibiting what type of grand structure?

(A)stability　(B)retrenchment　(C)growth　(D)maintenance　(E)division

31. Miles and snow's strategy Typology is based on the notion that

(A)strategy should correspond to technology　(B)strategy should be congruent with external environment.　(C)strategy should be based on human capability.　(D)strategy should be "fit" to economic resource base.

32. Dogs, one of the four business groups in the corporate portfolio mix, are characterized by which of the following features?

(A)low growth, high market share　(B)high growth, low market share
(C)low growth, low market share　(D)high growth, high market share
(E)moderate growth, moderate market share

33. Michael Porter's competitive strategies framework identifies three generic competitive strategies：Cost leadership, differentiation, and _____.

(A)Depth　(B)Breadth　(C)Revenue growth　(D)Focus　(E)Acquisition

34. 下列有關BCG矩陣的敘述，哪一個是正確的？

(A)BCG矩陣的橫軸是成長，縱軸是市場占有率　(B)BCG矩陣和產品生命週期沒什麼關係　(C)BCG矩陣的策略涵義是，在明日之星的事業單位應該儘量往金牛階段邁進　(D)BCG矩陣的策略涵義是，若處於問號或明日之星階段的事業單位，為了完全發展所須的資金，宜購併處於金牛階段的事業單位

35. According to the BCG Matrix, the business group with low growth and low market share is termed as a _____.

(A)Cash Cow　(B)Dog　(C)Star　(D)Question Mark　(E)White Elephant

36. A trucking company that grows by purchasing a chain of gasoline stations in engaged in what type of growth?

(A)Merger　(B)Acquisition　(C)Vertical Integration　(D)Horizontal Integration　(E)Expansion

37. 公司投資於不同種類的產品時，根據市場占有率和市場成長率，可分成下列四種類型，哪一種一直被認為是輸家，很少受到經理人員的注意？

(A)明星　(B)問題兒童　(C)牛　(D)狗

38. 在BCG矩陣模式中的金牛事業所經營的產品，常處於生命週期的哪一階段？

(A)推出期　(B)成長期　(C)成熟期　(D)衰退期

39. A _____ represents a single business or grouping of related businesses.

(A)corporate-level Strategy　(B)functional business unit　(C)business-level Strategy　(D)strategic business unit　(E)system-level strategy

40. According to Porter's competitive strategies seeks to be unique in its product offering and in its industry in ways that are widely valued by customers?

(A)cost leadership　(B)differentiation　(C)focus　(D)"stuck in the middle"　(E)TQM

41. In the Miles and Snow framework, what strategic type is considered an "imitator"?

(A)defender　(B)prospector　(C)analyzer　(D)equalizer　(E)reactor

42. A strategy to maintain or slightly improve the amount of business a strategic business unit is generating is known as?

(A)stability strategy　(B)growth strategy　(C)divestiture strategy　(D)retrenchment strategy

43. 在Miles and Snow的事業層級策略中，選定某一個區隔市場生產有限產品，同時利用規模經濟的優勢以防止對手進入市場，係為何種策略？

（96年中華電信企業管理）

(A)前瞻策略（Prospector）　(B)防禦策略（Defender）　(C)分析策略

（Analyzer） 　(D)反射策略（Reactor）

44. According to the Miles and Snow model of business strategy, the most appropriate strategy for use in an unstable environment is to be a/an:

(A)defender 　(B)prospector 　(C)analyzer 　(D)reactor 　(E)aggressor

45. 依BCG模式而言，若「產業成長率高（大於10%），而相對市場占有率高（大於1倍）」，則此事業屬於：

(A)Starts 　(B)Dogs 　(C)Wildcats 　(D)Cash Dow

46. 新創的事業往往是屬於BCG矩陣中的：（96年中華電信企業管理）

(A)問題事業 　(B)明星事業 　(C)金牛事業 　(D)落水狗事業

【解析】

市場成長率	？問題事業	★明星事業
	×落水狗事業	$金牛事業

相對市場占有率

？：事業初創時期（成長顯著期），公司須繼續投資或放棄。

★：？成功之後的時期，為公司未來之金牛，此時須投資大量的資金。

$：為公司現金流量之主要來源，用以支援上述二事業。

×：可採撤資，結束此事業。

註：相對市場占有率＝SBU市場占有率／最大競爭者市場占有率

47. 針對現有市場，改良公司之舊產品或開發新產品以提高銷售量，此屬於：（97年台電公司養成班甄試試題）

(A)市場開發策略 　(B)市場滲透策略 　(C)產品開發策略 　(D)多角化策略

48. 下列敘述何者有誤？（97年台電公司養成班甄試試題）

(A)彼得杜拉克（Peter Drucker）認為今後管理的基本精神所在為「創新」 　(B)麥可波特（Michael Porter）提出「五力分析」、「價值鏈理論」、「鑽石理論」 　(C)西蒙（Herbert Simon）主張「無限理性決策」 (D)彼得聖吉（Peter Senge）著有《第五項修練》一書

49. 企業將部分零件交給其他公司生產，稱為：（96年中華電信企業管理）

(A)外送 　(B)外包 　(C)外賣 　(D)外買

【解析】

外包（Outsourcing）：係將企業策略之競爭優勢以外之非核心業務，交由較具專業能力者管理。例如NIKE掌握核心競爭力（行銷、設計），而將非核心業務（製造）外包給寶成。

50. With the _____ Strategy, the firm aggressively enters new markets.

(A)prospecting   (B)analyzing   (C)defending   (D)none of the above

51. Business-level strategy involves choices concerning all of the following except:

(A)distinctive competencies   (B)vertical integration   (C)product differentiation   (D)market segmentation   (E)All of these are involved in business-level strategy.

52. Michael Porter的五力模式協助企業進行何種分析？

(A)內部資源分析   (B)行業環境分析   (C)多角化策略分析   (D)定位策略分析

53. The four basic building blocks of competitive advantage are:

(A)low cost, quality, efficiency, and customer responsiveness.   (B)quality, efficiency, differentiation, and customer responsiveness.   (C)customer responsiveness, innovation, and human resources.   (D)quality, customer responsiveness, innovation, and efficiency.

54. Hamel and Prahalad recommend that business opportunities be identified according to:

(A)net present value of future cash flows.   (B)potential of market share growth.   (C)profit potential.   (D)core competencies.   (E)potential of market share growth and profit potential.

55. 在波特（Porter）的競爭策略分析架構中，提供企業分析並擬訂競爭策略的重要參考，請問下列的陳述中，何者是正確的？（複選）

（96年中華電信企管概要）

(A)在Porter的五力分析架構中，針對供應商及顧客所考慮的策略重點是談判議價力（Bargaining Power）   (B)在Porter的五力分析架構中，競爭威脅來自於新科技發展的是指替代性產業或產品的部分   (C)在Porter的五力分析架構中，現有產業中的領導者應強調差異化來擺脫競爭者   (D)在Porter的論點中，採用成本領導策略（Cost-Leadership Strategy）的企業必須是技術領先、高度生產效率的企業   (E)在Porter的論點中，採用集中化（Focused）策略的企業通常是針對大規模市場，以集中資源及力量來開發並鞏固之

56. 下列何者不為企業利害關係人（Stakeholders）？（96年中華電信企管概要）

 (A)投資人　(B)顧客　(C)供應商　(D)清潔工之朋友

57. The value concept suggests:

 (A)that only primary activities add value to a product.　(B)that after-sales services is an important support activity.　(C)that all value-creation functions play a role in achieving superior quality, efficiency, innovation, and customer responsiveness.　(D)that materials management has a primary role.

58. Which of the following companies is not pursuing simultaneously a differentiation and a low-cost strategy?

 (A)A computer manufacturer that standardizes components across a product line.　(B)An automobile paint shop that uses robot as a method of increasing the number of colors offered.　(C)An airplane producer that uses just-in-time inventory to increase quality.　(D)An automaker that increases the number of models customized for many segments.　(E)All of these companies are pursuing both differentiation and low.

59. 當公司資源較寬鬆且在產業居策略主導地位時，在事業策略方面應採：

 (A)合理化　(B)自動化　(C)差異化　(D)清算核心事業

60. 近年來一些國內的金控合併案是屬於：（96年中華電信企管概要）

 (A)垂直整合　(B)策略聯盟　(C)相關多角化　(D)非相關多角化

61. 「以現有產品進入新市場」的行銷策略是：（96年中華電信企管概要）

 (A)市場開發　(B)產品開發　(C)相關多角化　(D)市場滲透

62. 在麥克波特（Michael Porter）的價值鏈（Value Chain）模式中，價值創造的活動可分為主要活動與支援活動，請問下列何者不屬於主要活動？

 （96年中華電信企管概要）

 (A)生產作業　(B)行銷　(C)採購　(D)內向後勤（Inbound Logistics）

63. When an intermediate manufacturer moves-into assembly, it is pursuing:

 (A)forward integration.　(B)backward integration.　(C)taper integration.　(D)related diversification　(E)unrelated diversification.

64. 企業個案分析：依下面的個案內容，請敘述您的抉擇。

 當激烈競爭來臨時

 背景分析

　　彼得擁有一家營業狀況不錯的商店，行業也很熱門，但彼得仍然憂心忡忡，原來他經營的是錄影帶租賃店。由於才剛踏入這個行業，他擔心日益激烈的競爭，終會淘汰許多同行；他可不希望自己被淘汰。

　　大學商科畢業的彼得，在社會歷練了三年，才選擇一個小鎮，開設這家名為「電影村」的錄影帶租賃店。該鎮人口約一萬二千人，大部分為中老年人、未婚的年輕人及未生產小孩的夫婦，他們都是電影村的潛在顧客。事實上，電影村每個月一萬七千美元的營收當中，90%是這些鎮民借錄影帶的租金，其餘10%是出租錄影機及銷售空白錄影帶的收入。該店一年的利潤約為七萬二千美元。

　　到目前為止，彼得的高價位策略還算成功。週一到週四，一支錄影帶的租金是1.89美元，週五到週日便提高為3.99美元。為了增加收入及建立顧客的忠誠，彼得也推出25美元看十五片的辦法。另外，一些老片及流動率低的錄影帶，租金則低至94美分。凡加入成員者，每年生日及入會日期屆滿一年時，均可免費借看一片。此外，會員可定期收到有關熱門片及新片的海報。

　　彼得認為錄影帶租賃行業的競爭要素有四，分別是營業時間是否便利、顧客服務、產品選擇，以及價格。電影村每晚十點打烊，週五至週日延長到十一點，因此算是非常便利。停車方便與否也很重要，電影村目前能提供的車位非常有限。電影村的服務包括快速換帶，以及幫客人尋找想看的帶子。此外，電影村大小帶都有，在任何時候，電影村陳列的帶子多達一千八百支，種類約為一千一百種。許多熱門片子有時多達十五支。

　　購買新片的成本占電影村月收入的三分之一。一支新片的成本為100美元。如果彼得在40天內歸還這支新片，即可以折價60美元；年代較久的片子，每支成本從40美元到80美元不等，這些老片可折價30美元。彼得裝了一套電腦資訊系統，可以統計每支片子的出租頻率，幫助彼得決定哪些片子應該折價給批發商，哪些片子應該進更多的貨。此外，彼得可以藉助這套系統幫八千多位會員預約他們想看的片子。

　　業務成長雖然緩慢，但還算穩定，通常週五到週六，一天有850美元的生意，平常日子約為300美元。若碰到連續假日，生意更好。

　　目前彼得有四個競爭者，分別是熱情加州（沒有小帶，帶子種類較少，手續較麻煩，但租金較低）、奧斯卡（其他方面和電影村差不多，

但交通較不方便）、殼牌及麥克（二家店的片租很便宜——週末2美元，非週末1美元；都是24小時營業，但帶子種類較少），這讓彼得已逐漸感受到競爭壓力。

彼得同時訴說有一家知名錄影帶租賃連鎖公司準備在附近開設分店。這家公司不僅肯花錢打廣告，且一向以低價取勝。付費電視（第四台）及衛星電台是另一重大威脅。但最讓彼得感到頭痛的，卻是片商大量發行賣斷的錄影帶。許多好片，客人可能希望看很多遍，因此乾脆用買的。

上述因素促使彼得相信，電影村已不能依賴出租帶子過活。以下是他的策略選擇：

A. 彼得懷疑客人是否肯花50到60美元買一支錄影帶，因此立即投入此一「賣斷」市場將太過冒險；但他認為一支25美元的錄影帶，如經典名片或教學帶，顧客應該可以接受。彼得相信一個月賣一百支這種帶子應沒問題，且店裡陳列這些帶子可以吸引更多新顧客上門。

B. 開設第二家店：此舉雖然不能減少彼得對錄影帶租賃的依賴，但開在另一區有助於提高總收入。

C. 多賣空白帶及清潔帶：由於這些產品的利潤高達40%，多賣這些產品能提高利潤。

D. 由於雷射唱盤已逐漸普及，但雷射唱片的售價仍然居高不下，彼得心想，店裡已有一套租賃系統，再多陳列一些雷射唱片，同時出租應不成問題。

如果你是彼得，你應如何選擇？

65. 當產品生命週期進入成熟期時，應重視：

(A)開發市場　(B)創新　(C)降低成本　(D)行銷規則

66. 某外國石油公司將進入臺灣的加油站市場，請以中國石油公司為例，依據Ansoff的產品／市場矩陣，說明在四種策略下的可能做法。

67. 試比較策略管理學界最具影響力的二位學者Michael Porter與Gary Hamel學說之異同。

68. 解釋名詞：Strategy Business Unit

69. Case: John's Plan

John is planning to break his large organization into many small business units in order to stimulate innovation and to improve accountability. He wants to select the right people to manage each unit. Each unit will be independently responsible for its own business performance, marketing and new product development.

(1)What characteristic will John look for in successful candidates for the positions?

(A)management by delegation and supervision　(B)orientation toward short-term goals　(C)motivated by promotions　(D)independent (E)none of the above

(2)If John hires entrepreneurial types for the company's managers, he would expect that they would prefer to take ＿＿＿ risks.

(A)no　(B)calculated　(C)very limited　(D)extreme　(E)maximum

70. 策略性規劃（Strategic Planning）是現代企業經營管理的重要手段。美國The Boston Consulting Group（BCG）顧問公司所發表的矩陣法，一般被公認為是企業評估事業組合（Business Portfolio）的重要策略性規劃工具之一。請說明BCG法的內涵與優劣。

71. 波特（Michael Porter）的競爭策略中提及哪三種策略原形（Generic Strategy）？以臺灣的半導體製造業為例，DRAM大廠世界先進是屬於哪一種策略？走整合製造路線的旺宏又屬於何種策略？

72. 簡答題：
提升企業競爭優勢的策略為何？

73. 下列敘述句有問題，請指出其問題所在？並簡要加以說明之（是非題）。

The most appropriate adaptation model strategy for a very dynamic, risky environment is the analyzer strategy.

74. 請說明「適應性策略」與「競爭策略」之異同。

本章習題答案：

1.(D)　2.(B)　3.(B)　4.(AC)　5.(ABE)　6.(A)　7.(ACDE)　8.(ACD)

9.(D)　10.(A)　11.(C)　12.(B)　13.(C)　14.(D)　15.(A)　16.(C)

17.(ACD)　18.(ABCD)　19.(CD)　20.(A)　21.(B)　22.(D)　23.(B)

24.(B)　25.(B)　26.(E)　27.(D)　28.(B)　29.(B)　30.(C)　31.(B)　32.(C)

33.(D)　34.(C)　35.(B)　36.(C)　37.(D)　38.(C)　39.(D)　40.(B)　41.(C)

42.(A)　43.(B)　44.(B)　45.(A)　46.(A)　47.(C)　48.(C)　49.(B)　50.(A)
51.(B)　52.(B)　53.(E)　54.(D)　55.(ABD)　56.(D)　57.(C)　58.(A)
59.(C)　60.(C)　61.(A)　62.(C)　63.(A)

第 7 章 •
規　　　劃

本章學習重點

1. 介紹規劃與計畫之差異
2. 介紹規劃之意義與類型
3. 介紹計畫之類型
4. 組織的環境
5. 規劃的工具與技術
6. 整體規劃

7.1　規劃的意義

規劃（Planning）的意義

Hodgett：規劃指設定目標及達成該項目標所採行之行動方案的一項管理程序。

Dessler：規劃指發展組織的目標，並展開行動方案以達成預期的目標，且在評估組織外部的威脅、機會及稽核內部優劣勢的基礎上去執行它的一項管理程序。

Robbins：規劃指界定組織目標，擬訂達成該項目標之整體策略，並發展一套全方位計畫整合及協調組織的活動。

7.2　規劃與計畫

規劃與計畫（Plan）

規劃與計畫之差異，可以表7-1加以說明。

表7-1　規劃與計畫之差異

	規劃（Planning）	計畫（Plan）
意義	針對未來目標及行動方案進行分析與採行的程序	規劃程序中所採行的行動方案
動靜態	動態	靜態
順序	先	後
投入產出	投入	產出
重要性	執行，回饋（控制）	執行

7.3 規劃的類型

規劃的類型可依不同性質的構面,如層級(策略性、戰術性與作業性)、時間幅度(短期與長期)及明確度(特定性與方向性)與使用頻率(單一用途與經常性)等來分類,列於表7-2所示,分別說明如下:

表7-2 規劃的類型

規劃層級	時間幅度	明確度	使用頻率
1.策略性	1.長期	1.方向性	1.單一用途
2.戰術性	2.短期	2.特定性	2.經常性
3.作業性			

規劃的層級(Level)

規劃的層級可依組織層級的高低分為下列三層,如圖7-1所示。

1. 策略性規劃(Strategic Planning)

   涵蓋整體組織,建立組織整體目標、使命、競爭優勢、資源調配、綜效及總預算等。高層主管以整體組織的觀點偵測環境,尋求組織所處環境中之定位,並以整體組織之利益為首要考量。通常規劃時間較長,屬中、長期規劃。

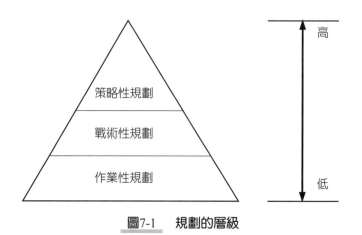

圖7-1 規劃的層級

2. 戰術性規劃（Tactical Planning）

係建立事業單位或功能部門的目標。中層主管依高層主管所擬訂的策略性規劃，擬訂中程具體執行方案，並依此方案執行。通常規劃時間屬中期規劃。

3. 作業性規劃（Operational Planning）

係為組織（廣泛）目標下明確的次目標，基層主管使用專業工具來偵測部門的環境，配合某一特定期間（短期）的特定活動，所擬訂的具體執行方案，屬細節性的作業計畫。

規劃時間幅度（規劃期間）

規劃期間的長短標準並不一定，端視產業種類及內外在環境影響而定。一般而言，可分為下列幾個規劃期間：

1. 長期規劃（Long-Term Planning）：指五年以上的規劃。
2. 中期規劃（Intermediate Planning）：指一年以上、五年以下的規劃。
3. 短期規劃（Short-Term Planning）：指一年以下的規劃。

規劃明確度

規劃可明確區分為下列二種：

1. 特定性規劃（Specific Planning）：

具有明確的界定目標，且建立一套明確的執行步驟、預算分配及所有為達成該項目標所須的活動。但特定性規劃所須的明確及可預測性，並不是經常存在的。當不確定性高時，管理者應保持適當的彈性，以因應環境的變化。

2. 方向性規劃（Directional Planning）：

訂定一般指導原則與方針，它指出重點所在，但並不局限在特定目標或行銷方案讓管理者去執行。

規劃使用頻率

作業規劃為達成作業性目標，投入於較狹窄的目標範圍，其規劃期間屬短期規劃，依其使用頻率或重複性（Repetitiveness），可分為下列二種類型：

1. 單一用途計畫（Sagle-Use Plan）：
    使用於某一特定需求或情況下，不會重複的一種行動方針。它有二種常見的型式如下：

    (1)方案（Program）：
    指在繁雜活動下的一組單一用途計畫。

    (2)專案（Project）：
    指複雜度與範圍較方案小的單一用途計畫。

2. 經常性計畫（Standing Plan）：
    針對未來一段期間內經常會重複發生的計畫所擬訂的行動方針。它有下列三種常見的型式：

    (1)政策（Policy）：
    指組織對某特定事項所擬訂的一般指導原則。

    (2)程序（Procedure）：
    指組織對某特定事項或情況之處理步驟的計畫說明。

    (3)規則與規定（Rule and Regulation）：
    指對某項特定活動的特定指引。

7.4　計畫的類型

計畫的類型很多，各有其目的，其範圍也不同，有的只適用於某一層級，有的則適用於全組織。較常見的計畫類型可分為下列七種，分別說明如下：

1. 企業目標：
    可分為下列三項：

    (1)使命（Mission）：
    指說明組織經營理念及所能提供社會的服務或效用，以確保組織之生存理

由與發展方向。

(2)願景（Vision）：

結合組織成員針對未來特定時日所要達成的理想圖像（Image）。

(3)經營目標（Objective）：

指明確具體的業務規劃，也是各種活動的依據。

2.　策略（Strategy）：

指組織為面對競爭者所擬訂的長期性競爭計畫，係為實現組織願景的手段或手法。

3.　政策（Policy）：

指組織一般性或原則性的說明和解釋，提供員工在各種決策時思考的指引，以確保目標的達成。

4.　程序（Procedure）：

係行動的指引，而非思考的指引。

5.　規則（Rule）：

針對某項特定活動的特別指引。

6.　方案（Program）：

指結合目標、政策、程序、規則、工作指派等要素，提供員工執行某一特定行動的計畫。它通常具有功能性，如產、銷、人、發、財等不同的方案。

7.　預算（Budget）：

以數字與金額來表示執行計畫所期望的工作結果，它可以用產量、設備、工時、金錢等來表示。預算的主要目的在說明工作計畫與所需經費的配合，以迫使組織能考量其目標，故預算也是一種良好的控制工具。

7.5　規劃的程序

依Dessler提出規劃的程序有八，如圖7-2所示，分別說明如下：

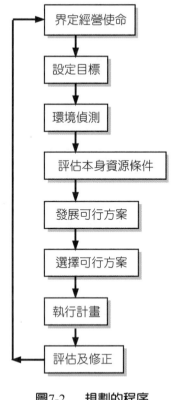

圖7-2　規劃的程序

1. 界定經營使命（Mission）：
   使命是指目前存在的持續性目的或理由，它為組織提供經營方針，故使命將為組織提供長期經營方針。可經由使命來引導公司計畫之擬訂、幕僚之任用、部屬的領導及績效的評估等。

2. 設定目標（Objective）：
   依據組織經營的使命，建立組織所要追求的目標，務使組織整體目標、各部門目標與個人目標相互配合。

3. 環境偵測（Environmental Scanning）：
   了解組織外在環境變動所潛藏的威脅與機會予以偵測，並根據可能發展情況設立假定條件作為規劃之依據。

4. 評估本身資源條件（Evaluating Organizational Resource）：
   掌握或運用組織內部本身的資源，如人力、財力、原料、機器設備、技術、管理等，來評估組織之優勢與劣勢何在，採何種手段或方法可行，何者不可行。

5. 發展可行方案（Developing Alternatives）：
   依外界環境變動與本身資源條件，列出各種可行方案。
6. 選擇可行方案（Selecting Alternatives）：
   在發展諸多可行方案中，經分析後選擇較佳之可行方案。
7. 執行計畫（Implementation Plan）：
   根據選出之可行方案，予以推動執行。
8. 評估及修正（Evaluation and Modification）：
   計畫執行後，藉由不斷蒐集資料和當初規劃時作一比較；若有差異，則予以修正，並持續改善。

7.6　組織的環境

　　由系統觀點的理論來分析可知，組織和其他企業一樣皆屬開放系統（Open System），而不是封閉系統（Close System）。此意味著組織必須與環境進行交流，例如組織由環境中取得人力、原料、機器等，而組織產出的產品也須銷售給環境，故管理者不可忽略組織環境的影響。

　　組織的外部及內部有許多不同的因素，會影響管理者的績效。管理者除了執行管理四大功能——規劃、組織、領導、控制外，尚須不斷的與組織以外的企業、機構、團體和個人接觸，並隨環境的變化，如不確定性、局限性及高度變化性等，隨時調整組織的策略與行為。

　　組織環境變化的迅速及不易預測，實為管理者所應面對的挑戰。一般而言，將組織的環境分為二種，即組織內部的環境，稱為「內部環境」；另外則是組織外部的環境，稱為「外部環境」。而「外部環境」又可分為組織內部以外首先須面臨的「任務環境」（Task Environment），及「任務環境」之外的「總體環境」（Macro-Environment），如圖7-3所示。

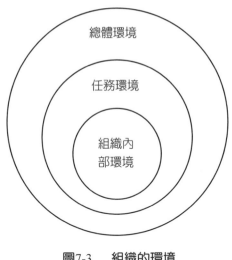

圖7-3　　組織的環境

現將上述組織環境說明如下：

1. 內部環境：

主要包括「組織文化」，諸如顯性的行為規則、制度、口號、意識型態、作風、習慣、隱性的價值觀、經營理念、行為標準等。另外尚包括（核心）生產技術、設備、組織結構等，亦屬組織的內部環境。

2. 外部環境：

包括以下二種：

⑴任務環境（Task Environment）

係指組織的經營績效發生直接影響的環境，亦可稱為「個體環境」（Micro-Environment）。由於其對組織經營績效有直接與立即的影響，故也稱為「直接環境」。又因同一產業內的廠商所面臨的個體環境非常類似，故又可稱為「產業環境」。一般而言，任務環境有下列六項：①顧客，②供應商，③競爭者，④工會，⑤股東，⑥利益團體。

另外，Michael Porter的五力分析亦是用來分析任務環境。

⑵總體環境（Macro-Environment）：

係指對組織經營績效有間接影響的環境因素，亦可稱為「間接環境」。又其為組織所面臨的一般共同性環境，故亦可稱為「一般環境」。它藉由影響任務環境的因素來達成對組織的影響。一般而言，總體環境包括下列各項：①政治／法律（Political / Legal），②經濟（Economic），③社會／文化（Social/Culture），④科技（Technical），⑤全球化（Global），⑥

自然（Nature）。

現將組織的外部環境與內部環境列於表7-3。

表7-3　組織的內部、外部環境

組織環境			
外部環境		內部環境	
總體環境	任務環境	組織文化	其他
1.法律／政治 2.經濟 3.社會／文化 4.科技 5.全球化 6.自然	1.顧客 2.供應商 3.競爭者 4.工會 5.股東 6.利益團體	1.顯性的： 　(1)制度 　(2)口號 　(3)行為規則 　(4)意識型態 　(5)作風 　(6)習慣 2.隱性的 　(1)價值觀 　(2)經營理念 　(3)行為標準	1.生產技術 2.設備 3.組織結構 4.有形與無形資產 5.核心能力 6.企業優勢

7.7　規劃的工具與技術

　　環境偵測（Environment Scanning）係指篩選大量訊息以發現外部環境中所潛藏的未來趨勢與挑戰。管理者為了強化規劃與決策的效率與效能，遂引用了規劃重要的工具——「預測」（Forecasting）。而規劃與決策的技術則包括有「線性規劃」（Linear Programming）、「損益兩平分析」（Breakeven Analysis）、「模擬」（Simulation）、「計畫評核術」（Program Evaluation and Review Technique, PERT）、「報償矩陣」（Payoff Matrix）、「決策樹」（Decision Trees）、「賽局理論」（Game Theory）、「等候模型」（Queuing Models）等，此將在「生產管理」章節中說明之。

　　預測係指依據現有的資訊和資料，針對未來結果所作的一種邏輯推測。管理者可經由正確的預測，了解組織內部及外部的未來環境，以認清組織未來的競爭優勢與劣勢，及發掘潛在影響組織的機會與威脅，藉此建立正確的目標、規劃和有效的策略，以提升組織的績效。

預測的方法

預測的方法可分為定量預測與定性預測二大類，分別說明如下：

1. 定量（Quantitative）預測：
   係指藉由過去的歷史資料，以數量模型推估未來可能發生的一種預測。它又可分為下列二大項：

   (1)時間序列分析法（Time Series Analysis）：
   係指以「時間」先後分類的歷史資料為基礎的分析方法。例如，以歷史資料預測下一季的銷售量。

   (2)因果關係模型法（Causual Modeling）：
   係指以原因（自變數）來預測結果（因變數）。此法屬關聯性的方法。它又可分為下列三項：

   ①迴歸模型分析法（Regression Model）：
   指用已知或假設的一組變數（自變數）來預測某一個變數（因變數）。例如，以不同的價格與廣告的數值來預測未來的銷售量。

   ②計量經濟模型法（Econometric Model）：
   指採用數個複迴歸方程式來預測對主要經濟變動所造成之影響。例如，國民生產毛額係以消費支出、投資支出、輸出淨額及政府支出四項變數累加後，再推估賦稅及資本折舊二項變數，據以預測經濟情勢之變化。

   ③經濟指標法：
   係指以一個以上的經濟指標，以預測組織相關變數的參數。例如，失業率、通貨膨脹率等。

2. 定性（Qualitative）預測：
   指在沒有歷史資料下，有系統的蒐集客觀資料，依個人或群體主觀的判斷或意見來作預測。它又可分為下列四項：

   (1)德爾菲法（Delphi Method）：
   在第4.8節所提及的「德爾菲群體法」亦可用來發展預測，是一種管理群體決策的活動。此法為「專家意見法」（Jury of Expert Opinion）的一種，較適用於預測期間較長或歷史資料不完全時所採用。

   (2)銷售人員意見綜合法（Sales Force Composition）：
   指綜合銷售人員的意見，以預測顧客的需求。此為最常見的銷售預測

法。例如，汽車公司調整主要經銷商的意見來決定汽車型式與數量。

⑶顧客評估法（Customer Evaluation）：

指由顧客群中蒐集資料，據以預測顧客需求的資訊。

⑷歷史類比法（History Analog）：

指將欲引入的新產品與成長中相類似的產品相互比較，以作為新產品的預測基礎。

規劃的技術

規劃不僅是預測可提供管理當局作為決策的參考，其規劃的工具和技術，諸如線性規劃、損益兩平分析、模擬、計畫評核術、報償矩陣、決策樹、賽局理論、等候模型等，留待在「生產管理」章節中予以介紹。

7.8　整體規劃

美國學者George A. Steiner提出「整體規劃」（Integrated Planning）模式，如圖7-4所示，分別說明如下：

1. 經營使命及其社會經濟目的：
   組織規劃須從對社會有所貢獻出發，進而確定其經營使命，以滿足社會經濟目的。

2. 高階主管的價值哲學觀與經營理念：
   高階主管的道德觀與管理風格將形成某種「限制條件」，影響未來組織之經營理念。

3. SWOT分析：
   認清組織競爭之優勢與劣勢，並發掘未來可能遭遇的威脅、機會，以面對新局。

4. 策略規劃：
   屬長期規劃，決定組織之基本使命、目的及政策與策略，以利組織整體利益之獲取。

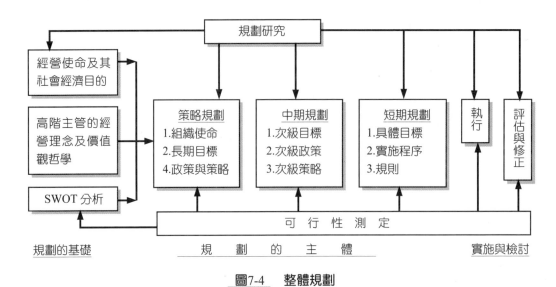

圖7-4　整體規劃

5. 中期規劃：
   由策略規劃衍生，擬訂詳盡計畫，著重各計畫間之配合協調。

6. 短期規劃：
   係以一個年度預算為主，屬作業性規劃，對預算、程序、時間等作進一步的設計。

7. 執行：
   針對組織與人力之配合，實施計畫。

8. 評估與修正：
   規劃結果實施不斷的評估與定期檢討，以了解實施狀況，供再行規劃之基礎。

9. 規劃研究（Planning Study）：
   在整體規劃過程中以科學方法，客觀而有系統的思考，如經濟預測、市場分析等。

10. 可行性測定（Feasibility Testing）：
    對管理者之價值觀、設備與人力條件、時機、投資報酬率及市場占有率等，予以可行性測定，一可避免好高騖遠之弊病，一可藉以消除所作決策間之矛盾衝突。

老師小叮嚀：

1. 注意規劃的層級，其中策略性（戰略性）規劃與戰術性規劃
有何不同，應予了解。

2. 注意規劃的程序。

3. 組織的環境，包括內部環境及外部環境（總體環境與個體環
境）應弄清楚。

4. 注意預測的方法。

5. Steiner的整體規劃是常出現的考題。

1. 長期性的、全面性的運用資源以完成目標的規劃為：
（97年鐵路公路特考）

(A)策略規劃　(B)戰術規劃　(C)作業規劃　(D)權變規劃

2. 公司社會責任的範圍是：（97年鐵路公路特考）

(A)只有股東　(B)只有員工　(C)只有顧客　(D)所有利害關係人

3. 贊成企業應有社會責任的理由為：（97年鐵路公路特考）

(A)追求股東最大利潤　(B)社會問題應為政府的責任　(C)企業來自社
會，取之於社會，用之於社會　(D)企業沒有解決社會問題的專才

4. 下列對企業所面臨的經營環境與管理趨勢之敘述，何者有誤？（96年特考）

(A)未來環境是動態的、複雜的　(B)企業的競爭優勢來自速度與創新
(C)由於科技不斷的推陳出新，企業對人員的依賴將愈來愈低　(D)企業的
市場將拓展到全世界，其所面臨的挑戰也是全球化的

5. 下列規劃的程序：a.選擇方案；b.評估本身資源；c.環境偵側；d.界定經
營使命；e.設定目標；f.發展可行方案；g.評估及修正；h.實施，依序為：
（96年特考）

(A)dcbefahg　(B)acgbefhd　(C)decbfahg　(D)cgdbahef

6. 下列有關史坦納（Steiner）整體規劃模式的敘述，何者有誤？（96年特考）

(A)由規劃的基礎、主體、實施檢討與輔助工作四部分組成　(B)高層主管

的價值觀為規劃的基礎　(C)規劃研究與可行性測定為經常性的輔助工作
(D)辨認企業的內外環境為規劃的主體

7. 甲公司擬將晶圓廠遷移到中國大陸的決策，是屬於下列何種規劃？
（96年特考）

(A)作業性規劃　(B)戰術性規劃　(C)策略性規劃　(D)日常性規劃

8. 策略規劃與作業規劃之最大差別為：（96年特考）

(A)時程　(B)組織階層　(C)功能　(D)金額

9. 依據學者Steiner所提出的整體規劃模式（Intergrated Planning Model），
有關規劃的基礎包含下列何者？（複選）（95年特考）

(A)高階主管價值觀　(B)企業SWOT分析　(C)計畫之評核與檢討　(D)建
立計畫之組織　(E)公司經營使命、基本經濟及社會目的

10. 下列有關經濟預測的敘述，何者有誤？（96年特考）

(A)外推法預測又稱趨勢分析　(B)股價指數為同步指標　(C)計量經濟模
型是定量的預測技術　(D)經濟預測為一種外部環境預測法

11. 近年來消費者傾向避免油炸食物，這種改變對速食業而言，屬於下列何
者之改變？（96年中華電信企業管理）

(A)經濟環境　(B)政治環境　(C)法律環境　(D)社會文化環境

【解析】

組織外部環境有：

㈠任務環境（Task Environmental）或直接環境或個體環境或產業環
　境：指對組織經營績效發生直接影響之環境。

　　對象：包括客戶、供應商、競爭者、工會、股東、利益團體等。

㈡總體環境（Macro Environmenntal）或間接環境或一般環境或基本環
　境：指對組織經營績效發生間接影響之環境。

　　對象：包括政治／法律、經濟、社會／文化、科技、全球化、自然
　　等。

---

12. 「未雨綢繆」是指：（96年中華電信企管概要）

(A)組織　(B)領導　(C)計畫　(D)控制

13. 下列有關於規劃的敘述，何者有誤？

(A)規劃（Planning）是為了選擇努力的方向與目標　(B)SOP係指策略營
運計畫　(C)規劃缺口（Planning Gaps）指的是部門主管與規劃幕僚間的

觀念差距　(D)Steiner曾提出整體規劃模式

14. 規劃可以指出方向、減少不確定性的風險、減少資源的浪費與重複、及 ＿＿＿＿。空格中最宜填入下列何者？〔96年中華電信企管概要〕

(A)為每一部門設立工作負荷量　(B)提供控制的標準　(C)為組織內每個人訂定用來升遷的基準　(D)裁撤規劃內不需要的部門

15. 規劃（Planning）包含了哪二個重要元素？〔96年中華電信企管概要〕

(A)目標（Goals）與決策（Decisions）　(B)目標（Goals）與計畫（Plans）　(C)計畫（Plans）與決策（Decisions）　(D)目標（Goals）與行動（Actions）

16. You just wrote a short-range plan in support of an intermediate plan. You based this plan on your best estimate of future environment conditions. What kind of plan did you write?

(A)Reaction　(B)Standing　(C)Action　(D)Contingency

17. Emphasizing the future, coordinating decisions, and focusing on objectives are specific features of:

(A)coordination.　(B)planning　(C)controlling.　(D)plan implementation.

18. 行動方案（Action Plan）在策略規劃中屬於：

(A)功能性策略　(B)事業層級策略　(C)總公司策略　(D)以上皆非

19. 企業行動的方向擬定是藉由：

(A)組織　(B)領導　(C)控制　(D)規劃

20. 規劃為重要的管理功能，下列對規劃功能的陳述，哪一項值得商榷？

(A)保證執行的成功　(B)可降低企業所面臨的不確定性　(C)可集中心力，全神貫注於目標之達成　(D)便利公司營運作業之控制

21. The greater the environmental uncertainty, the more plans need to be and emphasis placed on the:

(A)strategic, long-term　(B)single-use, short-term　(C)operational, long-term　(D)directional, short-term　(E)None of above

22. Plans that apply to the entire organization, establish the organization's overallobjectives, and seek to position the organization in term of its environment are called ＿＿＿＿＿ plans.

(A)operational　(B)long-term　(C)strategic　(D)specific　(E)directional

23. 策略規劃的特性是：

(A)確定情況下決策　(B)例行性決策　(C)開創性決策　(D)中階管理決策

24. Forecasting techniques are most accurate when which of the following occurs?

(A)a dynamic environment　(B)a slowly changing environment
(C)computer simulation is utilized　(D)substitution effect　(E)economic indicators

25. Writing an organizational strategic plan is an example of which of the management function?

(A)leading　(B)coordinating　(C)planning　(D)organizing
(E)controlling.

26. _____ is the outcome of planning.

(A)Performance　(B)Strategy　(C)Assessment　(D)Effective organization

27. 就規劃之範圍（Scope）構面分析，高階管理者所從事之規劃是：

(A)部門規劃　(B)功能規劃　(C)整體規劃　(D)中程規劃

28. 規劃是：（複選）

(A)設定目標　(B)銷售產品　(C)評估未來　(D)運用設備　(E)擬訂具體行動方案的過程。

29. 下列何者不是總體環境（一般環境）的要素之一？
（96年中華電信企管概要）

(A)政治　(B)競爭者　(C)經濟　(D)社會文化

30. 企業面臨哪一種環境會比較好管理？（96年中華電信企管概要）

(A)穩定而複雜　(B)簡單而動態　(C)動態而複雜　(D)簡單而穩定

31. 企業外部環境若變化很小，宜採用：（96年中華電信企業管理）

(A)機械式組織　(B)有機式組織　(C)虛擬式組織　(D)團隊式組織

【解析】

	機械式組織	有機式組織	虛擬式組織	團隊式組織
特性	強調效率、專業分工，適於穩定環境（環境變化小）。	強調創新彈性，生產客製化產品，適於不穩定環境。	組織彈性，透過IT，將非核心業務外包（Outsourcing），適於高度不確定性及動態環境，屬有機式組織的一種。	不是常設組織，任務明確，可有效解決急迫性問題，提高彈性又不破壞原有組織，適於不穩定環境。

32. 下列哪一個有關企業使命宣言的敘述是正確的？

(A)Motorola and Disney把關心員工當作企業使命宣言的核心意識
(B)Johnson & Johnson把創新當作企業使命宣言的核心意識　(C)HP和
Marriot把大膽的冒險當作企業使命宣言的核心意識　(D)一個有策略意
圖心的企業使命宣言可以有效的激發員工熱情

33. Technological forecasting attempts to predict changes in technology and:
(A)the time frame in which new technologies are likely to be economically
feasible　(B)the rate of that change　(C)obsolescence time.　(D)the
costs of those changes　(E)how best to integrate those changes into the
company.

34. Operational plans and goals are those that focus on the outcomes that major
divisions and departments must achieve in order for the organization to
reach its overall goals. (是非題)

35. Successful plans may provide:
(A)a false sense of security　(B)only success　(C)increased awareness of
the environment　(D)increased awareness of change.

36. Planning's effect on managers is that it forces them to do which of the
following?
(A)react to change　(B)consider the impact of change　(C)respond
indiscriminately　(D)plan on overlapping different activities　(E)develop
bureaucratic models

37. One purpose of planning is that it minimizes _____ and _____.
(A)cost; time　(B)time; personal needs.　(C)waste; redundancy　(D)time;
waste　(E)mistakes; cost

38. The failure of U.S automakers in the 1970s to recognize and respond to
consumer demand for smaller cars is considered a failure in what type of
analysis?
(A)forecasting　(B)benchmarking　(C)environmental scanning
(D)accounting recovery　(E)none of above

39. Which of the following describes the primary purchases to establish a firm?
(A)strategic plan　(B)tactical plan　(C)operating plan　(D)vision
planning　(E)mission statement

40. 企業進行長期計畫時，為減少對環境偵測或市場預估，受專業知識以外因素的影響而降低結果效度，可採用何種方式最適當：

(A)Opinion Survey　(B)Scenario Method　(C)Delphi Method
(D)Analytical Hierarchy Process Method　(E)以上皆非

41. If a manager wanted to predict next quarter's sales on the basis of four years of previous sales data, she would probably use:

(A)time series analysis.　(B)sales force composition.　(C)regression models　(D)econometric models　(E)substitution effect

42. 長期計畫指：

(A)五年以上的計畫　(B)企劃單位耗時一年以上才擬出之計畫　(C)對企業影響長久的計畫　(D)決定投入與產生之質與量皆重要的計畫

43. 以下管理方法，何者的主要作用在協助企業預測未來：

(A)Benchmarking　(B)Balanced Scorecard　(C)Zero-Based Budgeting
(D)Build to Order　(E)Industry Scenario Technique

44. 規劃可視作一種組織結構關聯的層次結構，短期計畫和以下何種組織層級關聯？

(A)高階主管人員　(B)中階管理人員　(C)營運單位　(D)勞工階層

45. 在結構、策略與數量的狀況下，就企業的資源與工業技術二者在表定活動上加以控制的計畫屬於：

(A)長期計畫　(B)中期計畫　(C)短期計畫　(D)都有可能

46. 下列敘述，不正確者有幾項？（97年台電公司養成班甄試試題）

①策略計畫係設定組織整體目標，故其規劃期間較長，多為中程計畫
②作業性計畫所涉及的期間較短，且有詳細的行動內容及工作程序表
③規範式預測法係以現有知識為起點，按技術的進步據而推斷未來
④決策是選擇各行動方案的過程，其第一個步驟是蒐集並分析資料

(A)零項　(B)一項　(C)二項　(D)三項

47. Which of the following is not a criticism of formal planning processes that utilize the fit model?

(A)Every company uses the same technique, so planning is not a source of competitive advantage.　(B)The future is unpredictable.　(C)Management focuses more on current opportunities than they do upon future opportunities.　(D)Management focuses more on future opportunities than

they do on current opportunities.

48. 下列哪一變數為制訂策略規劃不必配合者？

(A)潛在的市場需要　(B)環境機會與限制　(C)組織擁有的技術與資源
(D)國家有限資源

49. Linda as a manager in her company, engages in planning in order to anticipate changes and to develop the most effective response to them.This is and argument against which of the myths about planning?

(A)planning is a management tool.　(B)planning reduces personality.

(C)planning that proves inaccurate is a waste of management.　(D)planning should only be completed by medium and large size organizations.

(E)planning can eliminate change

50. What is the first step in the planning process?

(A)putting plans into action.　(B)chossing alternatives.　(C)stating organizational objectives　(D)developing planning premises.

51. Long range:

(A)means more than one year.　(B)means more than ten years.

(C)depends on the type of firm and the internal external conditions affecting that firm.　(D)is too far in the future to plan for.

52. Which of the following is the foundation of planning?

(A)employees　(B)objectives　(C)outcomes　(D)computers　(E)the planning department

53. When managers determine alternative courses of action to be taken when a primary plan of action fails to get the desired results or is disrupted in some way, they are said to be engaged in:

(A)strategic planning　(B)tactical planning　(C)operational planning
(D)contingency planning　(E)reaction planning

54. Guides to action that indicate how resources are to be allocated and how tasks assigned to the organization might be accomplished are:

(A)strategic management　(B)strategic decisions　(C)plans and policies.
(D)strategic business units.

55. The key properties of a vision include all of the following except that they:

(A)are value centered.　(B)are realizable.　(C)have superior imagery

(D)are easily achieved.　(E)are well articulated.

56. The marketing environment is:

(A)easily controlled　(B)dynamic.　(C)static　(D)unimportant.　(E)none of the above is correct.

57. Plans that have an extended time horizon and are concerned with questions of scope, resource deployment competitive advantage, and synergy are called:

(A)strategic.　(B)tactical　(C)operational　(D)departmental　(E)functional.

58. The fact that managers engage in planning in order to anticipate changes and to develop the most effective response to them is an argument against which of the misconceptions about planning?

(A)planning is a management fad.　(B)planning reduces flexibility.

(C)planning that proves inaccurate is a waste of management time.

(D)planning can eliminate change.

59. Compared to directional plans, what type of plan has clearly defined objectives?

(A)strategic　(B)single-use　(C)short-term　(D)specific　(E)standing

60. The infrastructure is part of the:

(A)cultural environment.　(B)economic environment.　(C)political /legal environment.　(D)technological environment　(E)task environment.

61. 何謂企業的環境？請分類並簡述臺灣的科技廠商所面臨的企業環境有哪些層面？

62. 近年來臺灣的企業普遍遭遇不景氣，所以縮編（Downsizing）和組織重整（ORA）正成為最熱門的話題。請想像自己是一家傳統製造業的負責人，當您面對必須裁員的情況時，

⑴應以何等方式決定裁員資遣的順序？

⑵有什麼配套措施應同時考慮採行，以將各方面的損失降至最低？

63. 試比較策略性規劃與作業性規劃之不同。

64. Contrast quantitative and qualitative forecasting.

本章習題答案：

1.(A)　2.(D)　3.(C)　4.(C)　5.(C)　6.(D)　7.(C)　8.(B)　9.(ABE)　10.(B)
11.(D)　12.(C)　13.(B)　14.(B)　15.(B)　16.(C)　17.(B)　18.(A)　19.(D)
20.(A)　21.(D)　22.(C)　23.(C)　24.(B)　25.(C)　26.(B)　27.(C)
28.(ACE)　29.(B)　30.(D)　31.(A)　32.(D)　33.(A)　34.(×)　35.(C)
36.(B)　37.(C)　38.(C)　39.(E)　40.(C)　41.(A)　42.(C)　43.(E)　44.(C)
45.(B)　46.(D)　47.(D)　48.(D)　49.(E)　50.(C)　51.(C)　52.(B)　53.(D)
54.(C)　55.(D)　56.(B)　57.(A)　58.(D)　59.(D)　60.(B)

第8章·
組織結構

本章學習重點

1.組織設計的程序及原則

2.組織結構構成的構面

3.組織設計模式

4.組織部門化基礎

5.組織結構的權變因素

6.部門劃分的組織結構

7.未來的組織型態

8.1　組織構成的要素

依Hodge & Johnson將組織構成要素分為下列五項：

1. **人員：**

   組織中的成員為構成組織之基本要素。

2. **設備工具：**

   組織中諸如生產機器、作業設備、知識、技術等皆為設備工具，亦屬組織構成的要素之一。

3. **目標：**

   明定組織目標，導引員工努力之方向。

4. **責任劃分：**

   為組織垂直層級的職權、職責之分配。

5. **協調：**

   為組織同級單位的水平溝通及資訊流通。

8.2　組織設計的程序

依Dessler將組織的程序分為下列五個步驟：

1. **確定組織的目標：**

   為訂定組織的基本工作任務，了解各部門之工作內容，首先須確立組織的目標、使命，以確立企業策略與計畫的大方向。

2. **部門劃分及工作協調：**

   依組織目標所須的各項活動分類與彙總，將工作水平劃分而形成組織的部門或單位，並進行部門間的水平協調溝通。

3. **決定控制幅度（Span of Control）：**

   決定組織的層級，一般而言，管理者的控制幅度不應太大，否則將無法有效監督、協調。

4. **授與職權：**

   決定部屬可授與權責的程度，以作為組織運作權力的基礎。

5. 繪出組織圖（Organization Chart）：

以圖形將各單位職位間的關係，以及管理、負責的關係明確表現出來，如圖8-1所示。

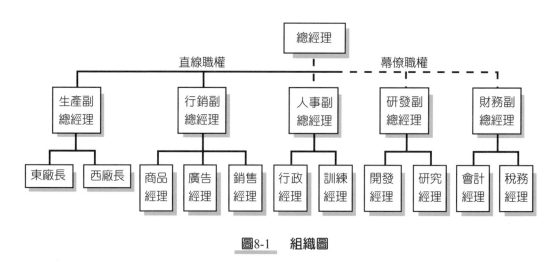

圖8-1　　**組織圖**

8.3　組織設計的原則

組織設計（Organization Design）係指建立和改變組織結構的過程。一個組織必須充分具備完善的結構，才能談到組織的運作與效率。

一般而言，組織設計的原則（或組織結構的要素）有下列六項，分別說明如下：

工作專業化（Job Specialization）

最早經濟學家亞當史密斯（Adam Smith）提出的《國富論》（*Wealth of Nation*），強調「分工」（Division of Labor）可提高工作效率。而工作專業化則來自於分工概念，工作專業化將組織各部門劃分及為各部門工作人員指派分配工作，使每一個人只負責專精某一部分的生產活動，在工作技術上得以發揮，當工作轉換時也才得以迅速就位。但如工作過分劃分，將出現反效果，所

以提升生產力須擴大工作範圍,而非縮小。

指揮鏈(Chain of Command)

此乃出自費堯的十四項管理原則,係指每一個部屬只對一個且只能對一個直屬上司負責。但現在的組織如果嚴格遵循指揮鏈原則的話,有可能會導致缺乏彈性且影響組織的績效,這些例外的情形在本章後幾節將會詳細介紹。

指揮鏈包含二種涵義,一為「指揮統一」(Unity of Command),認為每一員工只服從上級主管之命令,避免令出多門,無所適從。另一個涵義則為「階層隸屬原則」(The Scalar Principle),指組織圖中由最低至最高的職位,其直線職權應是明確不能中斷的,亦即任何二個職位之間都應找到一條連結的組織圖關係線。

一般而言,指揮鏈包含了以下的協調,以及職權與職責之關係。

協調(Coordination)

指連結組織中各部門間與不同工作活動的一種過程,而部門與工作活動之間也相互依賴(Interdependence)及交換對方的資訊與資源,以獲得較大的效能。

當部門間相互依賴的程度愈高,則組織對協調的需求也愈高,協調這些部門的工作也愈困難。譬如組織品管部門的工作,若採圖8-2之組織型態,品管部門主管負責協調有關品質管理方面的各項工作,最能達成協調目的,因為品管部門主管負責管理各相互依賴的單位,以確保做好協調與減少衝突。

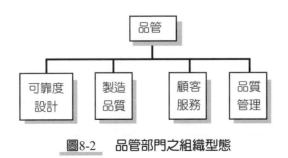

圖8-2　　品管部門之組織型態

　　組織結構有助於員工溝通的工作協調。由於現在組織的規模龐大、業務複雜、反應快速、工作繁多，故協調工作變得更為重要。而現代的資訊系統、網路技術更能增進協調的效率。

控制幅度（Span of Control）

　　控制幅度有時也稱為「管理幅度」（Span of Management），係指一個主管可有效能與有效率的監督控制部屬的人數。一些學者認為，高層管理者須比中層管理者有較小的控制幅度，而中層管理者又須比基層管理者有較小的控制幅度。

　　從另一角度來看，組織中若訓練有素及有經驗的員工愈多，管理者將可有較大的控制幅度，如圖8-3、圖8-4所示。

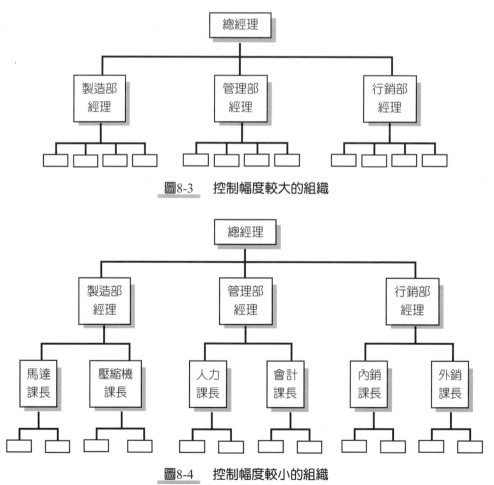

圖8-3　　控制幅度較大的組織

圖8-4　　控制幅度較小的組織

至於影響控制幅度的權變因素，如表8-1所示。

表8-1　影響控制幅度的權變因素

權變因數 ＼ 組織性質	幅度因素	特性	控制幅度
個人因素	1.主管偏好	權力慾望	大
	2.主管能力	能力強	大
	3.部屬能力	能力強	大
工作因素	1.職務性質	工作環境變化大	小
	2.主管工作性質	與其他單位協調多	小
	3.部屬工作性質	與主管互動多	小
	4.部屬間工作性質	相似、標準化程度高	大
	5.部屬間工作關聯性	關聯性大、協調多	小
環境因素	1.技術	大量生產	大
	2.地理區域	分散	小

不過，由於現今資訊系統發達，在自動化與電腦化的管理控制資訊系統中，以系統觀念作為控制基礎，與過去傳統的組織原理採取的手段不同，但目的仍然同為有效控制各項管理活動。

職權與職責

1. 職權

職權（Authority）係組織經由正式法律途徑所賦予某項職位（Position）的一種權力，即組織所賦予的一種合法權力。如圖8-2所示之品管部門組織圖，即顯示該部門所執掌品管工作的職權，若品管工作的職權尚有另外分配一部分給其他部門，將使品管工作的推展發生困難，而影響效率。

通常職權與個人在組織中的職位有關，而與負責此職位個人的個人特質無關。一旦該職位出缺，個人離開了此職位，也同時喪失了該職位的職權。

職權的來源有三，說明如下：

⑴形式理論（Formal Theory）：

此理論為職權的傳統觀點，係由上而下透過層層下授所建立的職責關

係。

(2)接受理論（Acceptance Theory）：

此理論認為若部屬不接受上司的命令，則上司就沒有職權，亦即必須部屬接受上司的命令才能形成職權，故職權能否成立端視部屬的接受程度而定。

行為學派的貝納德（Barnard）曾提出「無差異區域」（Zone of Indifference）的觀念。「無差異區域」指部屬對上司的命令與決策予以接受和遵守的範圍，若超過此範圍或區域，部屬將會質疑其合法性而拒接受上司的命令。部屬會評估接受該命令的誘因及付出代價之程度，來決定此區域的大小，而最佳狀況是上司能讓部屬對命令維持在「較寬廣」的「無差異區域」。

至於部屬接受職權的程度，受下列四項因素決定：

①部屬充分了解命令內容的程度。

②命令符合組織目標的程度。

③命令符合部屬個人目標的程度。

④命令為部屬心智與體力可達的程度。

(3)情境理論（Situational Theory）：

此理論由Follet所提出，強調職權的發生，端視情境的變化而定，即部屬與上司都認為在某種情況下有採取某種行動必要時，職權才發生作用。

2. 職權的種類

組織內的職權種類，主要有下列三項：

(1)直線職權（Line Authority）：

指上司對部屬所擁有直接指揮之職權，其權力涵蓋整個「指揮鏈」，即由組織的最高層級延伸到最基層級。此職權主要與組織目標之達成有直接相關者或有貢獻者，如生產部門、行銷部門等，它在組織圖中以實線表示。

(2)幕僚職權（Staff Authority）：

指僅提供建議、諮詢、服務等項功能的職權，它對各部門無指揮的權力，屬輔助性職權。此職權與組織目標之達成無直接相關者，如研發部門、財務部門等，它在組織圖中以虛線表示。

(3)功能性職權（Functional Authority）：

指依其所負責的企業功能，行使職務上的職權。即指一些屬於例行性、

專門性或標準化工作，須依賴功能上的職權推行工作。此職權屬於一種「有限度職權」（Limited Authority），並以專業技能作為行使權之基礎。其職權可視為介於直線與幕僚職權間的一種指揮權，如會計部門、人力部門。

3. 職權與權力

權力（Power）指一個人影響他人執行命令，服從規範的能力。職權為權力的一部分。依John French and Bertmate Raven定義權力的來源有五，說明如下：

⑴法定權力（Legitimate Power）：

指個人在正式組織所擔任的職位所取得合法的權力，其性質接近於職權。

⑵獎酬權力（Reward Power）：

指個人具有給予其他人認為有價值獎酬的權力。

⑶脅迫權力（Coercive Power）：

指畏懼被處罰而遵從的權力。

⑷專家權力（Expert Power）：

指個人擁有某種專長、特殊技能或知識而產生的權力。

⑸參考權力（Reference Power），或認同權力：

指某人具有某些特質而受人認同的權力。

4. 授權

授權（Delegation）指管理者將某種職權與職責，指定某位部屬承擔，使部屬可代表管理者行使管理或作業性工作。授權強調職權下授，但職責不可下授。授權的主要目的是使部屬能全面參與管理，並使組織發揮最大效率及組織結構發揮最大效能。一般而言，授權的程度愈高，就愈需要有效的控制。授權一般可分為分權和集權。

5. 分權

分權（Decentralization）指組織有系統地將職權與決策權力下授至組織中的中、基層，如此可使各部門管理者對於組織、人事、控制等有某種限度的自主權。分權包括選擇性之授權與適度之集權。一般而言，外在環境變動性高及不確定性愈高，組織傾向採用分權；又當高層管理者能力愈弱或基層管理者能力愈強，則組織傾向採用分權。

6. 集權

集權（Centralization）指組織有系統地將職權與決策權力保留在組織的最高層，當外在環境變動性低及不確定性也低時，組織傾向採用集權；又當高層管理者能力愈強或基層管理者能力愈弱，則組織傾向採用集權。

7. 賦權

賦權（Empowerment）指管理者授權給部屬，運用新的組織結構與管理技巧，能自發性的工作，作出適當的判斷以解決問題，提高部屬的自主權力，使能力低的人變得能力高，能力高的人願意效其力，提高員工相關工作之決策裁量權，以提升生產力。

8. 授權原則

授權的原則有六，說明如下：

⑴權責平衡原則：

個人權責須相符，方可順利達成目標。

⑵責任絕對原則：

授權者與被授權者皆須負任務成敗之責。

⑶命令一致原則：

部屬之職權由單一管理者授予。

⑷職權階層原則：

已授權部屬決策，就應由部屬自行決策。

⑸逐級授予原則：

職權由上而下，層層逐級下授。

⑹詳細明確原則：

授權須詳細明確，方可完成組織任務。

9. 職責

職責（Responsibility）是一種完成某種被賦予的任務與責任，它與職權須相符一致，組織的設計也須配合權責相符原則。職權與職責均應適當的明確規範，才可清楚顯示是否權責相符。當我們承當某一職位，除了承受職權外，也必須負起相對應之職責。

10. 責任

責任（Accountability）指管理人員對本身職權之行使與職責之履行，並將情況與結果向上級報告。

部門化

部門化（Departmentalization）指將性質相同的工作，依工作分析及工作劃分方式整合分工單位，以達成組織的目標。

部門化所產生的部門通常是就所執行的功能、所提供的產品或服務、目標顧客、涵蓋之地理範圍或由投入至產出的轉換程序。

1. 部門化的類型

部門化的類型可分為二大類，簡要說明如下，至於其細節將在第8.6節中詳述之。

(1)依產品導向的部門化：

①產品別部門化。

②客戶別部門化。

③地區別部門化。

(2)依程序導向的部門化：

①功能別部門化。

②程序別部門化。

8.4 組織結構的構面

Robbins針對組織結構的構面提出複雜化、正式化及集權化程度的觀念，強調在正式組織工作中，藉由控制、協調和激勵員工，使他們能彼此互相合作和工作，以達成組織的目標。現分別說明如下：

1. 複雜化（Complexity）：

指組織的層級級數與專業差異化的程度，可分為下列三項：

(1)水平差異化（Horizontal Differentiation）：

指水平部門間在人員調配、工作性質、教育訓練上差異化的程度。組織對不同特殊技能的需求愈高，水平差異化愈大。

(2)垂直差異化（Vertical Differentiation）：

指揮鏈層級愈多，差異化愈大，複雜化也愈大。垂直差異化會隨著水平差異化而增加。

(3)空間差異化（Spatial Differentiation）：

指辦公室、廠房、員工在地理空間位置上的隔離程度。若增加地點的位置，將提高複雜化。

2. 正式化（Formalization）：

指組織藉由規則和程序來導引員工行為的程度。

3. 集權化（Centralization）：

指「授權」的程度，用以判別組織是屬集權或分權。

8.5 組織設計的模式

在權變學派時期，Burns and Stalker提出「環境與結構結合」的組織設計理論，提出二個不同的組織系統，即機械式組織（Mechanic Organization）與有機式組織（Organic Organization），現比較說明如表8-2所示。

表8-2 機械式組織與有機式組織之差異

組織結構 項目	機械式組織	有機式組織
複雜化	高	低
正式化	高	低
集權化	高	低
工作專業化	高	低
控制幅度	小	大
組織層級	多	少
指揮鏈	清晰	模糊
部門化	僵硬	彈性
直線vs.幕僚功能	各司其職	無明顯差別
授權vs.分權	較小	較大
溝通、協調	垂直溝通	水平溝通
彈性與應變能力	較弱	較強
適用之環境	穩定	不穩定
適用之產業	傳統產業	高科技業產
策略	成本領導	差異化
組織規模	大	小
科技	大量生產	單件生產

扁平式組織最早起源於Hammer的《企業改造工程》（*Reengineering the Corporation*），認為高塔式組織權力過於集中且資訊不流通，故將組織層級縮減，使工作性質化簡為繁，強化彈性應變能力，且自主性高，並大幅授權，使中層部門萎縮，藉由組織水平溝通協調，工作滿足感較高，用以達成組織資源充分的運用。

8.6 組織部門化的基礎

組織部門化的基礎主要是發揮組織專業化的效能，將性質相同的工作，依工作分析及工作劃分的方式整合分工單位，以達成組織的目標。一般可將組織部門化劃分為二大類，如圖8-5所示，現分別說明如下：

劃分基礎	劃分方式
依產品導向劃分	1.產品別部門化　2.客戶別部門化　3.地區別部門化
依程序導向劃分	1.功能別部門化　2.程序別部門化

圖8-5　組織部門化的組織

依產品導向劃分

可分為下列三項：

1. 產品別（Product Departmentalization）：
   若組織在下列情況發生時，適於採用「產品別部門化」之組織設計：
   ①生產產品種類之間差異大。
   ②生產產品項目繁多。
   ③各種獨立事業部自負盈虧獨立經營時。

　　產品別部門化的企業組織有日益普遍的趨勢，尤其是從事生產或行銷多項產品的大型企業，為因應成長需要，將不夠靈活的以生產、行銷、人資、研發、財務為業務區分的部門，改為依「產品別」區分的部門，如圖8-6所示。

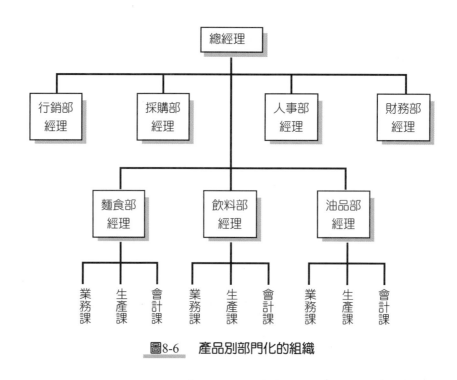

圖8-6　　產品別部門化的組織

(1)產品別部門化的優點：

　　採用產品部門化的組織，主要有下列四項優點：

　　①產品部門間相互競爭，可提升企業績效。

　　②易於培養高層主管。

　　③各部門的績效易於掌握，便於訂立利潤中心制度。

　　④有利於企業的成長及多角化經營。

(2)產品別部門化的缺點：

　　採用產品別部門化的組織，主要有下列四項缺點：

　　①各事業的內部資源和結構有重複浪費現象，增加管理成本。

　　②只重視短期利潤。

　　③過於自主，增加高層管理控制上的難度。

　　④不適於一般企業，僅適於有足夠管理通才的企業。

2. 客戶別部門化（Customer Departmentalization）：

若組織在下列情況發生時，適於採用「客戶別部門化」之組織設計：

①不同的客戶群具有不同的購買偏好。

②目標客戶可分為幾個不同的客戶群。

③適用於經營百貨業、服務業。

　　　百貨公司等零售業，常將其銷售業務依客戶別劃分，如男裝部、女裝部等。有些公司還將其銷售業務依客戶別劃分為工業用戶與一般用戶，如圖8-7所示。

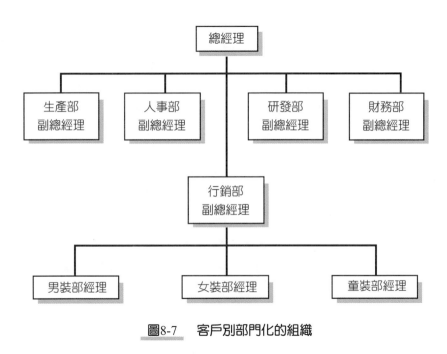

圖8-7　客戶別部門化的組織

(1)客戶別部門化的優點：

採用客戶別部門化的優點，主要有下列二項：

①整合組織資源，以因應不同客戶的需要。

②集中力量針對某一客戶群提供滿意的服務。

(2)客戶別部門化的缺點：

採用客戶別部門化的缺點，主要有下列二項：

①不同客戶部門間的整合較困難。

②不同客戶部門的管理人才難求。

3. 地區別部門化（Geographic Departmentalization）：

若組織在下列情況發生時，適於採用「地區別部門化」之組織設計：

①營業區域分布廣闊，如電力、電信產業。

②大型之全球性公司。

對於營業區域分布廣闊的企業，採行「地區別部門化」之組織較為常見，於指定區域內的一切業務均由一個部門（如地區分公司）負責，如圖8-8所示。

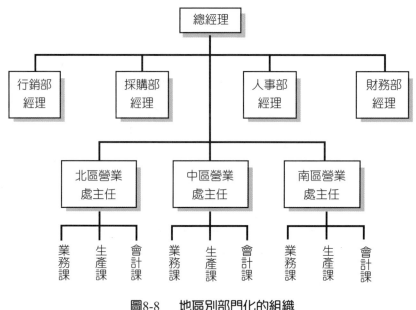

圖8-8 地區別部門化的組織

(1)地區別部門化的優點：

採用地區別部門化的組織，主要有下列三項優點：

①便利當地作業，降低營業成本。

②快速反應當地客戶與市場需求。

③易於培養高層管理人才。

(2)地區別部門化缺點：

採用地區別部門化的組織，主要有下列二項缺點：

①高層主管不易有效控制地區部門。

②不同地區的內部資源有重複浪費的現象。

依程序導向劃分

可分為下列二項：

1. **功能別部門化（Functional Departmentalization）：**
   若組織在下列情況發生時，適於採用「功能別部門化」之組織設計：
   ①市場與環境較為穩定之產業。
   ②以組織的企業功能劃分者。

   功能別部門化的企業組織，在國內中小型企業中是最為普遍的部門劃分方式，其所執行的功能可依生產、行銷、人力資源、研發、財務等予以編組，而其各部門主管皆可隸屬於一高層主管，如圖8-9所示。

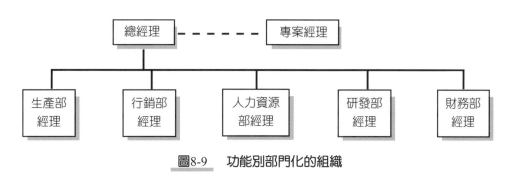

圖8-9　功能別部門化的組織

(1) 功能別部門化的優點：
   採用功能別部門化的組織，主要有下列五項優點：
   ①符合專業分工原則。
   ②部門內溝通協調容易提升工作效率。
   ③可簡化各部門訓練工作。
   ④易於管理。
   ⑤避免設備的重複投資。

(2) 功能別部門化的缺點：
   採用功能別部門化的組織，主要有下列五項缺點：
   ①不易培養高階管理人才。
   ②強調專業分工，易產生本位主義，增加各部門間協調之困難度。
   ③只專注部門目標，易忽視組織整體目標。

④不負盈虧責任，不易建立利潤中心制度。

⑤績效評估困難。

2. 程序別部門化（Process Departmentalization）

若組織在下列情況發生時，適於採用「程序別部門化」之組織設計：

①以客戶或工作程序為劃分基礎者。

②生產程序為連續者。

監理所常將辦理駕照作業依程序別劃分，如考照課、發照課、出納課等，如圖8-10所示。在生產製造作業中，還有將其製造方法或設施程序別劃分為電解課、鑄造課及沖壓課等，如圖8-11所示。

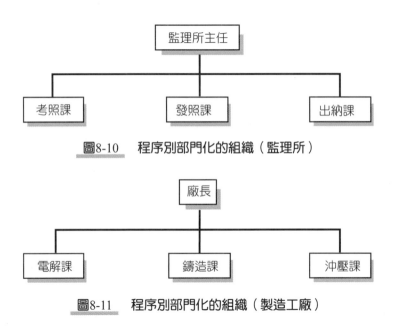

圖8-10　程序別部門化的組織（監理所）

圖8-11　程序別部門化的組織（製造工廠）

(1)程序別部門化的優點：

採用程序別部門化的組織，主要有下列三項優點：

①符合專業分工原則。

②強調高產出導向。

③符合製程的先後次序。

(2)程序別部門化的缺點（與功能別部門化的缺點相同）：

採用程序別部門化的組織，主要有下列五項缺點：

①不易培養高階管理人才。

②強調專業分工，易產生本位主義，增加各部門間協調困難度。

③只專注部門目標，易忽視組織整體目標。

④不負盈虧責任，不易建立利潤中心制度。

⑤績效評估困難。

8.7　組織結構的權變因素

組織結構的設計或再設計，係為因應組織所面臨不斷需求的變動環境而產生。組織結構設計的權變觀點（Contingency Approach）強調，隨著組織環境、科技、組織規模、策略、人員等權變因素之影響，而有不同的組織設計。組織結構須能反映上述權變因素的需求。影響組織結構的權變因素，主要有下列各項，說明如下：

1.　**任務的影響：**

以紡織廠與電腦廠為例，二者的工作要求不同，現場管理的任務也不同，組織結構往往也各異。又如一公司的研發部門與生產製造部門，也因任務不同而影響了組織結構設計。

2.　**環境的影響：**

在科技發展快速的經營環境下，與在科技穩定的經營環境下，組織的結構必然會有所不同。譬如電腦業，不但要維持大量的研發人員，還要重視客戶服務，不斷推陳出新軟硬體，以滿足客戶的需求；紡織廠則在較穩定的經營環境下，符合客戶的較穩定需求，上述二者之組織結構將因科技環境的不同而不同。譬如紡織廠採取機械式組織結構較佳，電腦廠則採有機式組織較佳。組織的其他環境諸如法律、政治、社會文化、經濟等環境，可參考第7.6節「組織的環境」。

3.　**策略的影響：**

錢德勒（Chandler）於1962年提出〈結構追隨策略〉（Organizational Structure Should Follow Strategy）一文，即組織結構的改變是發生在策略改變之後。組織的經營策略，不僅各行各業不盡相同，在個別企業間的差異有時亦很大。但就策略目標的分類而言，可分為下列二大類，它們對組織結構的設計會有不同的影響：

⑴低成本策略：

以成本領導的競爭優勢，強調組織的穩定，以發揮高效率的經營優勢。此可採行制度化的組織結構。

⑵差異化策略：

以差異化的競爭優勢，強調組織的彈性，以發揮創新的經營優勢。此可採行彈性化的組織結構。

由上述可知，組織的策略目標、執行，對組織結構的設計均有重大的影響。

4. 組織規模大小的影響：

依Gooding and Wagner（1985）所言，在二千人以上的大型組織，多採用工作專業化及繁多的標準作業程序、規則和更多的分權。但當組織成長到一定程度之後，組織的結構將傾向於機械化。

5. 科技的影響：

組織生產或服務的技術複雜程度，對組織結構的設計有相當的影響。不同技術水準的組織，必然有不同的組織結構。高科技產業在生產作業上大部分採取全自動化的作業方式，所用人員極少，均係高度技術人員，且為因應科技的快速變化，處於不穩定的變動環境，必須隨時追上技術的變化，多採取追求不斷創新的彈性組織結構；反之，在勞力密集的產業，則使用大量的非技術人員，所使用的技術層次較低，技術變化速度慢，多採取追求效率的制度化組織結構。

科技係為組織將其投入轉換成產出的程序。Joan Woodward於1965年曾針對英國一百家製造商為研究對象，將廠商分為下列三類：

⑴「單件與小批量生產」程序（Unit and Small Batch）：

適於有機式組織結構，如造船業。

⑵「大批量生產」程序（Large Batch and Mass）：

適於機械式組織結構，如汽車業。

⑶「連續性生產」程序（Long-run Process）：

適於石化業之連續性生產作業程序。

是以愈是非例行性科技，其組織結構愈趨向於有機式組織，組織之成功來自於「科技」和「組織結構」之相互配合。

6. 部屬的影響：

如員工的素質高，對工作自主性要求亦較高，故員工的工作態度、文化水準均會對組織結構的設計有很大的影響力。

7. 主管的影響：

組織主管的價值觀、對人性的看法、處理事務態度等，均會影響組織結構的設計。如創業成功的第一代與第二代企業家，二者不但對企業經營理念有很大的差異，對組織結構的設計也有很大的差異。

8.8　部門劃分的組織結構

部門劃分的方式，在於劃分方式的依據。部門劃分的組織結構，係由組織的結構層面來探討組織結構的優缺點。近年來因科技與網路資訊系統的發達，產生了非傳統部門劃分方式的組織出現，例如Nike運動鞋、運動衣生產者擁有近七百家工廠，分布於五十五個國家，就屬於「網路型組織」的極致發揮。

組織結構的部門劃分，主要有下列七種組織結構，如圖8-12所示。

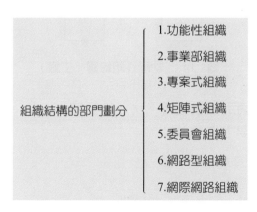

組織結構的部門劃分
1.功能性組織
2.事業部組織
3.專案式組織
4.矩陣式組織
5.委員會組織
6.網路型組織
7.網際網路組織

圖8-12　　組織結構的部門劃分

功能性組織（Functional Organization）

此組織與第8.6節以組織部門劃分為基礎的依程序導向分類的功能別部門劃分相同。因功能性組織係直接以功能為劃分基礎來建立部門結構，例如一般企業依企業功能設有生產、行銷、人力資源、研發、財務等部門，如圖8-13所示；在工廠則依製造方式或設備，設立電解、鑄造、沖壓、模具等工廠，如圖8-14所示。

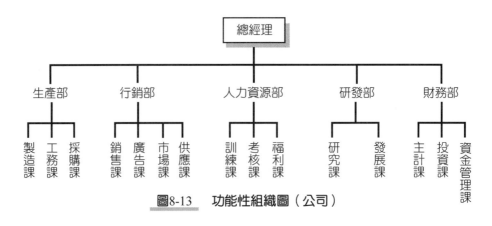

圖8-13 功能性組織圖（公司）

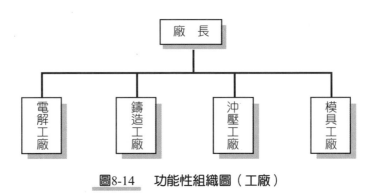

圖8-14 功能性組織圖（工廠）

若組織處於下列情況，較適合「功能性組織」：

(1)以生產作業為主要工作者。

(2)市場環境變化小。

(3)強調效率為先者。

1. 功能性組織的優點：

功能性組織主要有下列五項優點：

(1)符合專業分工原則。

(2)於同一部門內，易於培養人才。

(3)高層主管較易掌控職權。

(4)於同一部門內，易於溝通。

(5)避免設備的重複投資。

2. 功能性組織的缺點：

功能性組織主要有下列五項缺點：

(1)不易培養高層管理人才。

(2)易產生本位主義,增加各部門間協調的困難度。

(3)只專注部門目標,易忽視組織整體目標。

(4)不負盈虧責任,不易建立利潤中心制度。

(5)績效評估困難。

事業部組織 (Divisional Organization)

事業部的組織結構,最常見於大型企業,由於大型企業往往從事多角化經營,多具有不同性質的事業,所以採用產品別部門作為劃分基礎,每一個事業部通常是自主性的。例如國內一家食品公司,不僅擁有龐大的便利商店零售業,還擁有許多轉投資事業,且對這些投資事業均握有絕對經營管理的控制權,諸如電子、紡織、建築、金融、食品、加工、鋼鐵等方面均有事業機構,而每一事業機構設有企業功能(產、銷、人、發、財)等部門,各自負擔盈虧,在管理控制上,它為一獨立的投資中心,除負責營業收入、成本支出與利潤外,尚須達成一項既定的投資報酬率。其組織圖如圖8-15所示。

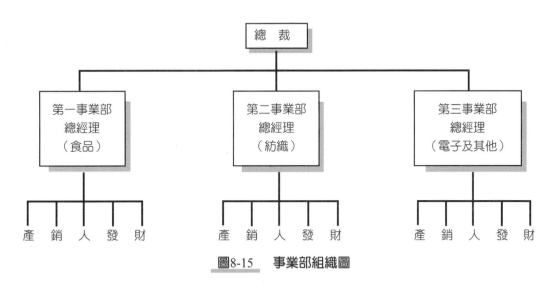

圖8-15　事業部組織圖

若組織處於下列情況,較適合「事業部組織」:

(1)以產品別為部門劃分的基礎。

(2)以地區別為部門劃分的基礎。

(3)以製造程序為部門劃分的基礎。

1. **事業部組織的優點：**

    事業部組織主要有下列六項優點：

    (1)可快速且彈性的回應經營環境。

    (2)以客戶為中心的經營方式。

    (3)各部門間的協調較佳。

    (4)對經營之產品或地區的責任較明確。

    (5)經營目標明確，對員工具有激勵作用。

    (6)易培養高層管理人才。

2. **事業部組織的缺點：**

    事業部組織主要有下列四項缺點：

    (1)重複浪費資源。

    (2)較缺乏企業功能的專業能力。

    (3)各事業部間協調不易。

    (4)高層主管監控困難。

專案式組織（Project Organization）

在經營環境多變化的競爭年代，企業為開發一項新技術、新產品、新市場或完成一項新工程等任務需要，常指派相關人員組成一個專案團隊，負責該項新任務。其任務的特性在於任務的完成。

專案組織可分為二大類型，一為「一般性專案組織」，如圖8-16所示。專案主管類似專案組織的總經理，享有完整職權，在專案組織中所設置的各部門，與一般常設性的功能別組織並無重大差異。

另一類專案組織稱為「功能性專案組織」，該組織的特色是專案主管僅係總經理的幕僚，對專案的工作人員並無直接指揮監督之責，而由總經理本人在原有的功能式組織中指揮專案的進行，如圖8-17所示。

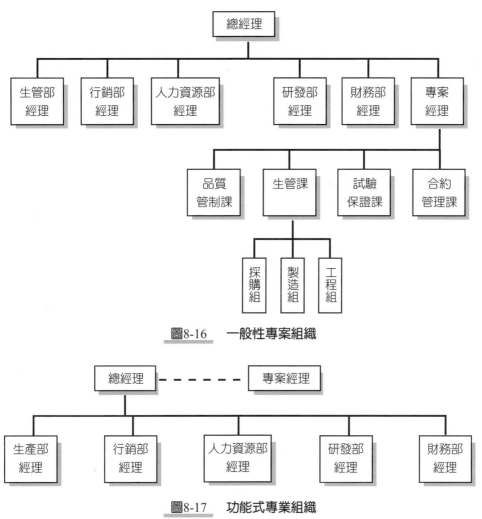

圖8-16　　一般性專案組織

圖8-17　　功能式專業組織

　　若組織處於下列情況，較適合「專案式組織」：

(1)特定任務需要。

(2)新產品開發。

(3)新市場開發。

1.　專案組織的優點

　　專案組織主要有下列六項優點：

(1)減少各部門的協調困難。

(2)專案任務明確，權責分明，成員可獲得較高的工作滿足感。

(3)專案任務結束後，組織及成員解散，成員回到原工作崗位，但工作不一定
　　有保障。

(4)具有彈性，對環境的應變能力強。

(5)集合各種人才，可發揮集思廣益的功能。

(6)易解決特殊的業務。

2. **專案組織的缺點**

專案組織主要有下列六項缺點：

(1)專案經理人的難求。

(2)若因專案進度、成本花費不獲高層主管支持，則不易有所發揮。

(3)由各部門借調人員，影響原部門之工作績效。

(4)易與其他部門產生衝突。

(5)小組解散後，人員調派及安置工作較不易。

(6)資源重複設置，造成浪費，較無效率。

矩陣式組織（Matrix Organization）

矩陣式組織為一綜合式的組織結構，係結合功能或程序部門與專案組織，其所須人員並無專門設置，皆係自功能部門中予以「借調」，具有雙重責任，他們除對原屬的功能部門負責外，並須對專案主管負責，因專案主管對於他們擁有一種所謂「專業職權」，如圖8-18所示。

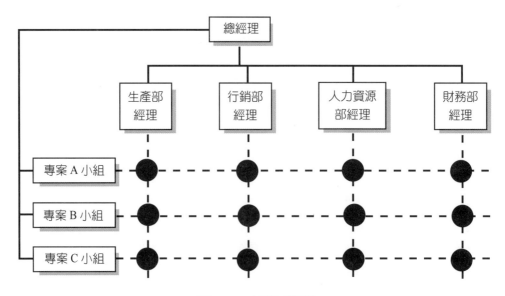

圖8-18　矩陣式組織

由於矩陣式組織同時擁有功能職權與專案職權，結果產生了既為垂直式，又為水平式的組織結構，而此水平式組織結構也打破了組織層級及指揮統一原則。

若組織處於下列情況，較適合「矩陣式組織」：

(1)無須專門人員設置，借調內部人員，組成綜合性專案組織。

(2)重新安排或彈性運用的一項經常性任務。

1. 矩陣式組織的優點：

矩陣式組織主要有下列四項的優點：

(1)專案小組解散後，回到原工作部門，工作較有保障。

(2)具有功能部門的效率與專案小組的彈性。

(3)集中心力於特定的目標。

(4)同專案小組之優點。

2. 矩陣式組織的缺點

矩陣式組織主要有下列四項缺點：

(1)一位員工聽命於二位主管，違反指揮統一及層級節制原則。

(2)角色易於混淆衝突。

(3)專案主管與功能部門主管易產生衝突。

(4)易有績效評估不易的現象。

委員會組織（Committee Organization）

委員會組織是利用群體決策、蒐集資料、進行意見協調的組織，有的是臨時性的，有的是長期性的。委員會在本質上有的是幕僚單位，僅有建議、諮詢、顧問的權力，例如廠務會報、營業會報；有的則為直線部門性質而擁有決策權，例如執行委員會或預算委員會常握有決策大權。

若組織處於下列情況，較適合「委員會組織」：

(1)臨時性任務需要而成立，如專案小組。

(2)經常性任務需要而成立，如預算委員會。

1. 委員會組織的優點：

委員會組織主要有下列四項優點：

(1)集思廣益。

(2)平等參與。

(3)協調溝通、減少衝突。

(4)防止專權。

2.　**委員會組織的缺點：**

委員會組織主要有下列四項缺點：

(1)耗費時間、金錢。

(2)決策折中、效果打扣折。

(3)責任分散。

(4)缺乏效率。

網路型組織（Network Organization）

網路型組織係指一個組織將其一部分或全部的業務功能，以策略聯盟、外包（Outsourcing）、夥伴關係、合資等方式，結合專業知識與經濟資源，運用網路科技與其他組織結合，並整合發揮功效的一種組織型態，如圖8-19所示。成功的網路型組織是以外包生產製造加工為主，總公司投入大量人才與財力，培養研發、設計、行銷等核心能力，掌握關鍵營運知識與技能，故成功的要件不是外包，而是策略聯盟的成功運用。

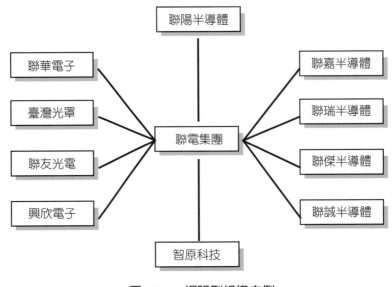

圖8-19　網路型組織之例

　　例如Nike將生產製造外包給亞洲工資低廉國家作為事業夥伴，但研發、設計、行銷則仍為總公司的專屬功能，與分布全球五十餘國的七百多家工廠密切聯繫，強勢掌控產品品質、成本與交期，再以其分布全球銷售網，作Nike品牌行銷。

　　若組織處於下列情況，較適合「網路型組織」：

(1)採策略聯盟、合資、外包、夥伴關係等多元化方式結合時。

(2)分布全球銷售網時。

1.　網路型組織的優點：

　　網路型組織主要有下列五項優點：

(1)將非核心業務外包，本身則專注於核心能力。

(2)分享各自的市場與獲利。

(3)講求彈性創新能力。

(4)可降低成本。

(5)企業內、外部資源有效整合運用。

2.　網路型組織的缺點：

　　網路型組織主要有下列四項缺點：

(1)員工缺乏認同、忠誠度較低。

(2)易產生組織適應性問題。

(3)組織鬆散。

(4)無法適合於所有行業。

網際網路組織（Internet Organization）

　　網際網路組織係指以網路及資訊科技為基礎的網際聯盟，可有效水平整合，並與垂直整合相結合的組織。例如一個大型B2C系統，可有效結合數百家企業，經由網際網路構成聯盟，快速有效的服務客戶。但網際網路組織不似網路型組織，因其缺乏中心領導者，故難以發展成為一個跨國大企業。

　　若組織處於下列情況，較適合「網際網路組織」：

(1)以網路及資訊科技之網際聯盟。

(2)以網路為媒介，進行供應與需求的結合。

1. 網際網路組織的優點：

   網際網路組織主要有下列三項優點：

   ⑴可快速回應客戶需求。

   ⑵可有效水平與垂直整合。

   ⑶透過網際網路組織協定IOP（Internet Organization Protocol），使每一個網際網路中的個體具有高的決策權。

2. 網際網路組織的缺點：

   網際網路組織主要有下列一項缺點：

   ⑴難以發展成一個跨國大企業。

8.9　未來的組織型態

　　近年來資訊科技及網路通訊的發達，使得組織的管理產生了明顯變化，且隨著全球化國際經貿架構的潮流，對企業的經營與管理影響日甚，是以未來的組織亦隨著時代的變化，而產生了許多不同於以往的組織型態，如圖8-20所示。

未來組織型態	1.自由形式組織
	2.無疆界組織
	3.變形蟲組織
	4.學習型組織
	5.主從架構系統
	6.動態網路
	7.虛擬組織
	8.水平式組織

圖8-20　未來組織型態

1. 自由形式組織（Free-form Organization）：

    自由形式組織係一種沒有固定形式的組織，組織成員的作為不受組織層級的限制，講求彈性。最高階層只負責釐訂一項策略計畫，再交由各部門執行，各部門因應環境的變化，可自行營運，承擔風險，並建立利潤中心制度，以考核各部門的工作績效和貢獻。

2. 無疆界組織（Boundaryless Organization）：

    無疆界組織係指透過資訊科技，藉由全球化、策略聯盟、顧客關係，將組織層級扁平化，打破垂直界限，去除功能部門之水平界限，並破除組織與供應商、客戶間的障礙，以跨功能性具有自治權的團隊取代部門，推行參與式決策制度的一種組織。但此種組織之高層主管不易產生，且組織成員較無晉升機會。

3. 變形蟲組織（Adhocracy Organization）：

    變形蟲組織係由Toffler提出，他認為組織的內在是不定形的，部門及作業單位常因需要而不斷產生，然後再消失。組織規模較小，層級簡單，無明顯的部門劃分，工作責任與授權範圍依狀況而變動，且不定期更動員工的職位及職責，是組織結構經常拆散又重組的組織。

4. 學習型組織（Learning Organization）：

    學習型組織由彼得聖吉（Peter Senge）所提出，他認為透過組織層級扁平化、彈性創新、第五項修鍊、員工終生學習等，使組織不斷學習，並不斷自我創造未來，產生適應環境變動的能力，以發揮組織潛能，提升競爭力。

5. 主從架構系統（Client-server Structure）：

    主從架構系統係指以許多可獨立作業的「主」（Client）和其他功能較強的「從」（Server）所結合而成的網路系統。而主從間上下隸屬關係，即以全球化品牌（Global Brand）為主，因應當地國客戶之消費行為、習慣、文化；而以產品當地化（Local Touch）為從，以滿足當地市場的特殊需求。

6. 動態網路（Dynamic Network）：

    組織透過和其他組織相互分工，相互依賴，共同發展一個禍福與共的事業共同體，而非合併的關係，以締造出一個更佳的組織績效。

7. 虛擬組織（Virtual Organization）：

    由於科技的進步，且因應全球化的市場，組織透過資訊科技採取虛擬團

隊、虛擬員工、虛擬辦公室，在家也可上班，集合各方人才加強新產品研發，並以契約方式將非核心業務外包，符合客戶大量化且多樣化之需求，量身訂做，以降低營運成本，提高營運效率。

8. 水平式組織（Horizontal Organization）：

水平式組織係指打破組織層級之垂直界限，提升員工主動應變能力，也打破了部門間的水平界限，提升組織應變能力，形成跨功能部門團隊，以提升組織效率，讓員工參與決策，並設立360度績效評估制度的一種組織。

老師小叮嚀：

1. 組織設計的原則有六，應熟練其內容。
2. 指揮鏈及控制幅度的意義及舉例說明亦是常出現的考題，本部分可參考課本習題的練習。
3. 職權的種類是常出現的考題。
4. 要徹底了解職權、權力、授權、分權、集權、賦權、職責、責任之間的差異。
5. 組織結構的構面也是要注意的考題。
6. 注意產品導向部門化與程序導向部門化之功能差異及優缺點。
7. 組織結構的權變因素（重要考題）。
8. 部門劃分的各種組織結構要弄清楚。
9. 未來組織型態亦須留意。

1. 有關非正式組織之敘述，下列何者為真？（複選）（95年特考）
   (A)由組織成員間的互動所自然發展的一種群體關係　(B)可由組織系統圖表示　(C)訂有組織章程　(D)對於組織績效並無影響　(E)不如正式組織穩固，各項關係時有變動

2. 有關層級結構模式（Hierarchical Structure），下列敘述何者為非？（複選）（95年特考）

(A)一般稱為官僚模式（Bureaucracy Model）　(B)以人治取代制度
(C)注意員工心理的滿足感及成就感　(D)以學者韋伯（Weber）為代表
(E)組織成員各因其所在地位依法取得某種職權

3. 下列有關控制幅度（Span of Control）的敘述，何者有誤？（96年特考）
(A)部屬愈能自動自發工作，則控制幅度愈小　(B)工作愈重要，則控制幅度愈小　(C)工作環境愈複雜，則控制幅度愈小　(D)主管能力愈弱，則控制幅度愈小

4. 下列有關「授權」與「分權」的敘述，何者有誤？（96年特考）
(A)授權是分權的前提　(B)授權是描述主管的行為，分權是描述組織整體情況　(C)授權是動態的程序，分權是靜態的狀況　(D)授權與分權的情境因素完全相同

5. 公司最高的權力機構為：（96年特考）
(A)董事會　(B)監事會　(C)股東大會　(D)常務董事會

6. 下列何者為真？（96年特考）
(A)管理幅度與部屬工作的複雜程度成正變　(B)管理幅度與部屬工作的變化程度成正變　(C)管理幅度與部屬素質成正變　(D)管理幅度與部屬工作場地的分散程度成正變

7. 影響組織結構的因素為何？（複選）（96年特考）
(A)策略　(B)規模大小　(C)環境　(D)技術

8. 下列哪一種權力不是來自職權？（97年鐵路公路特考）
(A)強制權力　(B)專家權力　(C)獎賞權力　(D)法制權力

9. 有關事業部組織（Divisional Structure）之敘述，下列何者為非？
（96年特考）
(A)係針對不同的產品（或地區、顧客）設立獨立經營部門　(B)事業部負責人應對利潤與產品相關業務負責　(C)每個事業部在管理上獨立　(D)使用財務指標（利潤或ROI）為控制的依據　(E)容易導致重現長期利益，而犧牲短期利益

10. 以下何種情形，管理者的控制幅度應愈寬？（97年鐵路公路特考）
(A)部屬需要的監督愈多　(B)工作區域愈不集中　(C)功能愈類似
(D)涉入規劃愈深

11. 矩陣別組織型態有下列哪一項缺點？（97年鐵路公路特考）
(A)命令指揮線的衝突與混淆　(B)減少組織的彈性　(C)專業化不足

(D)公司資源的競爭

12. 以下哪一項是屬於有機式組織的特質？（97年鐵路公路特考）

(A)較窄的控制幅度　(B)較具組織彈性　(C)較少的參與　(D)較為集權

13. 通常高架式組織（Tall Organizational Structure）的控制幅度屬於哪一項？（97年鐵路公路特考）

(A)控制幅度較寬　(B)平順的　(C)層級相對較多　(D)分權方式

14. 有關領導力量之基礎，下列何者來自於正式組織之授予？（複選）
（95年特考）

(A)獎酬權（Reward Power）　(B)專技權（Expert Power）　(C)脅迫權（Coercive Power）　(D)法統權（Legitimate Power）　(E)參考權（Reference Power）

15. 下列何種情境，其控制幅度可愈大？（97年特考）

(A)工作愈重要　(B)工作環境愈複雜　(C)部屬愈能自動自發　(D)主管能力愈弱

16. 下列何者為適合採用「有機式」組織之情境？（96年特考）

(A)強調水平溝通及協調　(B)適合穩定的環境　(C)工作導向　(D)正式化程度需求高

17. 結合專案結構與功能結構之組織型態為：（97年特考）

(A)委員會組織　(B)矩陣式組織　(C)程序導向組織　(D)變形蟲組織

18. 有關企業組織結構之權變因素，下列敘述何者正確？（97年特考）

(A)創新策略較適合高效率與穩定制度的機械式組織　(B)技術上為客製化的程度生產，較適合高效率與穩定制度的機械式組織　(C)規模愈大，對結構的影響是遞減的　(D)機械式結構並不具足夠的能力可回應快速的環境變化

19. Greiner的組織成長階段理論中，最易發生控制危機的是哪一個階段？
（96年特考）

(A)透過創新而成長的階段　(B)透過授權而成長的階段　(C)透過協調而成長的階段　(D)透過合作而成長的階段

20. 下列有關組織的描述，何者有誤？（96年特考）

(A)水平分化將增加組織的控制幅度　(B)垂直分化將增加中階管理者
(C)水平分化是部門專業分工的結果　(D)垂直分化會增加組織的專業部門

21. 以下有關影響組織結構設計之權變因素的敘述，何者有誤？（96年特考）
(A)大型組織比小型組織比較傾向專門化、水平和垂直分化與更多的規則與管制　(B)組織運用愈是例行性的科技，組織結構愈有機化；組織運用的科技愈是非例行性，其組織結構愈標準化與機械化　(C)組織結構的設計須依據策略改變而調整　(D)機械式組織在穩定環境中較具效能，有機式組織在動盪和不確定的環境中較能適應

22. 為了方便管理網域名稱（Domain Name）而採用階層式之樹狀結構，讓使用者一看就可以判讀自己所屬的組織。以下哪些Domain Name是屬於非營利機構的網域名稱？（複選）（96年特考）
(A)edu　(B)com　(C)mil　(D)org

23. 組織型態有多種，其中最容易設立也最容易解散的組織為：
（96年中華電信企業管理）
(A)獨資　(B)合夥　(C)股份有限公司　(D)有限公司

【解析】

企業組織型態之類型

組織型態 ＼ 特性	組成人數	特點	優點	缺點
(一)獨資	1人	自負盈虧，債權為無限責任。	最容易設立。（組織形成方式簡單）	最容易解散。（法律限制少）
(二)合夥	2人（含）以上	共同負盈虧，若其中一人退出，合夥關係就結束。	易籌措資金，易發揮專業分工效果，容易設立。	協調不易，不易維持長久。
公司企業 (三)無限公司	2人（含）以上	每位股東對公司債務負清償責任。		
(四)有限公司	5～12人	每位股東就其出資額負有限清償責任。		
(五)兩合公司	1人	由一人負無限清償責任，另一人負有限清償責任。		
(六)（股）公司	7人（含）以上	可發行股票以籌措資金，股東就其出資額負有限責任。		
(七)外國公司	依公司法	依公司法第七章成立，但須在本國設立。		

24. 公司治理是最近被關注之議題，下列何者不是公司治理範疇？

（96年中華電信企業管理）

(A)股權結構　(B)大股東持股　(C)獨立董事　(D)採購經理

【解析】

公司治理（Corporate Governance）：指評估各種組織所能發揮最大功效之機制，以達成最理想之秩序。

※狹義公司治理：範圍僅限於「股東」與「經營管理者」間之委託關係，將重點放在「董監事」之結構設計及功能上。

※廣義公司治理：將「利害關係人」（Stakeholder）納入公司治理中所扮演的重要角色，此Stakeholder包括股東、投資人、員工、客戶、供應商。

25. 縮小管理幅度（Span of Management）適用在下列哪一種情況？

(A)部屬工作地點集中　(B)部屬工作單純，不須嚴密監督　(C)大部分的部屬都分別承擔甚多不同形式的任務　(D)管理者的能力甚強

26. 企業外部環境若變化很小，宜採用：（96年中華電信企業管理）

(A)機械式組織　(B)有機式組織　(C)虛擬式組織　(D)團隊式組織

【解析】

	機械式組織	有機式組織	虛擬組織	團隊式組織
特性	強調效率、專業分工，適於穩定環境（外部環境變化小）。	強調創新彈性，生產客製化產品，適於不穩定環境。	組織彈性，透過IT，將非核心業務外包（Outsourcing），適於高度不確定性及動態環境，屬有機式組織之一種。	不是常設組織，任務明確，可有效解決急迫性問題，可提高彈性又不破壞原有組織，適於不穩定環境。

27. 所謂「結構追隨策略」（Structure Follows Strategy）意指：

(A)組織的長期目標決定它的組織設計　(B)組織設計影響管理者如何制訂策略　(C)組織的技術型態決定它的組織設計　(D)管理者的價值觀影響組織設計

28. 有關控制幅度（Span of Control）的敘述，下列何者為非？（複選）

(A)控制幅度愈大，組織型態會愈扁平　(B)古典組織理論建議控制幅度不宜太大　(C)控制幅度係主管對部屬行為控制的鬆緊程度　(D)極權式組織之控制幅度應較大　(E)授權程度增加，控制幅度也可適度增加

29. 主管控制幅度應降低的情況是：

(A)下屬能力差　(B)下屬訓練良好　(C)主管權利需求大　(D)下屬工作標準化

30. 決定一個組織高架式或扁平式的主要因素是：

(A)授權程度　(B)官僚程度　(C)協調程度　(D)管理幅度

31. 高階主管擁有較多之權力，其組織偏向：〔96年中華電信企業管理〕

(A)集權　(B)分權　(C)平權　(D)下放權力

【解析】

集權（Centralization）：指組織將職權與決策權力保留在最高層。

※採取集權時機：外在環境變動低及不確定性也低、管理能力強及基層能力弱時。

分權（Decentralization）：指組織將職權與決策權力下授到組織之中基層，使各部門管理者有某種限度之自主權。

※採取分權時機：外在環境變動高及不確定性也高、管理能力弱及基層能力強時。

32. 主管職權範圍內所能直接督導的部屬人數稱為：

(A)職權範圍　(B)規模大小　(C)控制幅度　(D)規模經濟

33. 企業中主要執行者，英文簡稱：〔96年中華電信企業管理〕

(A)COO　(B)CFO　(C)CEO　(D)CHO

【解析】

COO：營運長（Chief Operating Officer）

CFO：財務長（Chief Financial Officer）

CEO：執行長（Chief Executive Officer）

CHO：人資長（Chief Human Resource Officer）

CKO：知識長（Chief Knowledge Officer）

CIO：資訊長（Chief Information Officer）

34. 直接達成組織目標之部門稱為：〔96年中華電信企業管理〕

(A)幕僚部門　(B)人事部門　(C)資訊部門　(D)直線部門

【解析】

職權（Authority）的種類：

㈠直線職權（Line Authority）：權力涵蓋「指揮鏈」，此職權與直接

達成組織目標之部門有關，如生產部、行銷部。

(二)幕僚職權（Staff Authority）：僅有建議、諮詢、服務等職權，此職權與達成組織目標之部門有關，如研發部、財務部。

(三)功能職權（Functional Authority）：指依企業功能來行使職務上之職權，即屬一般例行性、專門性、標準化工作。此職權介於直線與幕僚間之一種指揮權，如會計部、人力部。

35. 下列有關控制幅度（Span of Control）的敘述，何者有誤？
（97年台電公司養成班甄試試題）

(A)組織層級數與控制幅度呈正向關係　(B)主管能力愈大，控制幅度愈大　(C)部屬工作環境地點愈分散，控制幅度愈小　(D)部屬彼此工作間關聯性愈大，控制幅度愈小

36. 企業由於採用電腦及自動化生產所造成之組織結構的改變係屬於：
（97年台電公司養成班甄試試題）

(A)結構性改變　(B)行為性改變　(C)技術性改變　(D)診斷性改變

37. Many large organization's have started to move toward organizational structure in order to improve communication, increase efficiency, and reduce costs.

(A)tall　(B)flat　(C)centralized　(D)delegation　(E)vertical

38. 大學設置日間部與夜間部是屬於一種：

(A)產品（Product）部門化　(B)功能（Function）部門化　(C)顧客（Customer）部門化　(D)過程（Process）部門化

39. Which of the following is not a key component of organization structure?

(A)formalization　(B)centralization　(C)complexity　(D)division of labor

40. The important managerial concept linking authority and responsibility came from the writing of:

(A)Fredrick Taylor　(B)Max Weber　(C)Frank and Lilian Gilbreth
(D)Henry Fayol

41. 哪位學者提倡Acceptance of Authority理論，認為員工接受上級的命令為存在著一個無差異區域？

(A)Chester I. Barnard　(B)Herbert Simon　(C)Charles Perrow
(D)Gordon W. Allport

42. 至少在二十世紀中葉之前，許多企業經營者還是把它當成提升生產力的不二法門。

(A)正式化（Formalization） (B)工作專業化（Work Specialization）
(C)授權（Delegation） (D)集權（Centralization）

43. 於正式組織結構關係，上司與部屬之間的關係，形成了「指揮鏈」（Chain of Command），實際上這種關係包含三種涵義，下列何者不屬之？

(A)職權關係 (B)權責關係 (C)負責關係 (D)溝通關係

44. 授權的最主要目的在：

(A)組織能發揮更大效率 (B)滿足部屬成長需求 (C)減輕高階主管的工作壓力 (D)避免權責不符的不合理現象

45. 「士卒犯過，罪及主帥」係強調何種授權原則？

(A)權責對等原則 (B)層層節制原則 (C)絕對責任原則 (D)法律責任原則 (E)以上皆非

46. 根據勞倫斯與洛克區（P. R. Lawrence & J. W. Lorsch）的研究發現，凡是處於動態而複雜環境中的廠商，比處於穩定而單純環境中的廠商，在部門間需要較大的：

(A)整合化 (B)差異化 (C)機械化 (D)專業化程度

47. 大專院校的科系設置，屬於：

(A)功能 (B)產品 (C)地區 (D)製程 部門劃分法

48. 下列何者不是French and Raven所提的權力來源？

（96年中華電信企管概要）

(A)法制權 (B)獎賞權 (C)地位權 (D)專家權

49. 授權（Delegation of Authority）的正常方式是：

(A)權責一律下授 (B)只授權，責任不下授 (C)只授權，但不包括抉擇權 (D)授權下級，責任由授權者與下級共同負擔

50. 幕僚職權中正式化程度最高的是：

(A)諮詢權 (B)建議權 (C)同意權 (D)命令權

51. 一般而言，下列何者正式化與集權化的程度較低？

(A)會計部門 (B)生產部門 (C)研發部門 (D)行銷部門

52. 當管理者設立規劃、劃分部門與職權時，這種功能是：

(A)規劃 (B)組織 (C)領導 (D)控制

53. Burns & Stalker認為組織強調彈性與創造力時，須採用的組織方式是：
(A)科層模式　(B)功能模式　(C)有機模式　(D)機械模式

54. 伍德沃（Joan Woodward）將組織結構由何種觀點來區分？
（96年中華電信企業管理）
(A)策略性的　(B)技術性的　(C)大小的　(D)權變的

【解析】
組織結構之權變因素有七：
(一)任務影響：如紡織廠與電子廠、研發部與生產部，會因任務不同而影響組織結構。
(二)環境影響：指穩定或動態環境。
(三)策略影響：Chandler指出：「結構追隨策略。」
(四)組織規模大小：大型組織採工作專業化及較多的SOP。
(五)科技影響：如造船業採有機式組織（小批量生產）、汽車業採機械式組織（大批量生產）──Woodward。
(六)部屬影響：如員工素質、員工工作態度、文化水準，均對組織結構設計有影響。
(七)主管影響：主管之價值觀等亦會影響組織結構設計。

55. 矩陣式組織是結合下列哪二種組織而形成之綜合性組織型態？
（97年台電公司養成班甄試試題）
(A)顧客別與功能別　(B)直線別與功能別　(C)專案組織與直線別
(D)專案組織與功能別

56. 下列有關組織理論的敘述，何者是正確的？（複選）
(A)顧客基礎的部門化方式，是屬於產出導向式組織　(B)Woodward指出依顧客需要而小批量生產的企業，適合採取有機式組織　(C)將組織劃分為行銷、生產、財務與人事部門，是屬於一種功能基礎的部門化方式
(D)所謂的SBU組織，係指策略事業單位　(E)"Unity of Command"係指部屬只能接受一位上司的命令

57. 形成非正式組織的基本原因是社會的需要、意見一致及共同利益所致，故其：（97年台電公司養成班甄試試題）
(A)與正式組織有完全相同的結構　(B)不像正式組織的穩固，各項關係時有變動　(C)為一固定式組織　(D)可用組織結構圖表示

58. 下列有關組織理論的敘述，何者是正確的？（複選）

(A)Woodward指出依顧客需要而小批量生產的企業，適合採取有機式組織　(B)Burns & Stalker指出有機式組織比較適合於變化迅速的環境中　(C)"Unity of Command"係指部屬只能接受一位上司的命令　(D)將組織劃分為行銷、生產、財務與人事部門，是屬於一種產出導向式的部門化方式　(E)對於製造業而言，人事部門屬於幕僚單位

59. 下列何者不屬於機械式組織（Mechanistic Organization）的特徵？
（96年中華電信企管概要）

(A)高度制式化　(B)清楚的指揮鏈　(C)嚴格的部門劃分　(D)寬的控制幅度

60. Span of control refers to which of the following concepts?

(A)how much power a manager has in the organization　(B)the geographic dispersion of a manager's subunits of responsibility　(C)how many subordinates a manager can effectively and efficiently supervise　(D)the number of subordinates affected by a single managerial order　(E)the amount of time it takes to pass information down through a manager's line of command

61. 組織設計之情境理論者認為策略、規模、技術、環境是四項組織設計情境因素，下列學者提出的情境變項配對何者有誤？

(A)策略：Chandler（1962）　(B)規模：Burns & Stalker（1960）
(C)技術：Woodward（1965）　(D)環境：Lawrence & Lorsch（1967）

62. 學者巴納德（Barnard）對職權的來源採「接受理論」，有關接受理論的敘述何者有誤？（97年台電公司養成班甄試試題）

(A)主管的職權來自於部屬的接受與認同　(B)唯有當主管的命令落在下屬的無異區間之外，部屬才會接受主管的職權　(C)無異區間的大小決定主管職權的範圍　(D)下屬對上司的命令愈了解，愈能接受上司的職權

63. 根據亨利‧密茲伯格（Henry Mintzberg）的組織完型理論，大型的跨國企業較適合哪一種組織型態？（97年台電公司養成班甄試試題）

(A)簡單式組織　(B)機械科層組織　(C)專業科層組織　(D)事業部組織

64. 委員會組織中，有所謂「會而不議，議而不決」，稱之為：

(A)瑣碎定律　(B)跳板原則　(C)權責原則　(D)授權原則

65. 團隊組織特色，下列敘述何者有誤？

(A)有一定存續期間　　(B)任務明確　(C)經常性的特定任務　(D)須考量任務的成本及性質

66. 下列有關虛擬企業（Virtual Corporation）的敘述，最適當的是：

(A)企業為因應環境快速變化，將資源專注於某項特定的價值活動，而將企業功能之其他部分外包出去，使組織得以更有彈性的方式營運　(B)組織與其他夥伴之關係，是基於階段、計畫及控制等因素而結合　(C)由於組織與其他外包形式網路架構，雖使虛擬組織可兼取專業化及彈性的優點，卻無法快速回應市場的變遷　(D)雖可促成資訊的流動及知識的累積，從而降低組織內部的營運成本，但與外界的交易成本卻因而高於內部的營運成本

67. 以經營團隊（Executive Group）為中心，整合與協調其他彼此專業分工的組織與個人，並將不擅長的業務予以外包（Outsourcing），且以契約的型態維持組織間的合作關係，以獲取彈性競爭優勢的經營模式（Business Model），稱為：

(A)機械式組織（Mechanistic Organization）　(B)層級式組織（Hierarchical Organization）　(C)網路式組織（Network Organization）

(D)矩陣式組織（Matrix Organization）

68. 下列何者不是Lewin變革過程中的階段？（96年中華電信企管概要）

(A)再凍結　(B)解凍　(C)再緊縮　(D)改變

69. 成員會出現有二位上司（主管）的組織設計是：

（96年中華電信企管概要）

(A)功能式結構　(B)事業部結構　(C)矩陣式結構　(D)團隊式結構

70. Case: Advance, Ltd Co.

Advance, Ltd Co. is noted in it industry for the number and quality if new products it introduces. Henry has been asked to review the organization's structure to determine whether it is optimal for the company's strategy. As an engineer, Henry was trained to understand machinery's and hardware's roles in enhancing organizational productability. Ever the perfectionist, Henry has decided to enhance his understanding of business management by reading some books.

⑴What type of organizational structure should Henry's company have to

support its current strategy?

(A)organic   (B)mechanistic   (C)mechanistic and organic mix

(D)centralized   (E)none of the above is true

(2)What type of structural characteristics would support the company's current strategy?

(A)clear chain of command   (B)wide spans of control   (C)high formulization   (D)high specialization   (E)none of the above are true

(3)Form reading management related books, Henry has not more ideas about organization design. For instance, structure related to the size of the organizatuion, in that large organizations have more:

(A)specialization   (B)departmentalization   (C)centralization   (D)all of the above are true   (E)only A and B are true

(4)Henry also expanded his reading list to include psychology and industrial efficiency, authored by _____, the creator of the field of industrial psychology.

(A)Hugo Munsterberg   (B)Robert Owen   (C)Mary Parker Follet

(D)Chester Barnard   (E)Peter Hawthorne

(5)Henry has surprised to learn that using group-based projects was not a contemporary concept. In fact, _____ was an early 1900's social philosopher who thought that organizations should be based on a group ethic and that mangers should view themselves as partners of the common group.

(A)Hugo Munsterberg   (B)Robert Owen   (C)Mary Parker Follet

(D)Chester Barnard   (E)Peter Hawthorne

71. Vincent was getting accustomed to his surroundings in Taichung city government. His efforts at getting people to accept change had met with a little resistance due to his and his new boss's efforts and the hard work of his subordinates. But now the hard party really started, actually managing the change based on mayor Hu's instruction. What techniques could he and his agency's new director employ to most effectively implement changes that would result in increased productivity in his department? He considered changing three aspects of his agency: the structure, technology,

and people.

⑴If the new agency director decided to remove layers in the agency and increasethe span of managerial control, this would be considered changing the:

(A)structural design　(B)selection process　(C)degree of centralization (D)structural components　(E)technological design

⑵If the agency director decided to shift away from a functional to a product design, this would be considered changing the:

(A)structural design　(B)selection process　(C)degree of centralization (D)structural components　(E)technological design

⑶If Vincent decided to replace some employee work time with a telephone menu system, this would be considered changing the:

(A)organizational structure　(B)technology　(C)people (D)organizational development　(E)attitudes

72. When managers delegate more authority to their employees and render more support, this strategy is referred to as:（複選）

(A)Theory Q management　(B)Empowerment　(C)The merit system (D)The equity system　(E)Managing up

73. A trend even more recent that reducing boundaries and increasing cooperation within a company is:

(A)reducing boundaries and increasing collaboration between organizations.　(B)clarifying boundaries and increasing cooperation within a company.　(C)solidifying boundaries between organizations and increasing cooperation within a company.　(D)removing boundaries and increasing communication between organizations and the government.

74. Which one of the following is not part of the definition of an "organization"?

(A)Change　(B)Goals　(C)Two or more people　(D)Coordination

75. 下面哪一個因素比較不會影響到控制幅度（Span of Control）？

(A)工作地點　(B)作業程序　(C)溝通的方式　(D)經理的性別

76. 名詞解釋：Empowerment

77. Which of the following factors describes an environment in which a high degree of decentralization is desired?

(A)Environment is complex, uncertain.　(B)Lower-level managers do not want to have a say in decisions.　(C)Decisions are significant.　(D)Company is large.　(E)Organization is facing a crisis or the risk of company failure.

78. 試說明管理者在設計組織結構時，要考慮到哪六個要素？

79. 請解釋下列名詞：

Delegation & Empowerment

80. 試說明組織策略、組織規模、科技及企業外在環境對於組織結構的影響。

81. 所謂的網絡（路）式組織（Network Organization）已成為當今組織設計的新典範，但網絡式組織事實包含哪三種網絡？宏碁企業聞名一時的「聯網組織」，最主要便在建立其中的哪種網絡？而若企業組織想要有效經營偶發創意，通常哪一種網絡將扮演最關鍵的角色？

82. 何謂虛擬企業？其組織設計要如何考量？請從策略、組織結構、管理控制分析，並舉出實際公司例子。

83. ⑴組織結構的設計會影響企業的運作能力與因應外界環境挑戰，請指出企業在進行組織結構設計時應考慮哪些因素？

⑵請說明目前就您所了解，對於組織設計的最新趨勢有哪些？

84. 請解釋下列名詞之意義，並說明其在管理上的應用：

Boundaryless Organization

85. 權力來源的基礎有哪些？哪些權力在知識經濟之下特別具有影響力？請解釋原因。

86. 何謂「學習型組織」（Learning Organization）？它和傳統組織有何不同。

87. 組織結構可以用三大構面來描述：複雜化（Complexity）、集權化（Centralization）、正式化（Formulization）。

⑴請說明三大構面在組織結構運作上的意義。

⑵何謂二十一世紀的「動態網路」組織結構？其在上述三大構面的特性為何？

88. 何謂組織生命週期？您認為企業在不同生命階段，其管理方向及組織結構的組成內容應有哪些不同的做法？

89. 假設您是一個中型公司的企劃經理，貴公司體認到現在這種高度競爭的環境中，公司必須轉型為一個如Peter Senge（1990）《第五項修練》一書中所說的學習型組織，請做一個簡要報告，向貴公司總經理提出學習型組織的特點及條件。

90. 管理個案分析：

個案一、A科技公司

　　國內主機板廠商A公司近年來邁向多元化發展，為整合公司研發、行銷、業務資源，已於本月確定公司組織結構調整，將原有以產品別作區分的組織架構，改為功能導向。

　　3月以前，A公司共有三個事業處，分別是主機板、周邊事業，以及系統產品事業處，現在則將組織架構規劃為營業處、產品處，以及研發處（R＆D），分別由三位副總經理領軍。A公司指出，目前該公司共有幾項主要產品，分別是主機板、繪圖卡及系統產品。A公司發言人表示，由於三條主要產品線下各有行銷、業務、研發、企劃等部門，在公司邁向多元化發展之後，為有效運用公司資源，調整組織架構乃為勢之所趨。

　　A公司目前主機板與繪圖卡的營業比重為三比一，該公司3月繪圖卡出貨量為60萬片，主機板出貨量約16萬片，預計二項產品4月的產量可維持3月之水準。目前A公司主機板及繪圖卡都仍以自有品牌為主，其中主機板OEM比重不到10％，繪圖卡因2月底接獲大廠訂單，OEM比重較高。不過，由於繪圖卡產品毛利較低，A公司除發展繪圖卡高階產品之外，對於多元化發展也相當積極。

　　A公司多元化發展的方向以數位視訊轉換盒為主，但目前為止表現不盡理想，該項產品出貨量不大，約占營運比重的10％以下。目前有多家主機板廠商均對迷你筆記型電腦等產品表現出濃厚興趣，A公司也曾跨入迷你筆記型電腦領域，但因系統產品所須資金較為龐大，現已另外成立財務、業務獨立的B公司，專門負責迷你筆記型電腦產品的研發、設計及銷售。

問題1：A公司將組織結構從事業部結構調整為功能式結構，可能的主要原因為何？這兩種不同的組織結構各有何優缺點？

問題2：如果僅就A公司的科技研發單位而言，它的組織結構與組織方式可能有哪幾種類型？以A公司而言，可能以哪種結構／方式最為適當？為什麼？

91. 組織結構大致可分為機械式組織（Mechanistic Organization）及有機式組織（Organic Organization）二大類。試分別就策略、科技、組織規模及環境等四個項目來探討其對組織的影響。

本章習題答案：

1.(AE)　2.(BC)　3.(A)　4.(D)　5.(C)　6.(C)　7.(ABCD)　8.(B)　9.(E)

10.(C)　11.(A)　12.(B)　13.(C)　14.(ACD)　15.(C)　16.(A)　17.(B)

18.(D)　19.(B)　20.(D)　21.(B)　22.(ACD)　23.(A)　24.(D)　25.(C)

26.(A)　27.(A)　28.(CD)　29.(A)　30.(D)　31.(A)　32.(C)　33.(C)

34.(D)　35.(A)　36.(C)　37.(D)　38.(C)　39.(D)　40.(D)　41.(A)　42.(B)

43.(B)　44.(A)　45.(C)　46.(B)　47.(A)　48.(C)　49.(D)　50.(B)　51.(D)

52.(B)　53.(C)　54.(B)　55.(D)　56.(ABCDE)　57.(B)　58.(ABC)　59.(D)

60.(C)　61.(B)　62.(B)　63.(D)　64.(A)　65.(C)　66.(A)　67.(C)

68.(C)　69.(C)　70(1).(A)　70(2).(B)　70(3).(E)　70(4).(A)　70(5).(C)

71(1).(C)　71(2).(D)　71(3).(B)　72.(BE)　73.(A)　74.(A)　75.(D)

第 9 章・
組織行為

本章學習重點

1.介紹組織行為的範疇

2.介紹個人行為模式

3.介紹組織行為

9.1 前言

組織行為（Organization Behavior, OB）係指組織內之個人、群體、組織系統的行為及其對組織運作的影響，並應用此行為以增進組織之效率。管理者可藉由組織行為來了解和預測員工個人、群體和組織系統的行為，以提高工作效率，進而促進組織的成長。

本章主要對組織內個人與群體的行為加以探討，至於組織系統的行為（即組織文化）則在下一章中述及。

組織行為是具有應用性的行為科學，它包括了心理學（Psychology）、社會學（Sociology）、社會心理學（Social Psychology）、人類學（Anthropology）、政治科學（Political Science）等行為科學，其形成的範疇如圖9-1所示。

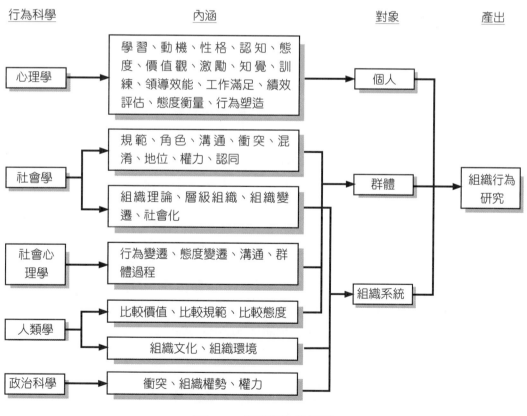

圖9-1　組織行為的範疇

9.2 個人行為模式

　　個人在接受到「刺激」後而表現出之「反應」，其間經歷了「生理」與「心理」二種歷程，即為經由內在的心理作用，再轉化為外顯行為動作的過程。其間包括二種層次，分別是「感覺」（Sensation）和「知覺」（Perception）。

感覺和知覺

1. **感覺和知覺**

   「感覺」（Sensation）係個人對環境事物的刺激，藉由感官接收，察覺刺激的存在，並能分辨其屬性者。「知覺」（Perception）則指個人對環境事物的刺激，藉由感官的接收，加以組織、解釋並賦予意義之過程。上述二者之間是連續的，「知覺」以「感覺」為基礎，「感覺」是以生理作用為基礎的簡單心理歷程，而「知覺」則屬複雜的心理歷程；「感覺」是不同的人對所察覺到的相同刺激（如視覺）有普通相似處，而「知覺」則為不同的人對所察覺到的相同刺激有極大的差異。

2. **選擇性知覺**

   選擇性知覺（Selective Perception）指在溝通過程中，接收者會基於個人的需求、興趣、背景、經驗、態度及其人格特徵，來選擇觀看與聽聞某些事物之現象。

3. **月暈效果**

   月暈效果（Halo Effect）也稱「光環效應」，為知覺誤差的一種，係指以某人的某項特質，如智力、外貌、社交能力等，來評斷某人的整體評價。即指依據不完整的訊息，而作出對被知覺對象的整體評價與印象。月暈效果無法對一個人的行為作整體考量，容易造成「以偏概全」的錯誤印象。

4. **刻板印象**

   刻板印象（Stereotyping）係指先將某人歸類於某個群體，再依對此群體的印象來判斷某人的行為方式。刻板印象因為沒有以事實作根據，容易扭

曲事實的判斷，易造成「以全概偏」的錯誤印象。

5. 投射效應

投射效應（Projection Effect）指將某人行為假想為自己的行為來加以判斷，通常容易扭曲對某人正確的判斷。

6. 基本歸因誤差

基本歸因誤差（Fundamental Attribution Error）係指在觀察、解釋、評斷某人行為時，低估了外在影響的因素，但卻高估了內在及其個人的影響因素，而過度的將某人行為歸咎於性格歸因的偏差。

7. 自利性偏差

自利性偏差（Self-Serving Bias）指個人的成功歸因於內在及個人的因素，將失敗歸因於無法控制的外在因素。

8. 歸因理論

歸因理論（Attribution Theory）係指對個人行為不同的判斷的一種解釋，而對其特定行為的不同歸因。依Harold Kelley的歸因理論，主要判斷個人行為的依據有下列三項：

⑴共同性（Consensus）：指個人行為與他人行為的相似程度。

⑵一致性（Consistency）：指個人過去的行為與現在的行為的類似程度。

⑶差異性（Distinctiveness）：指個人行為在不同情境中表現差異的程度。

　一般而言，行為歸因可分為以下二項：

⑴外在歸因：指對於個人行為歸因於無法控制，而歸因方式則可作為自身的借鏡。它可分為下列三項：

①高共同性：個人與他人的行為相似。

②低一致性：過去和現在的行為不一。

③高差異性：在類似情境中，卻有不同的行為反應。

⑵內在歸因：指對個人行為作個人性格的歸因，有下列三項：

①低共同性：個人與他人的行為相異。

②高一致性：過去和現在的行為一致。

③低差異性：在類似情境中，出現相同行為反應。

個人行為經由觀察、解釋而再予以歸因的程序，如圖9-2所示。

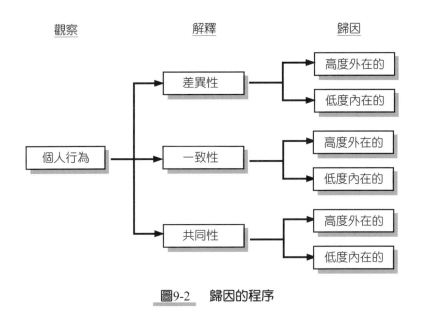

圖9-2　歸因的程序

9. 對比效應

　　對比效應（Contrast Effect）指當對某人的行為進行評價時，會受到先前印象中具有相同特質的他人行為作相互比較而影響評價結果。

態度

　　態度（Attitude）指個人對周遭人、事、物所持有的一種持久且一致性的行為傾向。對個人而言，態度是一種行為的傾向，而不是行為本身。態度是個人對某特定對象作反應之前的心理與精神活動狀態。

人格

　　人格（Personality）指個人對周遭人、事、物所持有的一種持久且一致性的反應。在人格特質中，與個人行為有關者有下列六項：

　(1)內外控制（Locus of Control）：

　　外控者認為命運受外力控制，內控者認為命運靠自己掌握。

(2)權威主義（Authoritarianism）：

權威主義強調階級與權力，較適於穩定環境、工作標準化、結構化，不適於動態不穩定的環境。

(3)馬基維利主義（Machiavalianism）：

指只求目的而不擇手段。

(4)風險偏好（Risk Propensity）：

指在工作程序與產出不確定性偏高之程度。

(5)自尊（Self-Esteem）：

對高自尊者傾向冒較多的風險來選擇不熱門的工作，也容易滿足於自己的工作。

(6)自我監控（Self-Monitoring）：

指個人為適應外界環境因素，而調整其個人行為的能力。

價值觀（不針對特定對象，行為範疇較廣，觀念較抽象）

價值觀（Value System）指持特定的行為模式或事物之最終狀態，優於持相反或對立的行為模式或事物之最終狀態。價值觀較傾向於主觀判斷。

9.3 群體行為（Group Behavior）

上一節提及之個人行為，個人對工作的認知與主管的認知，將影響其工作態度，而此種工作態度也將影響個人對工作的滿足感。

群體行為則是個人在群體間的互動將影響個人的工作情緒，進而影響其工作滿足感。而個人的工作滿足感會影響個人的工作承諾感與工作參與感，最後則影響個人的工作績效。

行為學派認為有高的工作滿足感的員工才有高的工作績效，其因果關係如圖9-3所示。

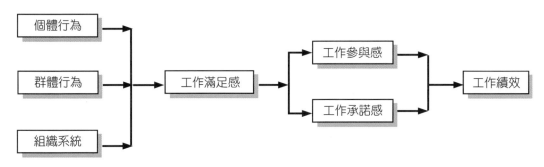

圖9-3　工作滿足感與工作績效的因果關係

1. **工作滿足感**

   工作滿足感（Job Satisfaction）指個人對工作的整體性評價及態度。

2. **工作參與感**

   工作參與感（Job Involvement）指個人熱烈參與工作、認同工作、關心工作之表現，並將工作表現視為自我價值的程度。

3. **工作承諾感**

   工作承諾感（Job Commitment）指個人對組織的忠誠度、認同感及參與組織活動的積極程度。

4. **工作群體與工作團隊**

   工作群體（Work Group）與工作團隊（Work Team）在工作目標、負責對象、綜效結果及技術上之差異，可如表9-1所示。

表9-1　工作群體與工作團隊

	工作群體	工作團隊
工作目標	1.無特定目標 2.分享資訊，作出決策 3.績效是群體成員個別貢獻的總和	1.有特定目標 2.集體績效 3.個人努力大於個人投入總和的績效水準
綜　　效	無（或負面）	正面
負責對象	個人	二人以上
技　　術	多樣的	互補的
群　　體	非正式群體	正式群體
人　　數	較多	較少

5. **工作團隊**

   工作團隊（Work Team）指一群體具有共同的目標，並透過群體成員相互

合作，貢獻智慧，以達成團隊目標，其組織結構類似專案式組織。工作團隊較能面對環境的不確定性，且有較大的彈性與創新能力，與一般組織相比具有較大的競爭力。

工作團隊依目標基礎，可分為下列幾種類型：

(1)功能型團隊：

　指由部門中的主管與員工所組成，強調努力改善工作或解決特定問題的團隊。

(2)問題解決型團隊：

　指同一部門成員提供改善工作流程及方法建議的團隊。

(3)自我管理型團隊：

　指一無管理者且須自行負責完整工作流程或傳遞商品服務給外部或內部客戶的正式員工群體。

(4)交互功能型團隊：

　指由同一階層且由組織中不同工作領域的員工所組成的團隊。

老師小叮嚀：

1.注意月暈效果與刻板印象之間的差異（重要考題）。

2.歸因理論亦是常出現的考題。

3.應注意工作滿足感、工作參與感、工作承諾感三者之間的差異。

4.注意工作團隊的類型。

 自我測驗

1. 在歸因理論中，下列何種因素不會導致個體對事情的發生原因作出「外部歸因」的結論？（96年特考）

　(A)共通性低　(B)一致性低　(C)相似性高　(D)特異性高

2. 在溝通的過程中，接收者會基於個人的需求、動機、經驗、背景以及其人格特徵，來選擇觀看與聽聞某些事物之現象，稱為：（96年特考）

(A)過濾作用（Filtering）　(B)資訊超荷（Information Overload）

(C)定錨偏誤（Anchoring Bias）　(D)選擇性知覺（Selective Perception）

3. Hackman和Oldham提出的工作特徵途徑（Job Characteristics Approach），認為工作核心構面可以引導出關鍵的心理狀態、提高工作動機、績效與滿意度，其中工作核心構面除了技能多樣性、任務完整性、任務重要性外，尚包括：（複選）〔96年特考〕

(A)授權　(B)自主性　(C)回饋　(D)控制

4. 關於組織內的利益團體，下列敘述何者不正確？

(A)為組織的正式團體　(B)其組成的目的係為滿足員工的社會需求

(C)其存在可能對組織有益　(D)其存在可能對組織不利

5. 下列何種工作特性可以讓員工體驗到工作責任？

(A)技術變化性　(B)工作完整性　(C)工作重要性　(D)工作自主性

6. 下列哪一項為非正式群體（Informal Groups）的特徵？

(A)強烈排斥社會制裁　(B)以成員滿足及成員安全為群體的主要目標

(C)使用正式管道進行溝通　(D)地位職權為成員相互影響的主要影響力來源

7. In which of the following situations are groups most effective?

(A)a cohesive group　(B)a cohesive group not in alignment with organizational goals　(C)a noncohesive e group in alignment with organizational goals　(D)a cohesive group in alignment with organizational goals　(E)a noncohesive group

8. The three components that make up an attitude are

(A)cognitive, affective, behavioral　(B)traits, behavioral, emotional

(C)knowledge, opinion, individual history　(D)intention, opinion, environment

9. 管理者可能因對某一方面的印象而影響其對該員工其他方面的評價，這種現象稱為

(A)stereotyping　(B)halo effect　(C)cognitive dissonance　(D)selective perception

10. 公司可向外或向內羅致人才，如果一味向外界徵募人才，通常會在哪一方面產生負面影響？

(A)創新觀念　(B)人事成本　(C)員工素質　(D)工作士氣

11. _____is vertical expansion of a job by adding planning and evaluating responsibilities.

(A)Job scope　(B)Job enlargement　(C)Job enrichment　(D)Job design (E)Job criteria

12. 態度和意見的差別之一在於：

(A)態度比較主觀，意見比較客觀　(B)態度比較具有普遍性，意見比較具有特定性　(C)態度受意見的影響　(D)二種實在沒有什麼差別可言

13. 一組織內某些成員，由於彼此利害關係相近而形成之群體，稱之為

(A)隸屬群體（Command Group）　(B)任務群體（Task Group）　(C)利益群體（Interest Group）　(D)友誼群體（Friendship Group）

14. 一組織內某些人員未必屬於同一部門，由於共同擔負某項工作或專案，因而構成的群體，稱為_____。

15. 一個工作者對於其工作所具有之感覺（Feeling）或情感性反應，吾人稱之為：

(A)工作滿足　(B)工作績效　(C)工作設計　(D)工作情況

16. 新成員被帶領進入團體文化的系統過程，稱為：

(A)社會化　(B)社會互動　(C)社會學習　(D)文化感應

17. 離職可分成多種不同的情況，哪一個情況是學者們最感興趣，認為是了解許多人事問題的癥結？

(A)可避免的離職　(B)不可避免的離職　(C)自願離職　(D)非自願離職

18. 下列組織文化的概念，何者正確？

(A)團隊較強調共同的努力成果，而群體則較注重個人努力成果 (B)群體中的成員在群體的規範階段，其相互間會出現緊張的關係，甚或抗拒或不耐煩　(C)在高度不確定度的迴避組織中，組織較少依賴個人，大多依靠完備的規則　(D)在穩定的環境中，組織文化是組織的一種資產，但在變動的環境中卻是一種負擔

19. Individuals who make external attributions will be more likely to:

(A)Achieve higher levels of performance.　(B)Rarely quit because they do not fell responsible.　(C)Develop feelings of incompetence which may lead to depression.　(D)Provide a supporting environment for followers.

20. Predictability of behavior is most enhanced if we know:

(A)that the person is rational　(B)how the person perceives the situation

(C)that behavior is caused　(D)the person's age

21. 「因為某種特定行為或態度而對於被考核者產生以偏概全」，是考核過程中的哪一種偏差？

(A)集中趨勢偏差　(B)擴散偏差　(C)月暈偏差　(D)單向偏差

22. Which one of the following is most likely to lead to high job satisfaction?

(A) Being married.　(B) Mentally challenging work.　(C) Working alone. (D) Having an outgoing personality.

23. One of the shortcuts used to judge others involves evaluating a person based on how he/she compares to other individuals on the same characteristic.

This shortcut is known as:

(A)selective perception　(B)contrast effects　(C)halo effect　(D)prejudice

24. Which of the following is the one substantial barrier to using work teams?

(A)Lack of creativity　(B)Lack of diversity　(C)Individual resistance (D)Open communication

25. Which of the following is concerned with the degree to which an employee identifies with his or her job, actively participates in it, and considers his or her performance important to his or her self-worth?

(A)Job satisfaction　(B)Job involvement　(C)Organizational development (D)Organizational commitment

26. _____ refers to fact that individuals see and hear depending upon their needs, motivation, experience, background, and other personal characteristics.

(A)Filtering　(B)Feedback　(C)Emotions　(D)Selective perception

27. All of the following are needed in order for a person to view his job as meaningful work except?

(A)Skill Variety　(B)Skill Identity　(C)Task Significance　(D)Autonomy

28. 企業組織中的團隊通常可分為哪三種類型？所謂的品管圈（QCC）是屬於其中的哪一種團隊？而新產品開發專案通常是屬於哪一種？

29. 名詞解釋：

「工作豐富化」（Job Enrichment）vs.「工作擴大化」（Job Enlargement）

30. 請說明情緒、心情、感受等三者的不同，並舉例說明之。

31. 何謂「組織公民行為」（Organization Citizenship Behavior）？請詳述其內容意義、理論基礎及測量構面。

本章習題答案：

1.(A)　2.(D)　3.(BC)　4.(A)　5.(D)　6.(B)　7.(D)　8.(A)　9.(B)　10.(D)

11.(C)　12.(B)　13.(C)　14.任務群體　15.(A)　16.(A)　17.(C)　18.(D)

19.(B)　20.(C)　21.(C)　22.(B)　23.(B)　24.(B)　25.(B)　26.(D)　27.(D)

第10章・
組織文化

本章學習重點

1.介紹文化的意義

2.介紹組織文化之意涵及形式

3.介紹組織文化的十大構面

4.介紹國家文化

10.1 文化

　　文化（Culture）是一個人的需求與行為最基本的決定因素。人類的行為大部分來自學習，不像低等生物的行為主要受其本能所主宰。在某一種社會文化中成長的小孩，會由家庭、學校或其他機構，在社會化的過程中，學習到基本的價值觀（Value）和行為方式。而當成年人遷移到擁有不同文化的其他國家或地區時，也會在文化薰陶（Acculturation）的過程中，接受了新文化的價值觀和行為方式。一國或一個社會的文化，譬如價值觀、風俗、宗教、語言，也將會影響到個人的行為。

文化之意義

　　依泰勒（Taylor, 1871）在《原始文化》（*Primitive Culture*）一書中對「文化」下的定義為：「文化是一複合性的整體，它包括信仰、知識、道德、藝術、法律、習俗及其他所獲得的任何能力與習慣。」

　　林頓（Linton, 1947）對「文化」的定義為：「文化是習得行為的綜合形態（Configuration）以及行為的結果，其內涵為某一特定社會組成份子所共享與傳遞。」

　　根據上述幾位學者的定義，可歸納將文化簡要說成：「文化是一種社會中，人們特殊的生活方式（Ways of Life）。」即「文化」更進一步的定義為：「文化是以整體的層面，諸如知識、風俗、習慣、道德、藝術、信仰、宗教、語言、價值觀、規範等所構成，而這些要素是經由社會學習而得。它也經由成員的創造與更新以提供人們各種方法與工具，來適應解決生活上所面臨的問題。」

文化的特性

　　依據以上的說明，可看出「文化」的概念，具有下述的特性：

1. 固定的型態（Configuration）或模式（Pattern）：
   文化是複合性的整體，其所包含之各因素彼此相關而形成一個體系，且以固定的型態或模式展現出來。
2. 文化的內涵：
   文化的內涵包括物質與精神二方面。物質指各種具體的人工製成品；精神指思想、觀念、行為模式、價值觀、情緒反應及各種抽象事物（如語言、文字、科學、藝術、宗教、道德等）。
3. 習得性與傳遞性：
   人類獲得文化，並不是透過遺傳的方式，而是經由累積學習予以傳承之。
4. 累積性與選擇性：
   傳統文化會因新的社會需求而作適當的選擇或修正。
5. 區分不同社會的主要標誌：
   不同的人類社會具有不同的文化背景，其行為模式與價值觀亦有所差異。

次級文化

　　次級文化（Sub-Culture）係指一個大社會中的次級社會（Subsociety）或次級群體（Subgroup）成員所形成的一套特殊價值觀與行為模式，它包括思想、態度、風俗、習慣、地域、宗教、教育、性別、種族、年齡、階級與生活方式等因素，皆與大社會的文化有所差異。次級文化可視為較大群體文化（即基本文化或母文化，Parent-Culture）系統的一部分。

　　人類學家李亦園指出，次級文化是一個社會中不同人群所特有的生活格調與行為方式。社會中的個人既受共同文化的規範，同時也生活在各種次級文化之中，隨時受到次級文化的影響。

10.2 組織文化

依Schwartz & Davis（1981）將「組織文化」（Organizational Culture）定義為：「組織文化係指藉由組織成員共享的信念（Beliefs）、價值觀（Value）及基本假設（Basic Assumption），以產出組織成員行為的一套規範。」亦即是說，組織文化經由組織成員與組織環境互動後所產生的語言、信念、符號、價值觀，使成員遇到問題時知道如何循正確的方式，以思考及知覺去解決問題。

組織文化的形式

組織文化以各種不同形式轉化給組織成員，最常見的四種形式可以Robbins所提的組織成員學習組織文化的方式，說明如下：

1. 故事（Stories）：
    將組織的過去與現在串連起來視為一段故事，並對現行組織的做法提供合理的解釋。
2. 儀式（Ritual）：
    組織用以表達價值觀、目標、人員、費用等重複出現的活動，即為儀式，此可明確要求新進人員的態度和行為。
3. 符號象徵（Material Symbols）：
    藉由諸如辦公室大小、私人車位、專用餐廳等，以傳達給員工如下的訊息：高層主管的集權化程度、員工受重視程度及其他的行為模式（如冒險、保守、權威、參與、個人主義、社會主義等）。
4. 語言（Language）：
    組織藉由語言作為確認文化或次級文化的一種方式，以提升組織成員對該文化的接受程度。
    綜上所述可知，組織文化係由組織成員共同累積學習並予以傳承而得，是組織成員所共享的「核心價值觀」（Core Value），是穩定而持久的，且會影響組織成員的行為，並由組織成員自由裁量。通常組織文化愈開明，授權程度就愈高。

組織氣候

依Taguri（1966）& Litwin（1967）針對「組織氣候」（Organization Climate）的定義如下：「組織氣候指組織成員藉由經驗對於組織內部環境的一種知覺，且具有持久性，並以一系列的組織屬性來加以描述。」

強勢文化與弱勢文化

強勢文化（Strong Culture）指組織文化受到組織成員廣泛的支持與重視，反之則為弱勢文化（Weak Culture）。通常強勢文化可取代正式化（Formalize）。例如以正式化的規章制度控制員工的行為，使組織具有較穩定及可預測未來的行為。而強勢文化亦具有此項功能，它可藉由文化控制，有效的執行策略，使組織不致有太多的直接控制，全體組織成員皆可依此行事。

愈多組織成員接受核心價值，這些價值就愈受到認同，組織文化也就愈強勢。

一個組織文化的強弱受下列因素所影響：

(1)組織的規模大小。

(2)組織成立時間長短。

(3)組織成員離職率高低。

(4)組織文化起源的強度。

組織文化之形成

組織要如何形成一個強勢文化？可以下列四項說明：

1. 與創始人的經營理念相符合：
   組織須與創始人的經營理念相符合，才可能成為強勢文化。

2. 與高層主管的價值觀相符合：
   高層主管的領導風格將影響強勢文化的形成。

3. 組織成員的共識：
   組織成員須認同組織文化，才可能成為強勢文化。

4. 社會化歷程：
   組織之強勢文化須符合社會的期待與規範，不可脫離社會而獨立生存。

組織文化的十大構面

欲界定強勢文化或弱勢文化的強弱（強度），可依Hofstede（1990）所提出組織文化的十個構面，作如下的說明：

1. 認同感：
   指組織成員對整個組織之認同程度及對其工作的認同程度。

2. 風險容忍度：
   激勵組織成員表現積極進取、創新及承擔風險的程度。

3. 衝突容忍度：
   組織成員與組織或其他工作成員間的衝突程度。

4. 目標手段導向：
   管理者對成果重視的程度，而非對得到成果的技術與過程重視的程度。

5. 報酬標準：
   在組織中以成員的工作績效，而非年資、出身等來分配獎賞的程度。

6. 以人為焦點：
   形成管理決策時，組織成員所受的影響是否為重要考慮因素。

7. 團體之強調：
   安排工作活動是以團體，而非個人為重心。

8. 部門之整合：
   組織內部門作業時，與其他部門協調合作的程度。

9. 控制的程度：
   法規制度在監控組織成員行為的使用程度。

10. 開放系統的重視：
    組織對外部環境變化的監控與回應程度。

組織公民行為

　　組織公民行為（Organizational Citizenship Behavior, OCB）係指在一組織中，並無正式合約的規定，而是由組織成員自發性的行為，此種行為對組織的績效是正面的，而非組織以獎勵、懲罰所可規範的，故以正向的獎勵來塑造組織公民行為是不可行的。組織公民行為的塑造有下列三項要素：

　(1)提高組織成員工作滿足感。

　(2)提高組織成員對上司的信任程度。

　(3)提高組織成員對組織的向心力。

　　OCB已成為組織生存發展之關鍵因素，其理論基礎可以下列幾位學者之結論定之：

　(1)Organ（1988）：

　　組織公正與OCB有密切關係。

　(2)Pugh（1994）：

　　以信任為變數，研究程序公正與OCB之關係。

　(3)Moorman（1998）：

　　以認知組織之支持為變數，研究程序公正與OCB之關係。

　(4)許世卿：

　　(a)在完成決策前是否公正、是否與員工溝通、是否體恤員工立場等三構面與OCB之關係。

　　(b)員工對組織公正之認知與OCB之關係。

10.3　國家文化

　　國家文化係塑造一國人民行為和思想上的共同態度和觀點。Hofstede比較四十個國家的員工，這些員工均分別在多國籍（Multinational Corporation, MNC）企業中工作，以區分出管理者與員工在國家文化上的差異有下列五項構面：

1. 權力距離（Power Distance）：

　　係衡量一個社會在組織間權力不均勻分配為社會所接受的程度。

2. 不確定性規避（Uncertainty Avoidance）：

    指社會感受不確定與模糊情況的威脅而會設法加以規避的程度。譬如有些社會使成員接受不確定性當作宿命，成員比較能忍受不同於自己的行為及意見，其社會不確定性的規避比較低。

3. 個人主義與集體主義（Individualism and Collectivism）：

    個人主義指追求個人與家庭利益的程度；集體主義則指期望在困難時，團體中其他成員要照顧並保護他們的程度。

4. 雄性主義（Masculinity），或男性主義，或生活的質與量：

    指社會價值重視巧取豪奪作風的程度。「量」指重視現實、金錢、物質；「質」指重視人際關係，注意與關心其他人的福利。

5. 長期和短期導向（Long/Short-Term Orientation）：

    亞洲文化偏向長期導向，西方文化則偏向短期導向。長期導向具有目標追求的堅忍不拔、儲蓄、重視未來等特徵，其先決條件為要有市場及支援的政治脈絡。

老師小叮嚀：

1.要了解學習組織文化的方式。

2.組織文化的十大構面是常出現的考題。

3.Hofstede在管理者與員工在國家文化上的差異的五個構面（重要考題）。

 自 我 測 驗

1.創新的文化可能會具有下列哪項特徵？〔97年鐵路公路特考〕

(A)不能接受「模糊」　(B)外控程度高　(C)對衝突的容忍度低　(D)採取開放式系統

2.形成強勢的組織文化的原因為：〔97年鐵路公路特考〕

(A)員工離職率高　(B)成立年數短　(C)組織成員認同度高　(D)創業者無特別經營哲學

3. 組織文化的注意力焦點放在外部，特別重視行銷或財務目標，是何種型態？（97年鐵路公路特考）

(A)官僚文化　(B)派閥文化　(C)市場文化　(D)創業文化

4. 某國媒體充斥著政治權、財富爭逐、崇拜成功者等報導，顯示該國當前文化的哪一面？（96年特考）

(A)權力距離（Power Distance）　(B)不確定的避免（Uncertainty）

(C)個人主義（Individualism）　(D)雄性主義（Masculinity）

5. 組織文化類似一個人的：（96年中華電信企管概要）

(A)技術　(B)動機　(C)個性　(D)能力

6. What is the primary source of an organizational's culture?

(A)the organization's industry　(B)the organization's size.　(C)the organization's age.　(D)the organization's geographic location.　(E)the organization's founder

7. If organizational culture is open and supportive, controls should be:

(A)formal and externally imposed.　(B)elaborate and comprehensive. (C)informal, self -control.　(D)clearly defined.

8. _____is a cultural measure of the degree to which people tolerate risk and unconventional behavior.

(A)Power distance　(B)Uncertainty avoidance　(C)Quantity of life (D)Quality of life　(E)Culture shock

9. A culture conductive to creativity and innovation would probably have a high _____ and a low_____.

(A)tolerance of risk; division of labor.　(B)external control; tolerance of risk.　(C)tolerance of conflict; acceptance of ambiguity.　(D)tolerance of risk; tolerance of the impractical.

10. Which of the following is a way in which culture is transmitted to employee？

(A)stories　(B)rituals　(C)material symbols　(D)all of the above

11. Which of the following does not have a part in defining organizational culture？

(A)values　(B)rituals　(C)myths　(D)practices　(E)laws

12. 在跨文化的研究領域中，Hofstede 是著名的研究學者，請問下列各構面，哪些不是 Hofstede 所採取的研究構面：（複選）

(A) power distance　　(B) uncertainty avoidance　　(C) nature of people

(D) activity orientation　　(E) individualism vs. collectivism

13. 東方國家的文化一般較重視：

(A)積極探索　(B)個人競爭　(C)空間無限　(D)與大自然和諧

14. 在組織氣候的形成過程中，最能表現出其特徵者為：

(A)衝突　(B)士氣　(C)動機　(D)豐富

15. 下列何者不是支持創新的文化特性？〔96年中華電信企管概要〕

(A)接受模糊　(B)重視過程　(C)容忍風險　(D)強調開放式系統

16. 我國媒體充斥著政治權謀、財富爭逐、崇拜成功者等報導，顯示出我國當前文化的哪一面？

(A)權力距離　(B)風險接受　(C)個人主義　(D)男性主義

17. 當個人以實用性為本位，不為情緒所影響並相信為達目的可以不擇手段時，其具有下列哪種性格特質？〔97年台電公司養成班甄試試題〕

(A)高度的權威主義　(B)外控傾向　(C)認知失調　(D)馬基維利主義

註：參考本書第9.2節內容。

18. When contrasting American and Japanese business cultures, Americans tend to ___, where as the Japanese prefer _____.

(A)be long-term in orientation; short-term gains.　　(B)avoide uncertainty; ambiguity　　(C)be individualistic; collectivism.　　(D)accept a high or great power distance; low power distance.　　(E)display masculinity; femininity

19. 企業員工具有共同的意識、價值觀來規範其行為準則及處事方式者為：

(A)管理風格　(B)企業倫理　(C)管理哲學　(D)企業文化

20. The most important factor shapping organizational citizenship behavior is employee's expectation of positive rewards.（是非題）

21. (1)What is organizational culture?

　　(2)What dimensions would you used to assess an organization's strong/ weak culture?

22. 何謂強勢文化？並請由控制的觀點討論強勢文化對員工的影響。再者，組織應如何方能形成強勢文化？

23. National culture has essential impacts on the effectiveness of teams.（是非題）

24. 國家文化與企業文化有何不同？

25. 管理者（Managers）面對全球性經濟的不景氣，好的組織文化每每成為企業對抗外在惡劣環境或激烈競爭的利器。請問何謂組織文化（Organizational Culture）？究竟組織文化的內涵為何？又強勢或弱勢的組織文化，依哪些變數來界定其強度？要如何讓員工學習自己企業的組織文化？

26. Hofstede 提出管理者與員工在國家文化的五個向度（Dimensions）上有差異，試說明之。

27. 何謂「組織公民行為」（Organization Citizenship Behavior）？請問其內容意義、理論基礎及測量構面為何？

28. 組織文化（Organizational Culture）是組織理論中相當重要的概念，領導者有責任建立適合的組織文化來面對外界環境的挑戰。

    (1)請您對組織文化的意義與重要性加以說明。

    (2)一般而言（不針對特定公司機構），公營企業與民營企業的組織文化會有何差異，請說明。

本章習題答案：

1.(D)　2.(C)　3.(C)　4.(D)　5.(C)　6.(E)　7.(C)　8.(B)　9.(A)　10.(D)
11.(E)　12.(CD)　13.(D)　14.(C)　15.(B)　16.(B)　17.(D)　18.(C)　19.(D)
20.(×)　23.(○)

第 11 章・
領　導

本章學習重點

1.介紹領導之意義與種類
2.介紹特質領導理論
3.介紹行為領導理論
　　包括(1)愛俄華（Iowa）大學的研究
　　　　(2)雙構面領導理論
　　　　(3)新雙構面領導理論
　　　　(4)管理方格領導理論
　　　　(5)LMX領導理論
4.介紹權變領導理論
　　包括(1)連續帶領導理論
　　　　(2)權變模式領導理論
　　　　(3)路徑－目標領導理論
　　　　(4)生命週期領導理論
　　　　(5)領導者參與模型理論
5.介紹近代領導理論
　　包括(1)魅力型領導理論
　　　　(2)轉換型領導理論
　　　　(3)交易型領導理論
　　　　(4)願景型領導理論

11.1 領導者與管理者

Robbins將「領導者」（Leader）與「管理者」（Manager）之差別，作了以下的界定：在理想狀況下，所有管理者皆應是領導者，但並非所有的領導者必然具有管理功能方面的能力，故領導者不一定都是管理者，因為領導是管理的一部分。

領導者係督促組織成員做正確的工作，而管理者係督促組織成員正確的工作；領導者可為組織正式任命或非正式任命，而管理者則由組織任命；領導者非憑藉正式職權，而管理者則憑藉正式職權；領導者藉由無形力量諸如向心力、士氣等領導組織，而管理者則藉由有形物質諸如資金、設備等管理組織。

11.2 領導之意義與種類

領導之意義

依Tannenbaum對「領導」定義為：「領導是一種人際關係的互動程序，管理者藉由此程序影響他人行為，使其達成既定的組織目標。」

領導之種類

一般而言，領導的種類可分為直接領導與間接領導二種，分別說明如下：

1. 直接領導：

　　可分為命令與指示二種：

　(1)命令：

　　指上司依職權主動對部屬的工作提出書面或口頭要求。

(2)指示：

指上司對部屬在工作方面所作的解釋和說明。

2. 間接領導：

(1)激勵：

指管理者設法滿足部屬合理的需求，以激勵士氣圓滿完成工作的一種領導方式。

(2)滿足生理需求：

如生存慾、安全感等。

(3)滿足社會需求：

如自尊心、榮譽感等。

領導（Leadership）係一項重要的管理工作，許多成功的企業均有一位卓越的領導者，領導企業建立願景與共識，邁向成功。即使企業內部的一個部門，亦須有一位部門主管結合相關工作人員共同努力來完成工作。一位成功的管理主管應有效地領導其部屬共同一起工作，協調合作，達成任務。

11.3　領導理論

對於領導方面的理論研究，可參看圖11-1之架構。現將各領導理論簡要說明如下：

1. 特質領導理論（Trait Leadership Theory）：
   又稱偉人理論，常以歷史上的名人或將領來分析領導者的特質。
2. 行為領導理論（Behavior Leadership Theory）或風格領導理論（Style Leadership Theory）：
   此時期研究的重心係以不同的領導行為、不同領導風格的比較來發現最有效的領導。它可分為下列五種：
   (1)愛俄華（Iowa）大學的研究：
   懷特和李皮特（White & Lipptt）所提出的領導行為，可歸納為專制（Autocratic）、民主（Democratic）和放任（Laissez-Faire）三種領導方式理論。

```
                  ┌ 1.特質領導理論
                  │
                  │                    ┌ (1)愛俄華(Iowa)大學的研究
                  │                    │
                  │                    │ (2)雙構面領導理論（密西根大學）
                  │                    │
                  │ 2.行為領導理論      ┤ (3)新雙構面領導理論（俄亥俄州州立大學）
                  │                    │
                  │                    │ (4)管理方格領導理論
                  │                    │
                  │                    └ (5) LMX 領導理論
                  │
                  │                    ┌ (1)連續帶領導理論
  領                               │
  導                               │ (2)權變模式領導理論
  理                               │
  論 ┤              3.權變領導理論    ┤ (3)路徑─目標領導理論
                  │                    │
                  │                    │ (4)生命週期領導理論
                  │                    │
                  │                    │ (5)三構面領導理論
                  │                    │
                  │                    └ (6)領導者參與模型理論
                  │
                  │                    ┌ (1)魅力型領導理論
                  │                    │
                  │                    │ (2)轉換型領導理論
                  │ 4.近代領導理論      ┤
                  │                    │ (3)交易型領導理論
                  │                    │
                  └                    └ (4)願景型領導理論
```

圖11-1　　領導理論

(2)雙構面領導理論：

密西根大學李克特（Likert, 1940）提出的「雙構面領導理論」，雙構面是指「員工中心」（Employee-Centered）和「工作中心」（Job-Centered）的領導行為。

(3)新雙構面領導理論（New Two Dimensional Leadership Theory）：

俄亥俄州（Ohio）州立大學史脫迪和肯恩（Stogdill & Coons, 1957）的研究要求員工描述主管的行為，由原先一千多個構面，縮減為二個構面，即「定規」（Initiating Stucture）和「關懷」（Consideration）。

(4)管理方格領導理論（Managerial Grid Leadership Theory）：

此理論由布雷克和莫頓（Black & Mouton）所提出，它包含「對人的關心」（Concern for People）和「對生產的關心」（Concern for

Production）。

(5)LMX領導理論（Leader-Member Exchange）：

此理論由葛倫（Graen）所提出，LMX指的是領導者─部屬交換（Leader-Member Exchange），係指由「陌生」（Stranger）到「熟識」（Acquaintance）再到「成熟」（Maturity）的階段。

3. 權變領導理論（Contingency Leadership Theory）：

1960年代後期，研究領導的學者逐漸了解到，預測領導的成功與否是一件複雜的事，並非單靠一些領導者特質或行為就可達成，必須將注意力集中在情境因素的影響，領導風格須視情況而定的各種理論模式，稱為領導的權變理論或情境理論（Contingency or Situational Theory of Leadership）。在領導權變理論中，有以下幾種重要的理論，現簡述如下：

(1)連續帶領導理論（Continuum Leadership Theory）：

係由譚寧邦和施密特（Tannenbaum & Schmidt）所提出，強調領導效能須考慮領導者、部屬及情境三因素。

(2)權變模式領導理論（Contingency Model Leadership Theory）：

係由費德勒（Fiedler）所提出，強調領導效能須考慮領導風格與情境二項權變因素。

(3)路徑─目標領導理論（Path-Goal Leadership Theory）：

係由豪斯（House, 1971）所提出，強調領導效能須考慮部屬特性與任務特性二項情境因素。

(4)生命週期領導理論（Life Cycle Theory of Leadership）：

係由賀西與布蘭查（Hersey & Blanchard）所提出，強調領導效能須考慮部屬成熟度（Readiness）與領導風格二項情境因素。

(5)三構面領導理論（Three-Dimensional Theory of Leader）：

係由雷定（Raddin）所提出，強調領導效能取決於情境，採取權變性的領導作風，主張任務導向、關係導向、領導效能三構面。

(6)領導者參與模型理論（Leader-Participation Model Theory）：

係由伏隆（Vroom, 1973）所提出，只針對情境對於參與決策程度來進行探討，採用「絕對樹」模型，此模型包括七種型態。

4. 近代領導理論（Modern Leadership Theory）：

由上述各項領導理論可知，領導的效能係取決於領導者本身的行為、追隨

者的行為和情境因素等三項因素影響。隨著時代演進，近代領導理論也不斷地提出。有諸如下列四個領導理論：

(1)魅力型領導理論（Charismatic Leadership Theory）：

　　由House（1977）提出，係結合歸因理論與特質領導理論二者的觀點，強調魅力是權力來源中參考權力的一種。

(2)轉換型領導理論（Transformational Leadership Theory）：

　　係由Caminiti（1995）提出，強調將組織中各項任務轉換成領導者的一致性風格。

(3)交易型領導理論（Transaction Leadership Theory）：

　　係由Burns（1978）提出，強調只要部屬達成目標，主管就須滿足其需求。

(4)願景型領導理論（Visionary Leadership Theory）：

　　係由Nanus（1992）提出，強調對組織的未來提出一個真實的、可信的及吸引人的願景，使組織成員發揮創新方法，並激發其熱心及承諾。

11.4　特質領導理論（Trait Leadership Theory）

　　早期對於領導方面的研究，認為「領導」係為有成就的偉大人物個人所具有的特殊才能，值得一般管理者學習模仿，遂試圖考察過去一些偉人傳記資料，整理出偉人們所共同具有的個人特質。一般認為成功領導者共同具有的特質包括自信、合作、創造、表現、活動力、容忍等六項，但無法確定何項特質是成功領導者的有效特質，而不成功的領導者係因缺乏此項特質而失敗，反之，很可能某人雖具有這些特質，可能仍潦倒終生。

　　依Kirkpatrick & Locke（1991）提出的六項「領導者的特質」，來區分領導者與非領導者之不同，說明如下：

1.　驅動力：

　　成功的領導者表現出強烈的內驅力，發自內心對於組織目標的認同與追求，奉獻努力，並堅持其行動。為具有自信心、自尊及追求自我實現的高層次需求理想。

2.　領導慾：

　　成功的領導者表現出負責的意願，以較高的慾望去影響與領導他人。

3. 誠實與正直：

成功的領導者與部屬間以誠信、言行一致來建立關係。

4. 自信：

成功的領導者以自信解除部屬的疑惑，以說服部屬接受組織目標與決策。

5. 智力：

成功的領導者須以智力蒐集、整合、解釋大量的資訊，且能創造願景、解決問題及作正確的決策。

6. 與任務相關的知識：

成功的領導者應對公司、產業及技術方面具有充足的知識，足以協助他作出正確的決策。

11.5 愛俄華（Iwoa）大學的研究

黎文、懷特和李皮特（Lewin, White & Lippit）主要探討領導行為的研究，歸納出下列三種領導型態：

1. 專制型態（Autocratic Style）或權威型態（Authoritative Style）：

此型態的領導者係採職權集中、指導部屬工作的方法、片面的制定決策及限制員工的參與。

2. 民主型態（Democratic Style）：

此型態的領導者係採授權、與部屬共同決定工作目標與方法、以回饋發展員工的能力等。此種型態的領導又可分為下列二種：

(1)民主諮商型態（Democratic-Consultative Style）：

此型態的領導者將員工視為資訊提供者，會徵詢員工的意見，並尋求員工的參與，但最後仍由領導者作決策。

(2)民主參與型態（Democratic-Participative Style）：

此型態的領導者鼓勵員工對決策表達意見，決策由群體制定，而領導者與員工皆為群體決策者之一。

3. 放任型態（Laissez-Faire Style）：

此型態的領導者給予員工充分自由的決策，讓員工自由選擇適當的工作方法以達成任務，領導者則提供必要的資料和回答相關的問題。

　　以工作績效為成果導向來看，採放任型態的領導者，部屬的表現較差；以工作品質與工作滿足感而言，採民主型態的領導者，部屬的表現較佳。

11.6　雙構面領導理論

　　李克特（Rensis Likert）在密西根大學（Michigan University）所做有關領導方面的研究，提出了「雙構面領導理論」，他藉由管理者與部屬大量的面談資料，發現以下二種雙構面領導行為：

1.　以「員工為中心」（Employee-Centered）：
　　它強調下列四項：
　(1)人際關係。
　(2)關心和滿足部屬的需求。
　(3)員工之個別差異。
　(4)生產力較高。

2.　以「工作為中心」（Job-Centered）：
　　它強調下列四項：
　(1)依規章制度行事。
　(2)工作分配結構化。
　(3)工作績效的達成。
　(4)生產力較低。

　　從上述研究可發現，以「員工為中心」的領導者往往比以「工作為中心」的領導者使組織表現較佳的生產力和工作滿足感。

11.7　新雙構面領導理論

　　史脫迪和肯恩（Stogdill & Coons）在俄亥俄州立大學（Ohio State University）藉由要求員工描述其主管的行為，試圖找出領導者的基本構面，結果共尋找出一千多個構面，最後減為二大構面，此二構面分別說明如下：

1. 定規（Initiating Structure）：

   定規係指領導者界定指派部屬的工作、工作績效標準、工作程序等，是否訂有規章制度的程度。

2. 關懷（Consideration）：

   關係指領導者與部屬相互信賴、尊重、關心的程度。

   上述二構面可以圖11-2加以說明。當工作權責劃分不清時，採「定規」方式領導較佳，反之則採「關懷」方式較佳；生產部門宜採「高定規」，行政部門則採「高關懷」。

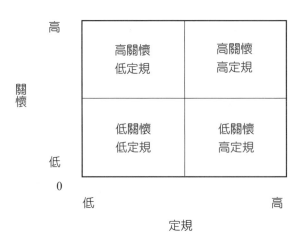

圖11-2　新雙構面領導理論

依圖11-2之「定規」與「關懷」之高低程度，可分為下列四項加以說明：

(1)低定規低關懷：

   此為「自由放任式」領導。

(2)低定規高關懷：

   此為「人際關係式」領導。該研究認為這是領導者最有效的領導方式，此符合行為學派之理論及Y理論。

(3)高定規低關懷：

   此為「專制式」領導，符合古典學派之理論及X理論。

(4)高定規高關懷：

   此為「民主式」或「參與式」領導。

   依據上述研究發現，在定規與關懷程度皆高的領導者，在定規、關懷其中有一項程度低或二者程度皆低的領導者，其部屬的績效與滿足感皆較高，但也有許多例外情形必須將情境因素納入考慮。

11.8　管理方格領導理論

　　管理方格領導理論（Managerial Grid Leadership Theory）係由布雷克和莫頓（Blake & Mouton）所提出，係根據俄亥俄州立大學之新雙構面領導理論及密西根大學之雙構面領導理論所發展而成。

　　管理方格領導理論所提出的「雙構面」指的是「關心員工」（Concern for People）與「關心生產」（Concern for Production），如圖11-3所示。各以九種不同程度來表現此二構面，可繪出八十一個方格，即八十一種領導風格型態。

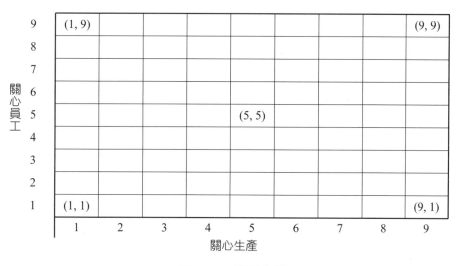

圖11-3　管理方格

領導風格

　　上述雖有9×9共有81種領導風格，但以下列五種最具代表性：

1. （1，1）型：
   稱為「不良或放任型」（Impoverished or Laissez-Faire），用最少的努力來完成工作以留住員工是最適宜的方法，較不關心員工及其生產。領導者的主要職責是保持中立，只要依SOP做事即可。

2. （9，1）型：

稱為「任務型」（Task），領導者較關心生產，而較不關心員工。領導者較專注於任務的達成與工作效率，而較少關心員工的需求與滿足。係強調將個人因素的干擾降到最低，以提高工作效率。

3. （1，9）型：

稱為「鄉村俱樂部型」（Country Club），領導者較關心員工的需求是否獲得滿足，重視人際關係及培育良好的氣氛，但不強調提高生產效率。

4. （5，5）型：

稱為「中庸型」（Middle of the Road），領導者適度的關心員工及生產效率，藉由平衡工作績效與員工士氣的滿意水準，以達成較佳的組織績效。

5. （9，9）型：

稱為「團隊型」（Team），領導者對員工需求與生產效率皆非常重視，經由高組織承諾的員工來達成工作績效，使組織與員工建立一種互信與互尊的關係。

布雷克和莫頓的結論認為採用（9，9）團隊型的領導風格乃是最有效的方式，以獲得最佳的工作績效，但對於如何造就出這類型的領導者，則並未具體說明。和前述的俄亥俄州立大學和密西根大學研究的結果相同，就是領導行為理論無法確定領導風格與工作績效間的一致性關係，這也是領導權變理論出現的主要原因。

管理方格的理論，讓我們可以方便釐清自己的領導風格，然後再就所面對的情勢，思考是否須轉換到另一個更適當的方格位置，亦即轉換一種更適合的領導風格。

11.9　LMX領導理論

LMX領導理論（Leader-Member Exchange）指的是「領導者—部屬交換」理論，係由葛倫（George Graen）所提出。他強調領導者對不同的部屬採用不同的領導風格，其中一方的行為會影響另一方的行為，二者關係的品質也會影響部屬努力的程度。

領導者—部屬建立關係的階段

依LMX理論，領導者與部屬間的行為，將影響雙方所建立的互信、互尊的滿意關係，達成上述關係是領導者最主要的任務。此理論認為領導者與部屬建立的關係是由「陌生」（Stranger），經過「熟識」（Acquaintance），最後再經過「成熟」（Maturity）的階段。此三階段的特性分別說明如下：

1. 陌生階段：

   雙方關係處於「角色的尋找」，關係品質較低，尚未相互影響，是追求自我階段。

2. 熟識階段：

   雙方關係處於「角色塑造」，關係品質中等，相互影響有限。

3. 成熟階段：

   雙方關係處於「角色執行」，關係品質較高，相互影響甚大，強調「團隊合作」。

   領導者與部屬的關係並不是都能發展到「成熟」階段，若雙方人格特質相類似，則較易發展成高品質的關係。另外，若在關係的早期，領導者就對部屬有較高的信任和肯定，通常也較容易發展出高品質的關係。若一旦發展到成熟階段，則雙方都互相具有很大的影響力，共同合作以達到彼此與組織的最大利益。

11.10 領導行為連續帶領導理論

最早的領導權變理論是在1958年由譚寧邦和施密特（Tannenbaum & Schmidt）所提出的「連續帶領導理論」（Continuum Leadership Theory），或稱為「專制─民主連續模式理論」（Autocratic-Democratic Continuum Model），係將領導者的領導行為看成一條連續帶。可依部屬參與決策之程度，分為七種領導風格，如圖11-4所示。

領導風格

在圖11-4中，決策時，領導者使用專制的程度和部屬所擁有自由的程度呈現一定的關係。此一連續帶的模式，可視為一種零和賽局（Zero-Sum Game）：一方所得到的是另一方所失去的，反之亦然。在連續帶最左端的領導者採專制權威式領導，由一人獨斷獨行，部屬所獲得之權力影響力最小，一切以工作為導向；而在連續帶極右端的領導者，採民主式的參與式管理，與部屬共享決策權，部屬有最大的權力及影響力，也有較大的自由活動範圍，強調以部屬為導向。

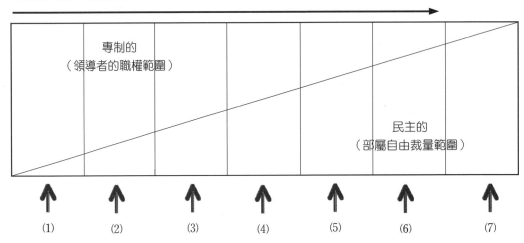

⑴：領導者自行決策，並公布執行。
⑵：領導者自行決策，並讓部屬接受。
⑶：領導者提出意見，並徵詢部屬提問。
⑷：領導者提出方案，並請部屬提出修正意見。
⑸：領導者提出問題，廣徵部屬意見後作出決策。
⑹：在領導者允許範圍內，讓群體參與決策。
⑺：在上司的限制範圍內，領導者允許部屬共同參與決策。

圖11-4　連續帶領導理論

領導情境因素

連續帶領導理論認為領導者的領導行為應考慮下列三項情境因素：

1. **領導者特性：**

   包括領導者的價值觀、人格特質、對部屬的信任程度、不確定性的容忍度等。

2. **部屬的特性：**

   包括部屬的人格特質、承擔責任的意願、專業知識、模糊的容忍程度等。

3. **情境的特性：**

   包括組織文化、組織結構、時間壓力、群體效能、規章程序書面化的程度等。

長期看來，領導者應朝以「員工為中心」的領導風格邁進，因為這樣的行為對增加員工工作動機、提高決策品質、強化團隊工作、提振士氣與員工發展，皆有相當正面的影響。

11.11　權變領導模式理論

Lᴘᴄ量表

權變領導模式理論（Contingency Model of Leadership）係由費德勒（Fred E. Fiedler）於1967年所提出，他首先將領導者的領導風格予以分類，用一種「最不受歡迎的同事」（Least Preferred Coworker）量表（也稱LPC量表），如表11-1所示，來衡量領導風格。即利用該量表詢問受測試的領導者，就他過去經歷所遇到最不受歡迎的同事（可為部屬或同僚）為對象，以十六種人格特質來衡量對這位同事的感受，並以1～8的評論程度來描繪這位最不受歡迎共事的同事。

表11-1　費德勒的LPC量表（1974）

請你想一個你最無法一起做好工作的人，此人可以是和你在一起工作的人，也可以是你過去認識的人。此人不一定是你最不喜歡的人，但應是一個最難跟他一起共事而做好工作的人，請用下列的尺度描述他。

令人愉悅的	8	7	6	5	4	3	2	1	令人不愉悅的
友善的	8	7	6	5	4	3	2	1	不友善的
拒絕他人的	8	7	6	5	4	3	2	1	接納他人的
有助益的	8	7	6	5	4	3	2	1	受挫的
不熱心的	8	7	6	5	4	3	2	1	熱心的
緊張的	8	7	6	5	4	3	2	1	輕鬆的
疏遠的	8	7	6	5	4	3	2	1	親近的
冷漠的	8	7	6	5	4	3	2	1	熱情的
合作的	8	7	6	5	4	3	2	1	不合作的
支持他人的	8	7	6	5	4	3	2	1	敵意的
無趣的	8	7	6	5	4	3	2	1	有趣的
好爭辯的	8	7	6	5	4	3	2	1	和諧的
自信的	8	7	6	5	4	3	2	1	猶豫的
有效率的	8	7	6	5	4	3	2	1	無效率的
開放的	8	7	6	5	4	3	2	1	防衛的

　　LPC量表得分高的領導者（64分以上，即正面的語氣較多者），主要的動機在追求與他人（包括部屬）建立良好的人際關係，傾向「員工關係導向」；反之，LPC量表得分較低的領導者（57分以下，即負面語氣較多者），主要的動機是在做好工作，他們對最不受歡迎的同事抱持悲觀態度，故他們的滿足主要來自工作績效，傾向於「員工任務導向」。

領導情境因素

　　費德勒的權變領導模式理論認為領導風格是天生的，不可能改變自身的風格去符合情境的變化。在領導風格透過LPC量表確定之後，有必要對「情境」的因素加以評估，並將領導者與情境相配合。費德勒認為主要影響領導效能的權變因數是「情境」因素，此情境因素可以下列三項加以說明：

1. 領導者與部屬關係（Leader-Member Relationship）：

　　指部屬對領導者的忠誠、信任與尊重的程度。程度愈高，表示二者關係愈

「好」，情境對領導者愈有利；反之，二者關係則愈「不好」。

2. **任務結構（Task Structure）：**

   指部屬工作例行化或結構化的程度。通常工作例行性程度愈高，工作程序愈明確，則任務結構化程度愈高，情境對領導者愈有利。

3. **職位權力（Position Power）：**

   指領導者在遴選、解僱、獎懲、訓練、升遷、調薪等權力影響的大小程度。職位權力愈大時，情境對領導者愈有利。

上述三種領導與情境因素相配合後，又以二分法劃分，以達到最佳的領導效能，共可得八種情境，如圖11-5所示。情境1代表領導者與部屬關係良好，工作任務結構非常明確，領導者的職權大；情境8則代表領導者與部屬關係不佳，工作任務結構不明確，領導者的職權小；其他依此類推。

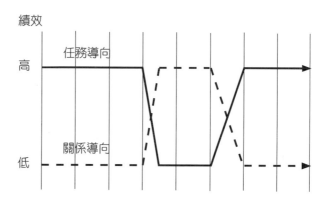

分類	1	2	3	4	5	6	7	8
領導者與部屬的關係	好	好	好	好	差	差	差	差
任務結構	高	高	低	低	高	高	低	低
職位權力	強	弱	強	弱	強	弱	強	弱
情境有利程度	最有利	最有利	最有利	稍微有利	稍微有利	稍微有利	最不利	最不利
有效領導風格	任務導向	任務導向	任務導向	關係導向	關係導向	關係導向	任務導向	任務導向

圖11-5　費德勒之領導風格與領導效能間之關係

結論

費德勒在進行一千二百個群體以上的研究中，分別就八種情境來比較人際關係導向與任務導向的領導效能，所得到的結論（參考表11-1）如下：

(1)「任務導向」的領導風格在第1、2、3、7、8（最有利和最不利）情境下，任務導向的領導者將會有較佳的績效。

(2)「關係導向」的領導風格在第4、5、6（稍微有利）情境下，關係導向的領導者將會有較佳的績效。

根據費德勒的觀點，領導風格是固定不變的，故只有二種方法可提升領導效能和工作績效：

1. **更換領導者以配合情境：**
   例如某部門原由「關係導向」領導者所領導，但當情境處於極為不利的狀態時，可藉由更換「任務導向」的領導者以提升領導效能和工作績效。

2. **改變情境以配合領導者：**
   可透過任務的重整，增加或減少領導者的職位權力。例如一位「任務導向」領導者在情境4的情況下，若能增加他的職位權力，則這位領導者將會創造出情境3的情況，此將有利於提升領導效能和工作績效。

11.12 路徑—目標領導理論

豪斯（Robert House）於1971年提出「路徑—目標領導理論」（Path-Goal Leadership Theory），它結合了俄亥俄州立大學的新雙構面領導理論和激勵的期望理論（見第12章內容）。

領導任務

此理論認為領導者的任務主要有下列二項：
(1)設定部屬在達成工作「目標」時之獎賞。
(2)提供部屬達成目標與獲得獎賞的「路徑」。

領導風格

路徑—目標領導理論界定了四種領導風格，說明如下：

1. 指導型（Directive）：
    使部屬清楚領導者對他們的期望，且明確指示他們如何達成任務。

2. 支援型（Supportive）：
    友善且關心部屬的需求和內心的感受。

3. 參與型（Participative）：
    在作決策前，會徵詢部屬的意見，且允許部屬參與決策。

4. 成就導向型（Achievement-Oriented）：
    為部屬設定具挑戰性之目標，且預期部屬能表現最佳水準。

領導情境因素

領導者須採取上述哪一種領導風格，路徑—目標領導理論認為應視下列二項情境因素而定：

1. 部屬的特性：
    包括內外控性，經驗與認知的能力。例如內控的部屬，如認為自己能力不佳，須「指導型」領導；外控的部屬，如將自己的成敗歸諸於命運，則較喜歡「指導型」領導；若歸諸於自身的努力，則較喜歡「參與型」領導。

2. 任務環境的特性：
    指部屬不能控制的部分，包括任務結構、正式職權與工作群體等。在「任務結構程度低」及「職權正式化程度低」時，採「指導型」領導較為有效。在工作群體「社會化與滿足程度低」時，採「支援型」領導較為有效。在「例行性程度與滿足程度高」時，採「支援型」與「參與型」領導較佳。在「工作複雜，且非例行性程度高」時，採「指導型」與「成就導向型」領導較佳。

    圖11-6係路徑—目標領導理論的主要內容，領導者應視情境因素採取不同的領導風格，使部屬獲得滿足感及提升工作績效。

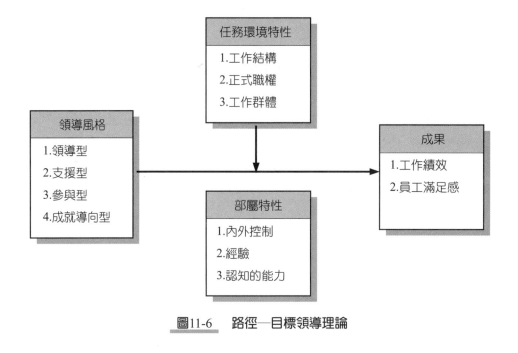

圖11-6　路徑─目標領導理論

部屬滿足感

　　若探討部屬工作的明確度與領導者的指導程度，以了解部屬的滿足感高與低，可以圖11-7表示。由圖中可知，若工作任務明確，且部屬也有能力時，若採高度指導，則將徒勞無功，員工沒有滿足感，故在工作明確時，宜採低度指導；當工作不明確時，宜採高度指導。不同的情境，應有不同的領導風格。

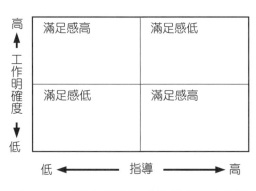

圖11-7　指導程度與工作明確度間之關係

11.13　生命週期領導理論

　　生命週期領導理論（Life cycle Theory of Leadership）係由賀西與布蘭查（Hersey & Blanchard）所提出，強調以部屬為焦點的權變領導理論。當部屬「成熟度」（Readiness）逐漸成熟時，領導者的領導風格宜適時調整，在上述幾個領導理論中都忽略了此項重要構面。

〔註〕成熟度（Readiness）或準備程度：指部屬在設定挑戰性的目標及達成該目標的能力與意願（Willing）。其中，「能力」指「工作成熟度」（Job Maturity），如知識、技能；「意願」指「心理成熟度」（Psychological Maturity），如：態度、動機等。

　　而依據部屬的背景及所擔負的特定任務，將部屬不同的成熟度分為下列四種情況：

R_1：部屬無能力也不願意工作

R_2：部屬無能力但願意工作

R_3：部屬有能力但不願意工作

R_4：部屬有能力且願意工作

　　在領導風格方面，此理論與費德勒權變領導理論相同，即採任務導向與關係導向二構面，而賀西與布蘭查進一步再將每一構面的高低程度加以組合而發展出四種領導風格，即告知型（Telling）、推銷型（Selling）、參與型（Participating）及授權型（Delegating）四種，如圖11-8所示。

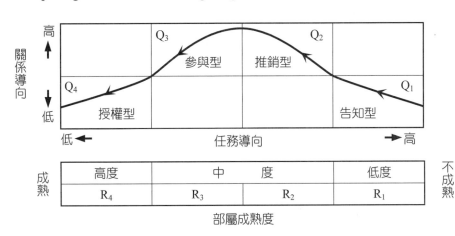

圖11-8　生命週期領導理論

1. 告知型（Telling）：
   也稱為命令型（Ordering），屬高任務─低關係導向（Q_1），告知部屬 What、How、When、Where工作，較適合低成熟度的員工（R_1）。

2. 推銷型（Selling）：
   也稱為說服型（Persuading），屬高任務─高關係導向（Q_2），適於中低成熟度的員工（R_2）。

3. 參與型（Participating）：
   屬低任務─高關係導向（Q_3），與部屬共同制訂決策，適於中高成熟度的員工（R_3）。

4. 授權型（Delegating）：
   屬低任務─低關係導向（Q_4），適於高成熟度的員工。

依上述四種領導風格，視部屬的成熟度而定，可適時調整領導風格。賀西與布蘭查依部屬各種不同成熟度，配合最適當的領導風格順序，如圖11-9所示。

部屬成熟度	最適當的領導風格順序			
	最有效	第二有效	第三有效	最無效
R_1（低）	Q_1	Q_2	Q_3	Q_4
R_2（中低）	Q_2	Q_1，Q_3	—	Q_4
R_3（中高）	Q_3	Q_2，Q_4	—	Q_1
R_4（高）	Q_4	Q_3	Q_2	Q_1

圖11-9　部屬成熟度與領導風格間之配合

由上圖可知，對R_2（中低成熟度）及R_3（中高成熟度）的部屬而言，領導者都各有二種次佳的領導風格可供選擇。若情境趨於不利，即部屬愈來愈不成熟，領導者應挑選上圖次佳選擇中之上面二種領導風格，即Q_1（告知型）和Q_2（推銷型）。

生命週期領導理論亦受到以下幾種限制：

(1)較不易衡量部屬成熟度。

(2)對成年人（20歲以上）而言，多屬R_3、R_4，此時，「告知型」的Q_1與「推銷型」的Q_2就顯得不實際。

結論

(1)有效之領導風格須配合部屬成熟度而作調整。

(2)領導風格可透過組織訓練加以改變。

11.14　三構面領導理論

三構面領導理論（Three-Dimensional Leadership Theory）係由雷定（Raddin）所提出，強調領導效能取決於情境，採取權變式的領導風格，主張「任務導向」、「關係導向」與「領導效能」三構面。

由任務導向與關係導向組成四個基本的領導風格，如圖11-10所示，分別是隔離型（Separated）、奉獻型（Delicated）、關係型（Related）、整合型（Integrated）四種，分別說明如下：

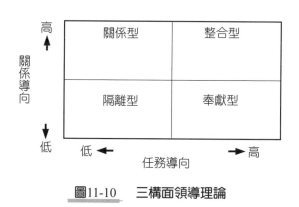

圖11-10　三構面領導理論

1. **隔離型：**

   屬低任務─低關係導向，領導者既不重視工作，亦不重視人際關係。

2. **奉獻型：**

   屬高任務─低關係導向，領導者不重視人際關係，一心想達成任務，秉公辦事。

3. **關係型：**

   屬低任務─高關係導向，領導者只求與部屬和睦相處，關係融洽，而不重

視任務。

4. 整合型：
   屬高任務—高關係導向，領導者兼顧群體需求及任務達成。

另外，領導效能之高低，須視領導者的行為是否能適合情境而定。若領導者的行為能適合情境，則有高的領導效能。任何領導風格都不一定是永遠正確的，強調領導行為的效能取決於情境，故領導者應採取「權變性」的領導風格。

11.15 魅力型領導理論

魅力型領導理論（Charismatic Leadership）是由豪斯（House, 1977）所提出，係結合歸因理論與特質領導理論二種觀點。魅力是權力來源中參考權的一種，係指領導者個人所具有的能吸引部屬，並激發他們支持與接受的人際關係間的吸引力。豪斯指出，魅力型領導者具有三項特質：

(1)高度自信。

(2)堅定信仰。

(3)影響他人的強烈意圖。

魅力型領導者能改變員工以追求組織目標為主，將個人利益置於組織利益之後，具有下列特色：

(1)揚棄傳統，果斷自信。

(2)有一急欲達成的理想目標。

(3)本身對上述目標有強烈的承諾。

(4)是激進的改革者，而不是固守傳統的人。

依豪斯等人（House, Woycke and Fodor, 1994）所提魅力型領導與組織績效和部屬滿足感之間具有高度的相關。

11.16 轉換型領導理論

轉換型領導理論（Transformational Leadership）是由Caminiti（1995）所提出，屬魅力型領導的一種，係領導者激勵其部屬超越本身的利益，使組織擁

有比之前更好的績效，同時更對其部屬產生意義深遠且不凡的影響。簡言之，即將組織中各項任務轉換成領導者的一致性領導風格。

　　轉換型領導理論係藉由激勵來領導部屬，並透過訴求部屬的理想與道德價值來激發出部屬超乎平常的動機，以引發其用一種全新模式來思考組織的問題，將組織中的各項任務，藉由組織成員所凝聚的願景（Vision），轉換成對部屬有意義並值得追求的目的或核心價值，使領導者具有一致性領導風格，引領成員朝一清晰且具體之目標，轉換為組織整體之利益。

11.17　願景型領導

　　願景型領導（Visionary Leadership）係由Nanus（1992）所提出，強調領導者對組織未來提出一個真實、可信及吸引人的願景，且號召相關技能、資源與人才來實現此一願景。它提供了改善現狀的創新方法，並激發人們的熱情及承諾。

11.18　交易型領導

　　交易型領導（Transaction Leadership）指藉由角色的釐清和工作上的要求，以導引部屬達成預定之目標，並藉由外在動機和需求，以獎酬建立領導者與部屬間之互惠過程，藉此激勵部屬扮演領導者結構化之角色，而部屬的努力只是在預期範圍之內，組織績效也只與部屬的努力程度相等。

11.19　領導理論之比較

　　現以特質領導理論、魅力型領導理論、交易型領導理論及轉換型領導理論作一比較，如表11-2所示。

表11-2　各種領導理論之比較

領導理論類型	特質領導理論	魅力型領導理論	交易型領導理論	轉換型領導理論
內容、特性	重視靜態之領導特質分析，特質包括生理上（如身高、外表、精力）、人格（如自尊、主動、進取）、社會背景（如教育程度、社會地位）、能力（智力、語文）等。	有高度的自信、闡明願景的能力、堅定的信念，為一激進的改革者與環境敏感者。領導者人格特質為內外控及成就導向，其與部屬建立親近、信任之關係，員工則有高度工作滿足感與組織承諾。	領導者藉由釐清角色和任務的要求，以導引部屬完成目標，達成組織績效後，領導者給予正增強（Positive Reinforcement）之獎酬。領導者重視外在動機和需求，以資源交換和利益獎懲為手段，透過考核制度、職務分配，領導者與部屬在獎酬中建立互惠，以達成組織績效。	領導者將組織成員個人利益轉換成為組織整體之共同利益，領導部屬朝清晰及具體之組織目標邁進。領導者具遠見、重視革新，鼓勵部屬提升工作動機到較高層級（如自尊、自我實現、責任道德等），影響部屬在態度上產生深遠影響。

老師小叮嚀：

1.注意管理方格之意義。

2.費德勒的權變模式領導理論（重要考題）。

3.注意豪斯的路徑─目標領導理論。

4.注意賀西與布蘭查的生命週期領導理論。

5.須了解近代領導理論，如魅力型、轉換型、交易型、願景型領導理論之差異。

 自 我 測 驗

1.主張領導者與追隨者之間有一些特質與技能上的差異的領導理論為何？

　（97年鐵路公路特考）

　(A)特徵理論　(B)行為理論　(C)管理方格理論　(D)情境理論

2. 依照路徑—目標理論，領導者明確地指導部屬工作方向、內容及技巧方法，是屬於何種領導風格？（97年鐵路公路特考）

(A)指導型領導　(B)支援型領導　(C)參與型領導　(D)成就導向型領導

3. 有關Fiedler的領導權變模式之「最不受歡迎工作夥伴（Least-Preferred Coworker）量表」是用來測量下列何項因素？（95年特考）

(A)部屬的需要　(B)部屬間之關係　(C)職位　(D)領導風格　(E)部屬的能力

4. 根據Locke之目標設定理論（Goal Setting Theory），目標設定必須具備四個條件，才能達到激勵作用，下列何者為非？（95年特考）

(A)可期望的（Expectant）　(B)可承諾的（Committable）　(C)可達成的（Achievable）　(D)可明確衡量的（Measurable）　(E)有報酬的（Rewardable）

5. 依管理者對「生產」關心與對「人」關心，二者在不同程度上相互結合，所呈現多種組合之領導方式，此稱：（97年特考）

(A)路徑—目標理論（Path-Goal Theory）　(B)管理方格（Managerial Grid）　(C)三構面領導理論（3-D Theory）　(D)管理矩陣（Management Matrix）

6. 下列有關Fiedler領導權變模式的敘述，何者正確？（96年特考）

(A)在情境最不利的狀況下，宜採取關係導向　(B)部屬成熟度是主要的影響情境因素之一　(C)在情境中等的狀況下，宜採取任務導向　(D)在情境最有利的狀況下，宜採取任務導向

7. 依照Hersey & Blanchard的領導生命週期理論，能力不足但有意願工作的員工，管理者應採取何種領導方式？（96年特考）

(A)推銷式領導　(B)參與式領導　(C)告知式領導　(D)授權式領導

8. 領導者「經由灌輸使命感、激勵學習經驗及鼓勵創新的思考方式來領導部屬」是屬於：（96年特考）

(A)替代領導（Substitute）　(B)交易型領導（Transactional）　(C)轉換型領導（Transformational）　(D)魅力型領導（Charismatic）

9. 領導之Path-Goal Theory與激勵之何種理論類似？（96年特考）

(A)Reinforcement Theory　(B)Dual Factor Theory　(C)Expectancy to Motivation　(D)Need Hierarchy Theory

10. 下列何者為真？（96年特考）

(A)美國俄亥俄州立大學對領導所做的一系列研究，發現以參與式領導

作風最具效能　(B)F. Fiedler將領導作風分為任務激勵與關係激勵二類 (C)依Path-Goal Theory，部屬之任務屬非結構化任務，則領導人之行為應以支援型為佳　(D)產品與服務的改變係屬環境變動的一種

11. 有關Fiedler的權變領導理論，下列何者為真？（複選）（96年特考）

(A)領導者領導風格本質上是固定而非變動的　(B)當領導者風格與情境不配合時，應該改變情境來配合領導者的風格　(C)情境因素包括：部屬能力與成熟度、任務結構和職位權力　(D)領導者可以改變其行為或風格，以迎合特定情境的需求

12. 管理方格中，（1,9）是屬於何種型態領導？

(A)工作管理　(B)俱樂部　(C)不良型　(D)鐘擺型

13. which of the following, accounting to French and Raven, is the type of power a person has as a result of his or her position in the formal organizational hierarchy?

(A)legitimate　(B)coercive power　(C)reward power　(D)expert power

14. Two leadership styles used by Fiedler in his contingency theory were

(A)employee-centered and job-centered.　(B)consideration and initiating structure.　(C)concern for people and concern for production. (D)relationship-oriented and task-oriented.　(E)employee-oriented and relations-oriented

15. 費德勒（Fiedler）的領導權變模式指出有效的領導端視情勢而定，下列何者不是費氏權變模式的情境因素？（97年台電公司養成班甄試試題）

(A)領導者與部屬的關係　(B)部屬之個別差異　(C)任務結構化程度 (D)領導者的職位權力

16. 管理方格（5,5）是屬於何種領導型態？

(A)俱樂部　(B)不良型　(C)鐘擺型　(D)團隊管理

17. 「鄉村俱樂部型管理」是管理座標（Managerial Grid）理論中的：

（96年中華電信企業管理）

(A)（1,1）型　(B)（1,9）型　(C)（9,1）型　(D)（9,9）型

【解析】
管理方格領導理論：（1,9）為「鄉村俱樂部型」領導。

18. 下列何者不屬於費德勒的領導權變模式中的情境變數之一？

(A)Loader's consideration　(B)Task structure　(C)Lender's position power
(D)Leader-member relations

19. A leader who is friendly with employees and who acts genuinely interested in personal problems describes which dimension in the Ohio State University studies？

(A)authority　(B)initiating structure　(C)employee oriented
(D)consideration　(E)production oriented

20. Michigan Studies 的研究結論認為有效的領導是：

(A)Production Oriented　(B)Employee Oriented　(C)Both Employee & Production Oriented　(D)Initiation Structure

21. When a charismatic manager is identified, he/she is apt to have more power than his/she colleagues because of ＿＿＿ power.

(A) legitimate　(B) reward　(C) coercive　(D) referent

22. According to situational leadership theory, employee readiness is determined by

(A) ability, willingness, and confidence.　(B) position power, task structure, leader-member relations.　(C) task, relationship, decision.
(D) motivation, desire, control.

23. According to Hersey and Blanchard, the participating style is made up of

(A) high task-high relationship　(B) high task-low relationship　(C) low task-high relationship　(D) low task-low relationship

24 研究領導者（Leader）、追隨者（Follower）及情境（Situation）三者之間的可能搭配，亦即領導是領導者、部屬與情境三項變數之函數的領導理論，通常稱為：

(A)屬性理論　(B)行為理論　(C)權變理論　(D)二因子理論

25. 請問在下列有關權變或情境（Contingent or Situational）的領導理論中，何者陳述是正確的？

(A)費德勒（Fiedler）的情境論點是建立在任務結構、上司權力地位及部屬的準備程度上　(B)賀西與布蘭查（Hersey & Blanchard）的生命週期理論是建立在上司的領導風格及部屬的工作能力上　(C)Hersey & Blanchard 的生命週期理論是建立在「組織不同（生命）成長階段所應採

取不同領導方式」的共識上 (D)Fielder 認為「關懷（人員）導向」的領導風格會有較佳的領導績效 (E)Hersey & Blanchard認為部屬的能力與意願二者代表了部屬的準備程度，也影響了上司的不同領導風格

26. 下列有關權變理論的敘述，何者有誤？（97年台電公司養成班甄試試題）
(A)沒有一種管理理論可適用於任何情況 (B)強調靜態管理 (C)企業經營與管理並無一定的程序與方法 (D)企業組織是否恰當，管理方法是否良好，端視工作性質與企業環境而定

27. Situational leadership focuses strongly on
(A)leaders (B)situations (C)followers (D)contexts (E)environments

28. According to path-goal theory, a leader who lets subordinates know what's expected of them, schedules work to be done, and gives specific guidance as to how to ac-complish tasks is termed
(A)directive (B)achievement oriented (C)participative (D)supportive (E)authoritative

29. LPC尺度（Least-Preferred Coworker Scale）是在哪一種領導理論中提出的？
(A)特質理論（Trait Theory） (B)權變或情境理論（Contingency or Situational Theory） (C)行為理論（Behavior Theory）

30. What type of leaders guide or motivate their followers in the direction of established goals by clarifying role and task requirements?
(A)transactional (B)charismatic (C)trait (D)transformational (E)informational

31. Contingency means that:
(A)organizations should be structured loosely. (B)management structure is determined by the era or times. (C)one thing depends on other things, such as structure depending on environment. (D)the key contingent of workers should be college graduates. (E)all of the above.

32. 就Blake & Mouton提出管理方格理論（Managerial Grid）而言，下列敘述何者為非？
(A)（9,9）的領導方式為Team Management (B)（1,1）的領導方式為Impoverished Management (C)採取的領導二構面為Concern for Production, Concern for People (D)（9,1）的領導方式為Country Club Management (E)（5,5）的領導方式為Organization Man Management

33. 在費德勒（Fiedler）模式中，當在最不利的情境下，較適合使用哪種領導風格？（96年中華電信企業管理）

(A)授權型　(B)任務導向　(C)參與型　(D)關係導向

【解析】

Fiedler權變領導模式理論之情境因素有三：

㈠領導者與部屬之關係：指部屬對領導者之忠誠、信任與尊重之程度。

㈡任務結構：指部屬工作例行化或結構化之程度。若例行性愈高，任務結構愈高，情境對領導者愈有利。

㈢職位權力：指領導者在遴選、升遷、獎懲、訓練、調薪等權力影響之程度。職位權力愈大，情境對領導者愈有利。

※最有利、最不利情境：皆用「任務導向」領導。

※稍微有利情境：皆用「關係導向」領導。

34. 在Fiedler的領導情境模式中，下列哪些敘述是錯誤的？（複選）

(A)在情境最不利的狀況下，適宜採取任務導向　(B)在情境最有利的狀況下，適宜採取任務導向　(C)在情境中等的狀況下，適宜採取任務導向　(D)部屬成熟度是主要的情境因素之一　(E)主管的領導風格可以隨情境需要而調整或改變

35. 在Hersey-Blanchard的情境領導理論中，當部屬「有能力」但「無意願」去工作時，應採用哪種領導風格？（96年中華電信企業管理）

(A)告知型　(B)推銷型　(C)參與型　(D)授權型

【解析】

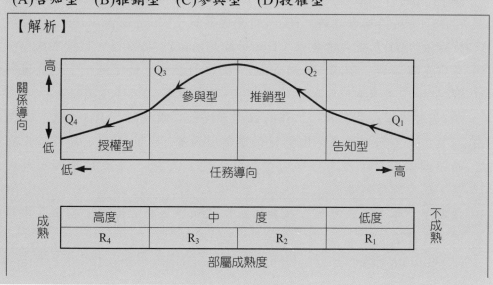

㈠告知型（Telling）：屬高任務—低關係導向（Q_1），告知部屬What、How、When、Where工作，適合低成熟度的員工（R_1）。

㈡推銷型（Selling）：屬高任務—高關係導向（Q_2），適於中低成熟度的員工（R_2）。

㈢參與型（Participating）：屬低任務—高關係導向（Q_3），與部屬共同制訂決策，適於中高成熟度的員工（R_3）。

㈣授權型（Delegating）：屬低任務—低關係導向（Q_4），適於高成熟度的員工（R_4）。

※註：成熟度（Readiness）或準備程度：指部屬在設定挑戰性的目標及達成該目標的能力與意願（Willing）。其中，「能力」指「工作成熟度」（Job Maturity），如知識、技能；「意願」指「心理成熟度」（Psychological Maturity），如態度、動機等。

36. 當你的部屬覺得工作太重而薪資太低，請問你應採取哪種領導風格？
(A)指導型領導　(B)支援型領導　(C)參與型領導　(D)成就導向領導
(E)推銷型領導

37. 管理方格理論（Managerial Quid Theory）所採取領導方式之二構面是：
(A)關心生產與關心人員　(B)員工中心與工作中心　(C)關懷與定規
(D)任務與關係

38. 下列何者為領導情境理論的代表之一？（97年台電公司養成班甄試試題）
(A)李克特（Likert）之員工導向及工作導向理論　(B)俄亥俄州立大學（OSU）之二構面理論　(C)布雷克與莫頓（Blake & Mouton）之管理方格理論　(D)豪斯與米契爾（House & Mitchel）之路徑—目標理論

39. 布雷克與莫頓（Blake & Mouton）提出的管理方格理論，下列敘述何者有誤？（97年台電公司養成班甄試試題）
(A)是由關心人員及關心工作的程度來代表二個構面　(B)（9, 9）是關心人員，而不關心生產，即鄉村俱樂部型領導　(C)（9, 1）是關心生產，而不關心人員，乃工作導向型領導　(D)（5, 5）是表示兼顧人員與生產，屬中庸型領導

40. 請就下列學者（或單位）及其所採取的領導觀念之配對，指出其中錯誤者：（複選）
(A) Reddin-three dimensional theory.　(B) Fiedler-path-goal theory.
(C) Vroom-managerial grid theory.　(D) Conger & Kanungo-charismatiic

leadership.　(E) University of Michigan-achievement oriented, production oriented.

41. 在權變領導模式理論中，費德勒（Fiedler）之權變模式意義為何？請加以說明。

42. 費德勒領導情境理論提出三個情境因素，下列何者不是其所提之因素？
（96年中華電信企業管理）

(A)工作結構　(B)職位權力　(C)領導者與部屬關係　(D)公司願景

43. Which leader behavior from the path-goal theory is similar to the initiating structure leadership？

(A)supportive leadership　(B)directive leadership　(C)participative leadership　(D)achievement-oriented leadership

44. 比較管理方格（Managerial Grid）、費德勒（Fiedler）的領導權變模型（Leadership Contingerncy）及魅力式領導（Charismatic Leadership）三者之異同。

45. 下列哪一個領導理論不屬於情境理論？

(A)費德勒（Fiedler）之情境模式理論　(B)路徑－目標理論（Path-Goal Theory）　(C)領導生命循環理論（Life Cycle Theory）　(D)仁慈專制理論

46. 懷特（White）及李皮特（Lippett）所提出之三種領導方式理論，其三種領導方式為：

(A)權威、諮商、民主　(B)權威、民主、放任　(C)民主、傳統、諮商　(D)傳統、諮商、放任

47. 一個主張領導者應衡量部屬之成熟狀態，而領導方式在任務導向與關係導向間作適當調整，正如人之成長過程，雙親之照顧方式亦隨各階段而異的領導理論是：

(A)路徑－目標理論　(B)領導生命循環理論　(C)情境模式理論　(D)仁慈專制理論

48. 美國密西根管理學者李克特（Likert）曾提出一參與管理系統，其將組織管理方式依據參與程度分為四種類型，其認為最理想之第四系統，稱為：

(A)仁慈／權威方式　(B)諮商方式　(C)參與方式　(D)剝削／權威方式

49. 雷定（Raddin）曾提出領導三構面理論（Three Dimensional Theory），下列何者並非該理論所用之構面？

(A)任務導向　(B)關係導向　(C)參與導向　(D)領導效能

50. 在布雷克與莫頓的管理方格（Managerial Grid）中，所謂（9,1）型是指企業的領導型態：

(A)非常重視人性，不重視生產目標　(B)非常重視生產目標，不重視人性　(C)既不重視人性，也不重視目標　(D)以上三者的說法都不正確

51. 下列有關「魅力型領導」的敘述，何者有誤？

（97年台電公司養成班甄試試題）

(A)魅力領導對任何情境均有效　(B)延伸自特質理論　(C)魅力領導者具有願景　(D)魅力領導者有能力將願景傳達給追隨者

52. 何謂「適應性領導」（Adaptive Leadership）？

53. 請說明一個成功領導者應具備哪些基本的人格特質？

54. Leadership as a research topic has been extensively studied in the discipline of management. Many theories and models are available in the literature, describing leader's style, behaviors, and their influences. Among them, the path-goal model advanced by House, the vertical-dyad model by Graen, and the transformational leadership model have received great research attention. Please briefly discuss the key ideas associated with each of the three leadership models, respectively. In addition, please list possible situational factors that may influence a leader's effectiveness.

55. 領導型態受到領導者所面對的情境條件影響，請說明可能的情境條件項目。

56. 何謂情境理論（Situational Theory）？特質理論？

57. 企業領導人應採用何種領導風格？

58. 人力資源管理個案分析：

　　民生社區醫院需要一位營養室的二級主管，A小姐是人力資源管理主任及營養室主任認為最適任的人選。A小姐上任後發現一個嚴重的問題。原先醫院本想讓營養室B先生接任，但考量後認為B先生太年輕而作罷。營養室員工原來的心理準備均以為B先生會是二級主管。B先生在工作上非常的合作，但是其他的員工則不然，他們經常於出狀況時抱怨說：「如果今天是B先生當主管，事情便不會發生。」且單位還謠傳，A小姐的工作職位是單純因為認識高階主管，而非因她的能力。

　　A小姐於是把一部分的工作授權給B先生。B先生很高興的工作，且

與屬下相處得很好。A小姐與屬下相處的時間較少,漸漸形成依賴B先生。B先生提出加薪、晉升的要求,然而,人力資源管理部以A小姐在授權前未先提出申請為由而加以拒絕。

⑴如果你是A小姐,你會如何做?

⑵A小姐對B先生的處理過程是屬於X或Y理論?請討論。

⑶晉升的策略如何影響員工的動機?

⑷現況激勵B先生的問題在哪裡?

⑸面對這種狀況,營養室的主任該如何做?

⑹人力資源管理部主任在此個案中應該扮演什麼樣的角色較適當?

59.企業管理個案分析:

  「所謂的領導者,和階級與職稱無關,而是你必須去做啟發並釋放其他人的才能與渴望。且領導者是創造一個對的環境,並且讓其他人在組織內自由自在。」

  試從以上敘述,說明一個e世紀的領導者可透過哪些實際做法或措施達成這個目標。請以明確的概念性架構加以分析說明之。

60.請根據你所知道的領導方面理論或概念,說明如何領導下列人員或組織(如領導者的特質、領導行為、有利的領導情境),才能獲得好的績效?⑴標準化生產線上的人員 ⑵公務(家)機關 ⑶慈善團體

注意事項:

⑴答題時儘量指出所學過的理論或概念,並顯示你能適當的運用這些理論或概念。

⑵有時候你必須指出你的答案是基於什麼樣的假設前題。

61.領導方式隨情境而有所不同。試問領導會計室(成員多為女性,25-45歲)和領導技術開發室(員工多為男性,25-35歲),其領導方式有何不同?

本章習題答案:

1.(A) 2.(A) 3.(D) 4.(A) 5.(B) 6.(D) 7.(A) 8.(C) 9.(C) 10.(B)

11.(AB) 12.(B) 13.(A) 14.(D) 15.(B) 16.(C) 17.(B) 18.(A)

19.(D) 20.(B) 21.(D) 22.(A) 23.(C) 24.(C) 25.(E) 26.(B) 27.(B)

28.(A) 29.(B) 30.(A) 31.(C) 32.(D) 33.(B) 34.(CDE) 35.(C)

36.(B) 37.(A) 38.(D) 39.(B) 40.(BCE) 42.(D) 43.(B) 45.(D)

46.(B) 47.(B) 48.(C) 49.(C) 50.(B) 51.(A)

第 12 章 ·
激　　勵

本章學習重點

1. 激勵的涵義
2. 激勵的過程
3. 介紹激勵理論的類型
　　包括(1)內容理論：
　　　　　(a)需求層級理論
　　　　　(b)雙因子理論
　　　　　(c)ERG理論
　　　　　(d)XY理論
　　　　　(e)成熟理論
　　　　　(f)三需求理論
　　　　(2)程序理論：
　　　　　(a)期望理論
　　　　　(b)公平理論
　　　　　(c)目標理論
　　　　　(d)增強理論
　　　　　(e)效果理論
　　　　(3)整合理論

12.1　激勵的涵義

激勵（Motivation）一辭源自於拉丁文movere，原意為引發及推動（Move），也可稱「動機」，係透過誘因刺激人們採取行動。激勵不是一項特質，而是個人與情境互動的結果，也是員工努力工作的動機。

依D. B. Lmdsley定義「激勵」為指各項驅動力之組合，可藉由直接激發而使行為持續，以完成目標。人類行為的動機源自於需求，需求是對所希望的結果出現期待，因需求而產生尋求滿足的行為。基本上，人們是可以接受激勵或者以報酬來驅使其從事某項工作，故激勵員工，只要找出他們的需求是什麼，即可激發其需求，進而產生目標導向的行為動機。

不過激勵亦有其複雜的一面，譬如同樣的獎勵，也許某人認為是一項重要的報償，但另一人卻認為毫無用途；一項報償的提供，對某些人可能非常重視，但對另外一些人卻沒有作用。因此，激勵在管理上的意義是：針對員工的個人需求或目標，採取有計畫的措施，並設置一個適當的工作環境以誘導、激發員工們強烈的工作意願，使他們能自動自發，把個人的潛能發揮出來，奉獻給組織，進而順利達成組織的目標。

12.2　激勵的過程

如上節所述，激勵注重在能引起員工個人對某項行為產生動機。「動機」（Motivation）可定義為：「在滿足個人需求的情況下，為達成組織目標而付出大量努力的意願。」動機可視為個人與情境互動的結果。每個人的動機不同，其動機會隨著情境的轉變而改變。動機的水準不僅有個別差異，即使是相同的人，在不同的時間，也會有差異。

激勵作用可視為是一種需求被滿足的過程，如圖12-1所示。需求（Need）意指對某種結果具有吸引力的某些內在心理狀態。未被滿足的需求會產生緊張，而引發人的內在「驅動力」（Drive）。這種驅動力將導致搜尋行為需求及選擇滿足需求的方法，並採取目標導向的行為，目標若一旦達成，則將滿足上述需求而消除緊張。受激勵的員工處於一種緊張（Tension）的狀

態，為了消除此種緊張，他們會付出更多的努力。緊張的程度愈大，努力的程度也愈大；如果努力成功地導致需求的滿足，則內心的緊張將獲得消除。

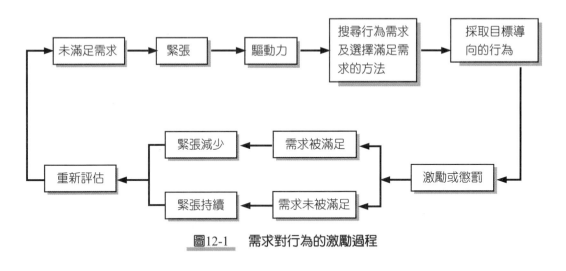

圖12-1　需求對行為的激勵過程

12.3　激勵理論類型

　　激勵是管理者重要的一項工具和技術，故許多管理學者提出各種不同的激勵理論，來引導管理者如何激勵員工，使其能激發個人潛能，奉獻給組織，使組織的資源獲得最有效的運用，進而達成組織的目標。

　　激勵理論可分為三項，如圖12-2所示。第一種為「內容理論」（Content Theory），主要以「動機的內容」來思考，即探討哪些需求會影響員工個人的動機。亦即著重於「員工個人需求」，如升遷、薪資、工作安全、認同等，管理者的職責是創造能滿足員工個人需求的良好工作環境。內容理論包含有Maslow的需求層級理論、Herzberg的雙因子理論、Alderfer的ERG理論、McGregor的X, Y理論、Argyris的成熟理論及McClelland的三需求理論。第二則是「程序理論」（Process Theory），主要探討個人在工作中的想法和認知，及選擇某一行為的過程。亦即探討如何影響一個人的努力程度，如何結合各種不同變數之交互作用來影響員工行為，使員工願意投入的努力程度。簡言之，即是在探討動機是如何發生，行為如何激勵、進行、維持和停止的過程。程序理論包含有Vroom的期望理論、Adams的公平理論、Locke的目標

設定理論、Skinner的增強理論、Thorndike的效果理論。第三是「整合理論」
（Integrated Theory），係整合「內容理論」與「程序理論」，企圖更完整的
呈現整個激勵理論的原貌。

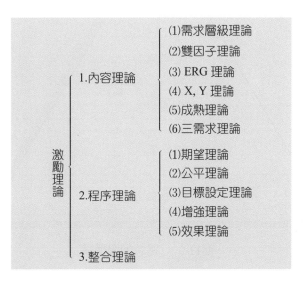

```
                        ┌ (1)需求層級理論
                        │ (2)雙因子理論
              1.內容理論 ┤ (3) ERG 理論
                        │ (4) X, Y 理論
                        │ (5)成熟理論
                        └ (6)三需求理論
激
勵                      ┌ (1)期望理論
理                      │ (2)公平理論
論            2.程序理論 ┤ (3)目標設定理論
                        │ (4)增強理論
                        └ (5)效果理論

              3.整合理論
```

圖12-2　激勵理論

12.4　需求層級理論

　　心理學家馬斯洛（Abraham Maslow）於1943年提出「需求層級理論」
（Need Hierarchy Theory），此理論被視為早期激勵理論的基石。他所提出
的五種需求，依層級高低分別是生理需求（Physiological Needs）、安全需求
（Safety Needs）、社會需求（Social Needs）、自尊需求（Esteem Needs）和
自我實現需求（Self-Actualization Needs）。他認為人類的需求彼此是相關聯
的，且形成一種優勢層級體系，在滿足需求乙（屬較高層級者）之前，須先滿
足需求甲（屬較低層級者）。

　　馬斯洛認為較低層級的需求獲得滿足後，才有可能出現下一層級的需
求；且一旦需求被滿足後，就再也無法誘發其行為。另一方面，馬斯洛也認為
高層級的需求較不易獲得滿足，此乃因其獲得滿足需求的手段較少所致。

　　馬斯洛將需求分為五種層級，如圖12-3所示，現分別說明如下：

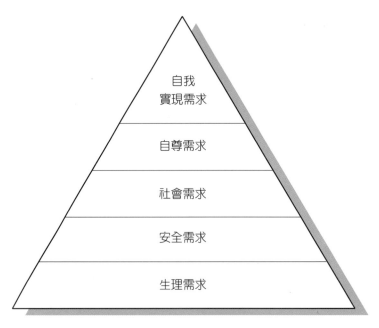

圖12-3　需求層級理論

1. 生理需求（Physiological Needs）：
   此為基本生存需求，如對食物、飲水、居所等的滿足需求。
2. 安全需求（Safety Needs）：
   在生理需求得到滿足後，進而追求安全、安定的需求，以避免危險、威脅、不確定等狀況之發生。
3. 社會需求（Social Needs）：
   此為追求獲得群體的歸屬感、接納、友情等。
4. 自尊需求（Esteem Needs）：
   此為希望獲得他人尊敬、認同和成就感等需求。
5. 自我實現需求（Self-Actualization Needs）：
   係要達成自己的理想、實現人生的目標、充分發揮自己的需求潛能；除非個人滿足了自我實現的需求，否則會使個體產生不滿和不安。

　　馬斯洛的激勵理論，係強調管理者要激勵員工，必須了解員工的需求。且不論管理者採取何種方式，都必須以滿足員工的需求作為假設的依據。故管理者在應用馬斯洛理論時，須注意以下三項：
　　(1)各需求之間可能會有重疊，當一個需求的強度超過了另一個需求的強度

時，它就左右了個人的行為。

(2)馬斯洛提出的各項需求順序，並不適用於每一個人，如有些人的社會需求可能會在安全需求之前。

(3)不同的人雖然其外顯的行為相同，但並不表示他們的需求也相同。

12.5　雙因子理論

赫茲柏格的雙因子理論

　　赫茲柏格（Frederick Herzberg）為一心理學家，他透過和九家公司二百位工程師與會計師的面談，請其回想他們感到最滿足且最受激勵，及最不滿足且感到最不被激勵者，以發展其理論。結果發現，受訪人員對於工作最滿足或最不滿足的情境是截然不同的；受訪人員覺得不滿足的項目多與工作環境有關，而滿足者則多屬於工作本身，如圖12-4所示。

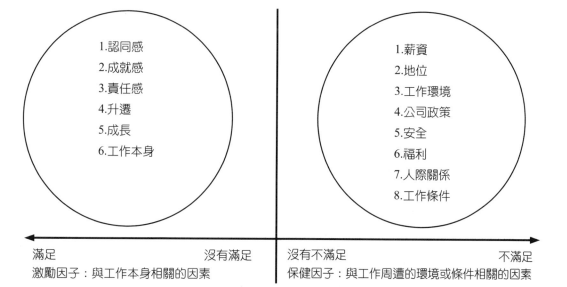

圖12-4　赫茲柏格的雙因子理論

　　赫茲柏格認為能帶給員工滿足者（Satisfaction），有一些內在工作本身因素可作為激勵之條件，並產生良好的績效，稱為「激勵因子」（Motivators），又稱為「內部因子」（Intrinsic Factors）或「滿足因子」（Satisfiers）。若沒有這些因子，也不會引起高度不滿足。

　　若本身無激勵作用，但當缺少時會產生不滿，在到達某一程度後若再增加也無法獲得滿足，且未必能有激勵作用，稱為「保健因子」（Hygiene Factors），又稱為「外部因子」（Extrinsic Factors）或「不滿足因子」（Dissatisfiers）。

雙重連續帶

　　赫茲柏格強調「導致正面工作態度與負面工作態度的因子，彼此各不相同」，工作滿足（Satisfaction）的反面是「沒有滿足」（No Satisfaction），而不是一般所認為的不滿足；而不滿足（Dissatisfaction）的反面是「沒有不滿足」（No Dissatisfaction），如圖12-5所示。

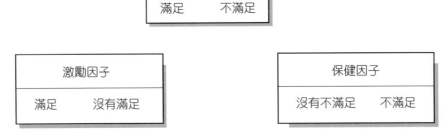

圖12-5　　雙因子理論的雙重連續帶

　　赫茲柏格的「雙因子理論」（Two-Factor Theory）或「激勵－保健因子理論」（Motivation-Hygiene Theory）認為，並非所有的工作因素都具有激勵作用，只有人們內在報酬的因素，例如成就感、認同感、責任感等，才有激勵作用並可導致工作滿足。企業提供薪資、制訂政策與改善工作環境等措施，能降低員工對工作的不滿；然而，真正的激勵應從尊重員工、肯定賞識員工及由工作本身讓員工滿足自我實現的成長，員工始能獲得激勵。

12.6　ERG理論

　　艾德佛（Clay Alderfer, 1972）提出的ERG理論，主要是將馬斯洛需求層級理論的五個需求層級合併為三個，即存在需求、關係（和諧）需求與成長需求，分別說明如下：

1.　**存在需求（Existence Needs）：**
　　此需求合併了馬斯洛的生理需求與安全需求，係指透過物質（如飲水、食物、空氣）及實體（如薪資、福利、工作環境等）需求，維持生存的物質條件，以獲得滿足。

2.　**關係（和諧）需求（Relatedness Needs）：**
　　此需求類似於馬斯洛的社會需求，係指透過他人（包括家人、鄰居、朋友、同事、部屬及上司）等建立及維持人際關係的需求。

3.　**成長需求（Growth Needs）：**
　　此需求合併了馬斯洛的自尊與自我實現的需求，係指追求個人自我發展機會的需求。

結論

　　ERG理論的三需求，主要有下列三項結論：
⑴在低層級的需求獲得滿足後，才會轉而追求高層級的需求。
⑵以二種以上的需求影響員工行為的動機（即不同的需求可同時激勵員工）。
⑶符合「挫折回歸」（Frustration Regression）觀點。

12.7　X, Y理論

　　麥克里高（Douglas McGregor）提出管理者對部屬的行為與態度有二種截然不同的人性假設，此二種相對觀點說明如下：

1. X理論：

   強調人性本惡的觀點，認為員工不喜歡工作、懶惰、逃避責任，所以管理者相信以「脅迫」、「控制」、「威脅」等手段可達到所追求的目標，且儘量尋求正式的指揮。

2. Y理論：

   強調人性本善的觀點，認為員工具有創造力、會主動承擔責任及自我管理，所以管理者相信群體中普遍存在具有優秀決策能力的人，員工工作如同休息和遊戲一樣的自然，且員工若認同組織目標，就會自我要求與自我控制。員工也會學習如何接受責任，甚至主動承擔責任。

   由於人性假設不同，管理者的作為也不同。麥克里高相信Y理論比X理論更有效，他認為諸如參與決策、賦予員工職責及較富挑戰性的工作，與良好的群體關係，都會激勵員工。對照馬斯洛的需求層級理論，在激勵員工時，Y理論較重視高層級需求的滿足，X理論則較重視低層級物質性的獎勵。但事實上，至今尚未有證據足以證實哪一組假設較有效（Robbins, 2001）。

12.8　成熟理論

成熟理論（Immaturity-Maturity Theory）係由艾吉利斯（Argyris）所提出，他針對耶魯大學進行一項工業組織之研究，研究有關「管理型態」與「制度」對於「個人行為」與「個人成長」的影響。他將員工個人由嬰兒期（不成熟）到成年期（成熟）的變化，劃分為七種變化之型態，如圖12-6所示。

不成熟（嬰兒期）	成熟（成年期）
1.被動性（Passive State）	主動性（Active State）
2.依賴性	獨立性
3.少樣行為	多樣行為
4.短暫而淺薄之興趣	持續而深厚（強烈）之興趣
5.視界短（只有現在）	視界遠（包括過去與未來）
6.附屬他人	同等或凌駕他人
7.缺乏自我意識	由「自我意識」至「自我控制」

圖12-6　成熟理論

艾吉利斯提出的成熟理論，主要包括下列幾項觀點：

(1)大部分組織將員工視為處於「不成熟」。

(2)正式組織與成熟人格間的不協調。

12.9　三需求理論

「三需求理論」（Three－Needs Theory）又稱為「學習需求理論」（Learned Needs Theory），係為麥克里蘭（David McClelland, 1961）所提出，主要強調以個人特質來了解組織中的激勵作用。他專注於學習所獲得的需求，而此需求如同個人特質般，會造成人們「持續而穩定的傾向」，所以傾向可由環境中的一些因素所引發。

麥克里蘭認為在工作情境中，有三種主要的相關動機或需求，說明如下：

1. 成就感需求（Need for Achievement）：

係指企圖超越別人，追求成功的驅動力，強調所追求的是個人的成就感。通常高成就感需求者在面對0.5成功機率時表現最佳，而成功機率若過低或過高則較得不到成就感。高成就感需求者會針對問題加以解決，且設定挑戰目標，勇於承擔成敗的責任。

2. 權力需求（Need for Power）：

係指追求影響力的慾望，想依某種方式使別人聽命，甚或約束他人行為的需求。高權力需求者喜歡「掌握」，企圖去影響他人，且樂於處在競爭性

和地位導向的環境中。

3. **歸屬需求（Need for Affiliation）：**

也稱為「親和需求」，係指一種讓他人喜歡及接受的慾望，追求及建立友善親密人際關係的需求。高歸屬需求者追求友誼，且喜互相合作，而不願意處於競爭場合。

依據上述三需求理論，Robbins（2001）提出下列之意見：

(1)高成就感需求者不一定是好的管理者（尤其在大型組織中）。

(2)權力需求與歸屬需求和管理者的成功有密切相關。

(3)成就需求可透過教導訓練激發出來。

12.10　期望理論

期望理論（Expectancy Theory）是由伏隆（Victor Vroom）於1964年所提出，係一程序模式的激勵理論，是目前對激勵所作最為詳細解釋的理論。其理論主要考量個人對工作狀況的期望所建構的激勵理論，它可有效預測和解釋人們的工作動機。伏隆認為，個人採取某種行為的傾向，係取決於下列二構面：

(1)對採取該行為所導致某種結果的機率（可能性）。

(2)此一結果對於個人吸引力的大小。

伏隆認為個人（或員工）對於努力、績效與結果間關係之信念，及員工對工作能帶給他的結果之價值信念，決定於激勵水準。而激勵水準的三項變數和其公式如下：

$$MF = E \cdot V$$
$$= (\varepsilon \to P) \cdot (P \to O) \cdot V \qquad （公式12.1）$$

式中，MF：動機作用力（Motive Force）

　　　E：期望機率

(1)$\varepsilon \to$　P：預期性，即員工認為付出一定的努力後，所能達到績效的機率。

⑵P→　O：工具性，即員工對於達成績效水準後，會獲致預期結果報酬的機率。

⑶　　V：價值性或稱吸引力，即員工認為自工作中所獲得的報酬（或結果），對於自己重要性程度的機率。

上述三項變數與動機作用力之關係，可以圖12-7表示。

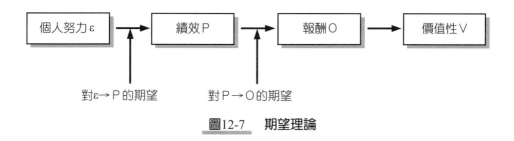

　　個人努力ε　　　　　　績效P　　　　　　報酬O　　　　　　價值性V

對ε→P的期望　　　　對P→O的期望

圖12-7　　期望理論

由公式12.1亦可寫成下列式子：

努力程度=(ε→P)‧(P→O)‧V

　　　　=預期性‧工具性‧價值性

有效激勵員工

　　由上述可知，員工要達成一定的績效，須付出多少的努力？員工是否有能力達成？在員工達成績效後，會獲得多少報酬？而這些報酬對員工有多少吸引力？獲得這些報酬有助於個人目標嗎？故一個人是否有努力的意願，取決於他自己的目標和他認為值不值得投入心力去達成這些目標。所以，為使激勵發生最大效用，必須調整工作情境，以極大化達成組織目標之工作預期性、工具性與價值性的乘積，現分述如下：

1.　**提高預期性：**

　　管理者應選擇具有適當能力的員工，加以訓練並提供所須資源，訂定明確的工作目標。

2.　**提高工具性：**

　　管理者應發展適當的績效評估程序，且在達成績效給付報酬時，加強績效與報酬之間的關係。

3. 提高價值性：
　　管理者應了解員工的需求，且以有益的報酬來滿足員工的需求。

結論

　　期望理論讓管理者充分了解員工對於上述三種期望的認知，才能有效激勵員工，故期望理論可歸納出下列四項結論：

⑴員工對於努力ε、績效P、結果（或報酬）O間的關係，及員工對工作所能帶給他的價值性V，取決於激勵水準。

⑵只有在組織提供的誘因符合員工期待時，員工才願意努力工作。而決定員工努力程度者，是此三變數的主觀認知，而非客觀結果。

⑶組織所提供之報酬須有一定的吸引力，且應與員工需求之報酬一致。

⑷管理者必須給予員工持續的回饋，以使現實與認知能相互一致。

優點

　　期望理論具有下列二項優點：

⑴可有效的預測和解釋個人（員工）的工作動機（Eerde & Thierry, 1996）。

⑵配合內容模式的雙因子理論，給予不同的期望報酬，以充分發揮激勵作用。

缺點

　　期望理論具有下列四項缺點：

⑴因屬程序模式理論，忽略何者為個人（員工）重視的價值，故須以內容模式理論加以補強，才能完全解釋。

⑵只能應用於個人（員工）自我控制的行為，故較適用於放任式民主的組織。

(3)此為理智的分析,較難對情緒化反應作解釋。

(4)沒有一種放諸四海皆準的原則可用來解釋每個人的激勵作用。

12.11　公平理論

　　公平理論（Equity Theory）係由亞當斯（Stacey Adams, 1963）所提出。此理論主張個人不但關心自己努力後所獲得的絕對報酬,且關心個人所獲得的報酬與其他人所獲得報酬之間的相對報酬關係,來決定自己努力的程度。

　　公平理論指個人（員工）將自己所做的貢獻（投入）（Input）和所得的報酬（產出）（Outcome）,與一位和自己條件相當的參考對象（Referent）的貢獻（投入）與報酬（產出）進行比較,若此二者間的比值相等,雙方就都有公平感;若此二者間的比值不相等,則會感到壓力,此種壓力便提供了激勵的基礎,將會為了應有的公平而努力,如圖12-8所示。

　　上述之激勵理論可以下列公式表示:

$$\text{認知比:}\ (\text{Perceived Ratio}) \qquad R = \left(\frac{報酬}{貢獻}\right)_{自己} \begin{matrix}<\\=\\>\end{matrix} \left(\frac{報酬}{貢獻}\right)_{他人} \qquad （公式 12.2）$$

　　公平理論假設個人（員工）在認為工作貢獻（投入）與所獲得的報酬（產出）相等時,可以產生最大的工作滿足感。而工作貢獻（投入）包括教育程度、經驗、技術、努力程度等,工作報酬（產出）包括薪資、賞識、升遷、地位、成就感等。

　　在圖12-8中所謂的參考對象（Referent）,可分為「他人」、「系統」和「自己」。其中「他人」指朋友、鄰居和同業者;「系統」指組織中的薪資政策、處理程序及行政管理系統;「自己」指個人的工作報酬與貢獻比值和他人或過去的工作報酬與貢獻比值作一比較。當不公平存在時,會影響其努力程度,他們會試圖去進行修正。

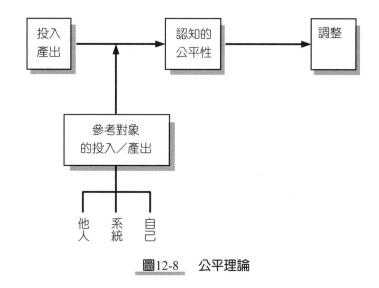

圖12-8　公平理論

在公式12.2中，自己與他人之間存在「小於」或「等於」或「大於」符號，其意義表示於圖12-9。

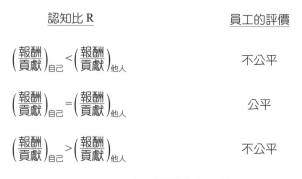

圖12-9　公平理論的認知比

公平理論乃是當員工認為不公平時，他們會採取下列行動：

(1)扭曲自己或他人的貢獻或報酬，以降低認知的差距。

(2)增加自己的報酬。

(3)降低他人的報酬。

(4)降低自己的貢獻。

(5)增加他人的貢獻。

(6)選擇另一個參考對象。

(7)試著影響參考對象。

⑻離開目前工作。

1.　優點

公平理論具有下列三項優點：

⑴藉由認知比的不相等，可提供激勵的基礎，進而為了公平而努力。

⑵在員工激勵作用上的解釋，扮演了重要的角色。

⑶員工激勵作用受到相對報酬的影響，而非絕對報酬。

2.　缺點

公平理論具有下列三項缺點：

⑴只注重報酬的結果，而忽略其他。

⑵不同的組織與不同行業，無法客觀比較。

⑶對偏低報酬之預測較佳，對偏高報酬的反應則無滿意的說明。

12.12　目標設定理論

目標設定理論（Goal-Setting Theory）係由洛克（Edwin Locke）於1960年所提出，他認為個人行為是由「目標」（Goal）與「意圖」（Intention）所形成。目標設定理論指管理者藉由員工能接受和認同的「目標困難度」和「目標明確度」，以指引部屬的績效，並透過員工目標達成度的回饋機制，使目標成為一個有效的激勵因子。而影響員工績效的二項目標有：

1.　目標困難度（Goal Difficulty）：

指目標受到挑戰與需要努力的程度。當一項目標太過於簡單或太過於困難達成時，通常不會被員工接受或認同，而其目標設立也失去了激勵的作用。

2.　目標明確度（Goal Specificity）：

指目標明確與清楚的程度。藉由員工判斷努力（ε）與績效（P）的關聯性，予以績效回饋，使員工容易採取修正調整的動作。

1999年，Griffin提出了目標設定理論的擴充模型（Expanded Model）理論，除了上述二項影響員工績效的目標因素外，再加上下列二項目標，如圖12-10所示：

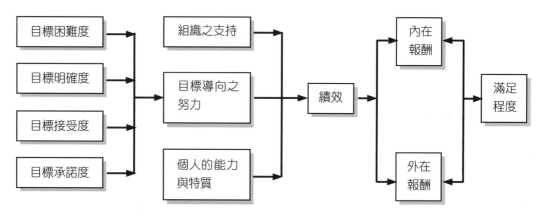

圖12-10　目標設定理論的擴充模型理論（Griffin, 1999）

3. **目標接受度（Goal Acceptance）**：
指員工將目標視為自己目標的程度。
4. **目標承諾度（Goal Commitment）**：
指員工對達成目標的興趣程度。

　　由圖12-10可知，目標困難度、目標明確度、目標接受度與目標承諾度是目標導向努力的四個特性函數。而目標導向的努力、組織的支持、個人的能力與特性的交互作用，將影響員工的工作績效；組織的正面支持可提供適當的人員及充分供應的原料，負面支持則可能是未修復待修狀態的機器設備；員工個人的能力與特質係為員工工作所須具備的技能及其他個人特質。而員工獲得工作績效後，將得到內在報酬與外在報酬，此將影響員工的工作滿足感。

結論

　　目標設定理論綜合各學者之意見，可得到如下的結論：
(1)組織透過目標設定，以激勵員工和導引其行為。
(2)具挑戰性之目標最具激勵作用，讓員工參與目標設定，以使員工獲得高成就感，並提高員工工作滿足感。
(3)目標設定須符合下列四條件限制，才可達到激勵作用：
　　①可達成的（Achievable）
　　②可承諾的（Committable）

③可衡量的（Measurable）

④可報酬的（Rewardable）

⑷目標設定須符合下列四要件，才可產生較高的工作績效：

①高目標的（High Goal）

②可達成的（Achievable）

③可標準化的（Standardable）

④有期限的（Timely）

⑸目標應適時回饋檢討，並注意其進度。

12.13 增強理論

增強理論（Reinforcement Theory）是由美國哈佛大學教授史金納（B. B. Skinner, 1971）所提出，係屬操作性制約（Operant Conditioning）的激勵理論。此理論強調藉由報酬或處罰來改變或修正員工個人的行為。此理論較著重於行為後的結果（報酬或處罰），認為行為是由外在（經由學習的方式），而不是由內在（經由反射或非學習的方式）來決定，如圖12-11所示。

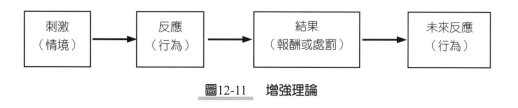

圖12-11 增強理論

行為修正方法

增強理論行為修正的四種方法，說明如下：

1. 正向增強（Positive Reinforcement）：
    指藉由報酬來強化員工正向的行為表現，以增加行為重複的可能性。正向增強因子包括加薪、晉升、獎金、讚賞等。

2. 負向增強（Negative Reinforcement）：

指為避免一些不愉悅的結果,而表現出符合主管期望的行為。

3. 處罰(Punishment):

指當不符合要求的行為出現時,給予某些負面結果以終結該行為。

4. 消弱(Extinction):

指將繼續行為的增強物(Reinforcer)(包括正向增強和負向增強)予以消除。

結論

增強理論可獲得下列結論:

(1)增強物的作用因人而異,與個人的反應有關。

(2)當行為的結果有利於個人時,行為就會重複出現。

(3)當行為的結果不利於個人時,行為就會被削弱或消失。

(4)較適用X理論的員工,過分強調控制員工,而偏向人性負面及外在報酬,忽略工作本身對人的激勵。

12.14 效果理論

效果理論(Law of Effect)係由美國心理學家桑代克(Edward Thorndike)所提出,他用貓做實驗,開啟了操作制約學習的先河。他將飢餓的貓放在特別設計的迷籠(Puzzle Box)中,籠外有食物,籠門是關閉的,除非用前爪踏到開門機關,否則無法跑出籠外吃食物。實驗中發現,貓意外地踏到機關,門自動開啟,因而獲得外面的食物。以後隨著重複次數增加,踏到機關的動作也逐漸增加;最後,貓終於學到一進籠就會開門外出取食。

經由上述實驗,將其理論歸納出以下二項:

1. 學習是經由「嘗試錯誤」(Trial-and-Error)的過程:

在刺激情境中學得特定的反應之後,其他嘗試無效的反應即不再出現,稱為「嘗試錯誤」學習。

2. 反應能獲致滿意的效果：

在嘗試錯誤學習過程中，某一反應能與某一刺激發生相關，原因是該反應（觸碰到機關）能獲致滿意的效果（出籠得食），此即為效果理論。

效果理論又有二個附屬定律，可用來解釋影響刺激與反應之間連結強弱的條件：一為「練習定律」（Law of Exercise），指刺激與反應間的關係，隨著練習次數的增多而加強。另一為「準備定律」（Law of Readiness），指刺激與反應間的關係，隨著個人本身準備程度而異。個人在準備反應的狀態下，聽其反應則感到滿足；在有過滿足經驗之後，以後遇到同樣情境時，自會使個人繼續作相同的反應。

12.15　整合理論

整合理論（Integrated Theory）係由波特和勞勒（Porter & Lawler, 1968）以期望理論為核心，整合了近代重要的激勵理論，如圖12-12所示。它主要整合內容激勵理論與程序激勵理論，此整合理論結合了需求理論、公平理論、期望理論、目標設定理論、增強理論及雙因子理論等六種激勵理論，目的在提高組織成員的工作意願及努力付出的程度。由於人類的心理與需求是因人而異的，故領導者如何促使組織成員擁有使命感且承擔責任，善用其長處，作出最大的貢獻，才是激勵之道。

現分別針對整合理論中的各激勵理論加以說明如下：

1. 期望理論：

當員工認知到 ε→P、P→O與O→S（Satisfaction）間的關聯性很強時，員工便較會努力工作。

2. 目標設定理論：

努力不是決定績效的唯一因素，員工的能力、特質和組織的支持也會影響工作績效。

3. 雙因子理論：

(1)內在報酬有如激勵因子，可藉以激發其成就感、認同感與責任感，而獲得工作的滿足感。

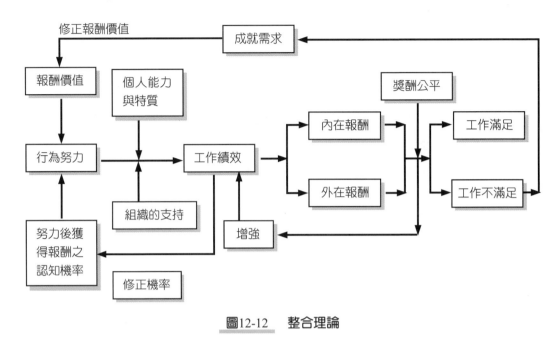

圖12-12　　整合理論

　　(2)外在報酬有如保健因子，諸如薪資、地位、工作安全與福利等。

4.　增強理論：

藉由報酬或處罰來改變或修正員工個人的行為。

5.　公平理論：

藉由員工自己與條件相當的他人作比較，認知比值若相等，則雙方皆感到公平；若認知比值不相等，則會採取修正。

6.　成就需求理論：

追求高成就感需求者之機率為0.5時，表現最佳；若否，則採取修正。

老師小叮嚀：

1.須了解激勵理論的類型。

2.注意內容理論中的需求層級、雙因子、XY、三需求等理論是常出現的考題。

3.注意程序理論中的期望、公平、目標等理論亦是常出現的考題。

4.波特和勞勒的整合理論流程圖要會畫，並了解其意義。

自我測驗

1. 「衣食足然後知榮辱」，是屬於何種激勵理論的論述？（97年鐵路公路特考）

   (A)公平理論　(B)期望理論　(C)增強模式　(D)需求層級理論

2. 以虛擬的事件或狀況來詢問應徵者如何處理，是屬於何種面談方式？

   （97年鐵路公路特考）

   (A)非引導性面談　(B)結構化面談　(C)情境式面談　(D)行為描述面談

3. 人類需要愛情、友情及歸屬感，是屬於馬斯洛（A. Maslow）需求層級理

   論的哪一部分？（97年鐵路公路特考）

   (A)生理需要　(B)安全需要　(C)社會需要　(D)自尊需要

4. 赫茲柏格（Herzberg）的雙因素（Two-Factors）理論中，以下何者是屬於

   激勵因子？（97年鐵路公路特考）

   (A)工作環境　(B)人際關係　(C)薪水　(D)責任

5. 古云：「不患寡，而患不均」，最可詮釋下列何項理論？（95年特考）

   (A)期望理論（Expectancy）　(B)公平理論（Equity）　(C)權變理論

   （Contingecy）　(D)增強理論（Reinforcement）　(E)目標設定理論

   （Goal Setting）

6. 企業日益重視員工滿意度的提升，下列何者為學者伏隆（Vroom）衡量工

   作滿意度的構面？（複選）（95年特考）

   (A)升遷機會　(B)工作內容　(C)工作環境　(D)工作同事　(E)金錢待遇

7. 下列有關激勵理論的敘述，何者有誤？（96年特考）

   (A)Maslow提出需求層級理論　(B)Alderfer提出ERG理論　(C)Argyris提

   出成就、權力、隸屬三需求理論　(D)期望理論係屬三大激勵模式中的程

   序模式

8. 學習理論中的「操作性制約」，與下列何種激勵精神相通？（96年特考）

   (A)期望理論　(B)強化理論　(C)ERG理論　(D)成熟理論

9. 在Maslow的需求層級理論中，何種需求是屬於Herzberg雙因子理論中的

   「激勵因子」？（96年特考）

   (A)金錢需求　(B)生理需求　(C)安全需求　(D)自我實現需求

10. House & Mitchell的路徑目標理論是以何種激勵理論為基礎？（96年特考）

    (A)期望理論　(B)需求層級理論　(C)強化理論　(D)雙因子理論

11. 下列關於管理學中人性假定的敘述，何者正確？（96年特考）

(A)X理論假設一般人多願意主動而負責地工作　(B)Y理論認為只有少數人具有發揮高度想像力、創造力來解決組織問題的能力　(C)Z理論認為X理論與Y理論的假設都存在，並存不悖　(D)X理論重視人性，Y理論重視制度

12. 下列何者不屬於企業倫理相關法律之領域？（96年特考）

(A)消費者保護　(B)員工工作權保護　(C)環境保護　(D)產品安全

13. 學者David McClelland倡導何項激勵理論？（96年特考）

(A)成就、權力及親和需要理論　(B)公平理論　(C)成長、關係及生存三需求理論　(D)期望理論

14. 依據F. Herzberg所提之雙因子理論，下列何者屬激勵因素：（複選）
（96年特考）

(A)人際關係　(B)成就　(C)讚賞　(D)工作環境

15. 學者D. McGregor發現管理人對其部屬之期望高，則部屬之生產力亦可能偏高；反之，若管理人對部屬期望低，則部屬之生產力亦會較低。而D. McGregor Fulfilling將此現象命名為：（複選）（96年特考）

(A)Self-Fulfilling Prophecy　(B)Pygmalion in management
(C)Contingency approach to leadership　(D)Transformational leadership

16. 當個體表現出正確行為就給予獎賞，表現出不當行為就給予處罰，以使個體表現出我們想要的行為，或消除我們不想要的行為，此為下列何種理論？（95年特考）

(A)期望理論（Expectancy Theory）　(B)公平理論（Equity Theory）
(C)增強理論（Reinforcement Theory）　(D)ERG理論（Existence-Relatedness-Growth）　(E)社會比較理論（Social Comparison Theory）

17. 艾德佛（Alderfer）所提出之ERG理論，所指的基本需要為何？（97年特考）

(A)期望、關係、自尊　(B)社會、自尊、自我實現　(C)生存、關係、成長　(D)生理、心理、社會

18. 老師認為班上某些學生為「資優生」，即使他們並非真是資優，但由於老師的認知及其鼓勵之行動，最終這些學生也自然成為資優生。此強調以對下屬之欣賞與嘉許來啟發其上進心者，稱為：（97年特考）

(A)鯰魚效應（Catfish Effect）　(B)比馬龍效應（Pygmalion）　(C)蝴蝶效應（The Butterfly Effect）　(D)玻璃天花板效應（Glass Ceiling

Effect）

19. 下列何者不屬於雙因子理論之保健因子？

(A)工作保障　(B)工作環境　(C)責任　(D)人際關係

20. 雙因子激勵理論將激勵因子分為二種，下列何者屬於保健因子？

（96年中華電信企業管理）

(A)工作環境　(B)成就感　(C)升遷　(D)賞識

【解析】

赫茲柏格（Herzberg）之雙因子理論：

㈠激勵因子：如認同感、責任感、成就感、升遷、成長等。

㈡保健因子：如薪資、地位、工作環境、公司政策、安全、福利、人際
　　關係等。

21. 主管重視部屬的決策參與，主要是滿足部屬的：

(A)自我實現需求　(B)社會需求　(C)安全需求　(D)保護需求

22. 下列何者不屬於雙因子理論（Two-Factor Theory）的激勵因子？

(A)人際關係　(B)工作挑戰性　(C)讚賞　(D)升遷

23. 一種認為人之動作係取決於達成目標之成功機率的動機理論，稱為：

(A)期望理論　(B)公平理論　(C)雙因子理論　(D)需求階層理論

24. 依據解釋機動作用的公平理論，在按件計酬的情況下，員工若覺得工資
　過低時，他會採取：

(A)降低品質、減少產量　(B)降低品質、增加產量　(C)提高品質、減少
品質　(D)提高品質、增加產量

25. 根據Y理論，主管認為員工：（96年中華電信企業管理）

(A)逃避責任　(B)喜歡被監督　(C)接受挑戰　(D)沒野心

【解析】

麥克里高（McGregor）認為管理者對部屬之行為與態度，有二種不同之
人性觀點：

㈠X理論：強調人性本惡，認為員工不喜歡工作、懶惰、逃避責任，相
　　信以脅迫、控制、威脅可達到所追求的目標。

㈡Y理論：強調人性本善，認為員工具有創造力、會主動承擔責任及自
　　我管理，且認為員工會自我要求及自我控制。

26. 提出人性假設X理論、Y理論，《企業的人性面》一書之作者是：

(A)麥克里高（McGregor） (B)馬斯洛（Maslow） (C)麥格里（Megley） (D)麥克里蘭（McClelland）

27. In Skinner's reinforcement theory, providing a positive consequence as the result of desired behavior is known as:

(A)negative reinforcement (B)avoidance (C)extinction (D)positive reinforcement

28. 在Poter & Lawler的激勵模式中，努力（Effort）、績效（Performance）、報酬（Rewards）、工作滿足（Satisfaction）四者的順序為何？

(A)工作滿足、努力、績效、報酬 (B)努力、績效、報酬、工作滿足 (C)績效、報酬、工作滿足、努力 (D)努力、工作滿足、績效、報酬

29. 教育部允許「暫時性疼痛體罰」引起爭議，贊成者可引用何種理論對此作最有力的辯護？

(A)增強理論 (B)公平理論 (C)歸因理論 (D)期望理論

30. One of your employees is in the habit of taking excessively long lunch breaks.

The more you talk with him about the problem, the worse his behavior becomes. Even written reprimands and disciplinary layoffs fail to produce improvement. Based on his information only, what kind of reinforcement are you apparently using?

(A)avoidance (B)extinction (C)positive reinforcement (D)punishment (E)distortion

31. According to the goal-setting theory of motivation, goals should be

(A)jointly set (B)easy (C)difficult but attainable (D)just a little bit beyond one's capability.

32. When a union to improve wages and working conditions in order to the consistent with a comparable union whose members make more money, it is using the method for reducing inequity.

(A)change outcomes (B)change inputs (C)distortion of perceptions of self (D)none of the above.

33. 以下哪些屬於激勵理論的過程模式？（複選）

(A)雙因子理論　(B)公平理論　(C)期望理論　(D)強化模式　(E)需求階層理論

34. 莊大雄今早開車上班途中因塞車造成遲到，在略感不安情況下被經理指責，使得他整日工作無精打采。解釋此一行為合理之原因為塞車所造成，係為下列何項理論？〔96年中華電信企業管理〕

(A)激勵理論之公平理論　(B)歸因理論之外在歸因　(C)歸因理論之內在歸因　(D)激勵理論之期望理論

【解析】

歸因理論（Attribution Theory）：指對個人不同的判斷的一種解釋，而對其特定行為的不同的歸因。一般而言，行為歸因可分為二：

㈠外在歸因：個人的行為主要是由外部原因所造成。

㈡內在歸因：個人的行為主要是由內部原因所造成。

激勵理論類型有下列三種：

㈠內容理論：

　1.需求層級

　2.雙因子

　3.ERG

　4.X-Y

　5.成熟

　6.三需求

㈡程序理論：

　1.期望

　2.公平

　3.目標設定

　4.增強

　5.效果

㈢整合理論

35. 如果一位經理說：「若你準時上班，我就不會扣你的工資」，此乃是何種行為的塑造？〔96年中華電信企業管理〕

(A)正向增強（Positive Reinforcement）　(B)負向增強（Negative Reinforcement）　(C)懲罰（Punishment）　(D)削弱（Extinction）

【解析】

增強理論：Skinner強調藉由報酬或處罰來改變或修正員工個人之行為，較著重行為後之結果（報酬或處罰），認為行為是由外在（經由學習之方式），而非內在（經由反射或非學習方式）來決定，可表示如下：

刺激（情境）→反應（行為）→結果（報酬或處罰）→未來反應（行為）

增強理論行為修正之四種方法為：

㈠正向增強：指藉由報酬來強化員工正向之行為表現，如加薪、升遷、獎金、讚賞。

㈡負向增強：為避免一些不愉悅的結果，而表現出符合主管期望之行為。

㈢處罰增強：當不符合要求之行為出現時，給予某些負面結果以終結該種行為。

㈣消弱增強：指將繼續行為之增強物（Reinforce）（包括正向或負向）予以消除。

36. Equity, goal-setting, and expectancy theories are alike in that all three focus on

(A)understanding how employees choose behavior to full their needs
(B)identifying and understanding employees needs　(C)reinforcement of positive behaviors　(D)none of above

37. 考慮努力和績效之間的可能性的激勵理論是：

(A)期望理論　(B)公平理論　(C)目標理論　(D)需求理論

38. 激勵理論中，以自己之投入與產出與他人之投入與產出相比，稱為：

（96年中華電信企業管理）

(A)期望理論　(B)公平理論　(C)雙因子理論　(D)內容理論

39. According to equity in a situation depends on

(A)the amount of pay received for doing a job.　(B)the outcome/input ratios for an individual and some "comparison other ".　(C)a subjective evaluation of the outcome/input ratios for an individual and some "comparison other ".　(D)the amount of money an individual gets for doing a job relative to the amount a "comparison other " gets.　(E)the numbers of bonuses received each year.

40. The two factors in the two-factor theory are

(A)motivators and basic　(B)basic and maintenance　(C)motivators and maintenance　(D)maintenance and initiator

41. 有關激勵理論的學者理論甚多，下列之組合何者不正確？

(A)Argyris的成熟理論　(B)Herzberg的雙因素理論　(C)Vroom的ERG理論　(D)Adams的交換理論

42. 期望理論（Expectancy Theory）是由哪位學者所提出？

（96年中華電信企業管理）

(A)Abraham Maslow　(B)Victor Vroom　(C)Douglas McGregor (D)Lyman Porter

43. 我嘗試了解部屬的工作價值，並且幫助他們達成，是屬於：

(A)雙因子理論　(B)公平理論　(C)期望理論　(D)強化模式　(E)需求層級理論

44. 有關Maslow、Alderfer、Herzberg的激勵理論，下列敘述何者有誤？

（97年台電公司養成班甄試試題）

(A)Maslow主張需求層級理論、Alderfer主張ERG理論、Herzberg主張單因子理論　(B)三者皆屬於激勵理論中之內容模式，主要探討需求的內涵 (C)需求層級理論與ERG理論皆主張需求具有層級關係　(D)ERG理論含有挫敗、退縮的可能性，且認為個體可同時追求二種需求

45. 雙因子理論中的維持要因包括：

(A)成就感　(B)責任感　(C)薪資　(D)升遷

46. In expectancy theory, the probability perceived by the individual that exerting a given amount of effort will lead to a certain level of performance is:

(A)valence　(B)expectancy　(C)consistency　(D)flexibility (E)instrumentality

47. 在雙因子理論中，下列哪些屬於激勵因子？（複選）

(A)薪水　(B)地位　(C)責任　(D)工作本身　(E)個人生活

48. 目標設定理論認為何種目標可導致員工較高的工作績效？

(A)由員工充分自行決定的目標　(B)管理者與員工共同參與決定的目標 (C)困難度不高但能激發員工士氣的目標　(D)困難度高但被員工接受的目標

49. In an employee compares his job's inputs-outcomes ratio with that of relevant others and then corrects any inequity.

    (A)reinforcement theory　(B)the job characteristics model　(C)job design
    (D)equity theory　(E)expectancy theory

50. According to Maslow's need categories, which are the needs for friendship?

    (A)physiological needs　(B)security needs　(C)affiliation needs
    (D)esteem needs

51. 馬斯洛（Maslow）的五層次需求理論中的第三層是：

    （96年中華電信企管概要）

    (A)生理需求　(B)自我實現需求　(C)自尊需求　(D)社會需求

52. 馬斯洛的理論，下列何者最有貢獻？

    (A)管理人性化　(B)制度合理化　(C)領導民主化　(D)經營國際化

53. Performance-based compensation is probably most compatible with which motivational theory?

    (A)equity theory　(B)goal setting theory　(C)job characteristics model
    (D)expectancy theory　(E)reinforcement theory

54. An individual who wants to buy a home in an expensive neighborhood with a low crime rate is satisfying psychological needs state?

    (A)esteem　(B)safety　(C)physiological　(D)self-actualization
    (E)social

55. Reinforcement theorists believe that behavior results from which of the following?

    (A)external consequences　(B)internal personality traits　(C)settings high goals　(D)intrinsic satlsfiers　(E)hygiene factors

56. In _____ an employee compares his job's inputs-outcomes ratio with that of relevant others and then corrects any inequity.

    (A)reinforcement theory　(B)the job characteristics model　(C)job design
    (D)equity theory　(E)expectancy theory

57. In expectancy theory, _____ is the probability perceived by the individual that exarting a given amount of effort will lead to performance.

    (A)motivating potential score　(B)attractiveness　(C)performance-reward linkage　(D)effort-performance linkage

58. The term _____refers to the perceived degree to which outcomes and rewards are fairly distributed or allocated.

　(A)procedural justice　(B)distributive justice　(C)equity　(D)valence (E)equality

59. The employees at ABC Inc. are not working as hard as Tim, their supervisor, would like. The salespeople aren't meeting their sales quotas, and Tim can't seem to motivate them try harder. Based upon expectancy theory what should Tim do to try to put it into practice?

　⑴Employees are never able to meet their sales quotes and believe that no ratherhow hard they work, they'll never meet them. They perceive the _____ of their success to below.

　　(A)instrumentally　(B)expectancy　(C)valence　(D)performance-reward linkage　(E)attractiveness of rewards

　⑵Employees believe that they can make their sales quotes, but aren't sure that management will really reward them when they do. They perceive the _____ to below.

　　(A)instrumentally　(B)expectancy　(C)valence　(D)performance-reward linkage　(E)attractiveness of reward

　⑶Management has set the reward for meeting sales quotes at a lower level than last year. Employees perceive that the _____ is low.

　　(A)instrumentality　(B)expectancy　(C)valence　(D)performance-reward linkage　　(E)effort-performance linkage

　⑷Tim has arranged for the bonus system to be changed so that the bonus for meeting sales quotes is much higher than it has ever been before. Tim has alter the

　　(A)instrumentality　(B)expectancy　(C)valence　(D)performance-reward linkage　(E)effort-performance linkage

60. Which of the following theories states that people will be motivated to the extent to which they believe that their efforts will lead to good performance, that good performance will be rewarded , and that they are offered attractive rewards?

　(A)contingency theory　(B)equity theory　(C)expectancy theory

(D)goal-setting theory　(E)reinforcement theory

61. Which of the following theories of motivation suggests that workers will be motivation if they are compensated in accordance with their perceived contribution to the firm?

(A)expectancy theory　(B)equity theory　(C)reinforcement theory (D)need theory　(E)fuzzy theory

62. IBM的創始者華生，當員工部屬表現優異時，喜歡立即給予獎品或金錢，此屬：

(A)雙因子理論　(B)公平理論　(C)期望理論　(D)強化模式　(E)需求階層理論

63. 下列敘述句有問題，請指出其問題何在？並簡要加以說明之（是非題）。

According to expectancy theory, motivation is a function of the perceived ratios of outcomes/inputs for the individual and some referent other.

64. 下列激勵理論，何者為真？

(A)公司政策及管理是赫茲柏格（F. Herzberg）雙因子理論的激勵要因 (B)艾德佛（C. P. Alderfer）認為若某一層次需求無法得到滿足時，會自動尋求低層次需求的滿足　(C)大人不理會小孩子的哭鬧行為，此乃激勵的迴避行為　(D)工作豐富化適於分工精細的專門技術上

65. 何謂赫茲柏格（Herzberg）的雙因子理論（Two-Factor Theory）？其維持因子為何？

66. 下列乃是幾個英文縮寫而成的管理用語，請將其完整的英文寫出及譯成中文，並簡要說明其意義：ERG。

67. 何謂艾德佛（Alderfer）的「ERG」理論？

68. 何謂「三需求理論」（Three-Needs Theory）？

69. 何謂亞當斯（Adams）的公平理論（Equity Theory）？

70. 試比較Maslow的需求理論、Alderfer之ERG理論、Herzberg之雙因子理論及McClelland之三需求理論之異同。

71. 何謂需求層級理論（Need Hierarchy Theory）？學者對它有何批評？

72. 試比較期望理論與公平理論之異同點。

本章習題答案：

1.(D)　2.(C)　3.(C)　4.(D)　5.(B)　6.(ABCDE)　7.(C)　8.(B)　9.(D)
10.(A)　11.(C)　12.(B)　13.(A)　14.(BC)　15.(AB)　16.(C)　17.(C)
18.(B)　19.(C)　20.(A)　21.(A)　22.(A)　23.(A)　24.(B)　25.(C)　26.(A)
27.(D)　28.(B)　29.(A)　30.(D)　31.(C)　32.(A)　33.(BC)　34.(B)　35.(B)
36.(A)　37.(A)　38.(B)　39.(C)　40.(C)　41.(C)　42.(B)　43.(C)
44.(A)　45.(C)　46.(B)　47.(CD)　48.(D)　49.(D)　50.(C)　51.(D)
52.(A)　53.(D)　54.(B)　55.(A)　56.(D)　57.(D)　58.(C)　59.(1)(B);
(2)(D); (3)(C); (4)(D)　60.(C)　61.(B)　62.(D)　63.(　)　64.(D)

第 13 章 •
人力資源管理

本章學習重點

1.人力資源管理涵義及其程序

2.人力資源規劃

　包括(1)評估目前之人力資源：

　　　　　(a)建立人力資源清單

　　　　　(b)工作分析

　　　　　(c)工作說明書

　　　　　(d)工作規範書

　　　　(2)預估未來之人力需求

　　　　(3)發展人力資源需求規劃

3.介紹招募、裁員、遴選

4.介紹員工訓練與發展

5.介紹績效評估

6.介紹員工獎酬及勞資關係

13.1　人力資源管理的涵義

人力資源管理的定義

　　人力資源管理（Human Resource Management, HRM）係指為確保組織人力資源運用得當，針對吸引、獲取、發展與維持一套藉由晉用、訓練、績效評估、獎賞等有效人力的組織活動。

　　「人力資源管理」是1990年代逐漸被廣泛採用的名詞，其意義幾乎與人事行政（Personnel Administration）及人事管理（Personnel Management）並無二致（Dassler, 1991）。人力資源管理為企業的一項重要機能（Business Function），由於現代科技與市場環境快速變化，且在全球的大環境下（如加入WTO），使企業競爭日益劇烈，須有充足的人力資源，有足夠的專業人才，才能提升其競爭能力。

人力資源管理的目標

　　人力資源管理的目標主要有下列三項：

1.　吸引人力資源：

　　企業吸引人力一方面不僅是待遇問題，企業本身也要有發展與成長，才有吸引力。另一方面採用的也須為有效人力，即指能真正適合工作需要的人才，也就是用人唯才。用人時須客觀、認真地去吸引真正適合且需要的人才。

2.　發展人力資源：

　　企業的產品與服務需要不斷創新，且由於新產品與新服務的提供，可不斷提升企業的競爭能力，企業內部的運作亦須隨之調整改變。故有效發展人力資源須不斷的教育與訓練現有的人員，以符合競爭的需要及環境快速的變化。

3. 維持人力資源：

　　留住人才是另一項重要課題。根據學者的研究，留住人才，維持人力資源的要項有下列三項：

(1)工作待遇：

　　包括物質與精神上的待遇，以及金錢及非金錢的待遇。

(2)工作發展：

　　指工作本身的性質，有意義及有發展性的工作，會比較容易留住人才。

(3)組織與管理：

　　高層的領導風格、企業文化、內部處理事務的習慣、組織運作等，均會影響員工士氣與工作態度，進而影響人才維持與人才發展。

　　人力資源管理是對於一個組織所須人力資源的招募、遴選、遷調、報酬、考核、訓練、發展、激勵及運用的知識、方法及實施，皆須有效運作；但在運作上，人力資源管理較為強調策略性的規劃與管理（Mathis, 1988）。

人力資源業務

　　1988年，美國一家研究機構（Bureau of National Affairs）曾就人事業務項目及人力資源單位與業務單位之權責問題，對其民營企業作了一次問卷調查，整理歸納六十幾個項目，如表13-1所示。

表13-1　　**人力資源業務—業務與幕僚單位之權責**

業務項目	具此業務之公司	公司數	人資部職責	人資部與其他部門共同職責	其他部門職責
面試	99%	681	37%	61%	2%
人事資料	99%	680	77%	22%	1%
休假與請假	99%	680	51%	35%	14%
保險福利管理	99%	677	87%	8%	5%
新進人員引導	99%	675	61%	37%	2%
薪資調整	99%	674	77%	22%	1%
工資管理	98%	672	73%	15%	12%
升遷、轉調、離職	98%	672	71%	28%	1%

懲罰	98%	671	43%	55%	2%
薪資名冊	98%	669	25%	25%	50%
人員招募	98%	668	73%	25%	2%
工作說明	97%	666	62%	35%	2%
失業報酬	97%	666	82%	11%	7%
薪資政策	97%	665	80%	18%	2%
績效評估（管理人員）	97%	665	47%	44%	9%
績效評估（非管理人員）	97%	663	47%	45%	8%
公平僱用機會之維護	97%	662	87%	11%	2%
行政服務	97%	662	15%	16%	69%
採購	95%	654	3%	7%	90%
養護與保管服務	95%	653	10%	5%	85%
工作安全	95%	650	46%	34%	20%
工作評價	94%	647	70%	28%	2%
安全測量	94%	646	21%	22%	57%
訓練（非管理人員）	94%	641	21%	51%	28%
主管訓練	94%	641	48%	44%	8%
離職者面談	93%	639	86%	13%	1%
申訴	92%	633	54%	44%	2%
工作分析	91%	626	76%	23%	3%
員工溝通與出版品	91%	624	43%	37%	20%
獎酬計畫	91%	624	66%	29%	5%
年金及退休管理	90%	618	74%	18%	8%
公共關係	89%	612	17%	17%	66%
差旅及運輸服務	89%	608	9%	14%	77%
管理發展	88%	604	49%	45%	6%
社區服務	88%	601	30%	31%	39%
企業保險與風險管理	88%	600	12%	17%	72%
娛樂與社交活動	86%	590	61%	30%	9%
學費補助與獎學金	86%	590	83%	12%	5%
人力預測與規劃	85%	581	58%	37%	5%
僱用前測驗	80%	551	85%	12%	3%
高級主管報酬	80%	548	55%	26%	19%
職位重組	75%	512	75%	20%	5%
組織發展	73%	502	16%	22%	62%
生涯規劃與發展	72%	489	51%	45%	5%
食物供應、自助餐	70%	478	36%	6%	58%
員工救助、諮詢	69%	472	83%	14%	4%

獎工計畫	69%	472	50%	38%	12%
大專生招募	67%	462	79%	17%	4%
生產力與激勵計畫	67%	461	26%	61%	13%
醫藥服務	61%	414	73%	12%	15%
建設制度	60%	408	46%	35%	19%
衛生計畫	58%	400	78%	14%	8%
離職人員安置	58%	396	91%	8%	1%
態度調查	55%	374	81%	16%	3%
節約與儲蓄管理	53%	364	71%	21%	8%
退休與諮詢	52%	356	90%	4%	5%
工會與勞工關係	50%	344	71%	27%	2%
圖書館管理	44%	301	21%	9%	70%
利潤分享計畫管理	39%	273	59%	23%	18%
彈性福利計畫管理	36%	245	87%	11%	3%
入股計畫管理	33%	227	57%	20%	23%
零用金帳戶管理	29%	197	83%	11%	6%
兒童照護中心	10%	67	36%	9%	55%

（參照Personnel Activities, Bureau of Nation Affairs, 1988）

13.2　人力資源管理的程序

　　人力資源管理程序（Human Resource Management Process）有九項，如圖13-1所示。此項程序包括人力資源規劃、員工遴選、員工訓練與發展、績效評估、員工獎酬及勞資關係等。

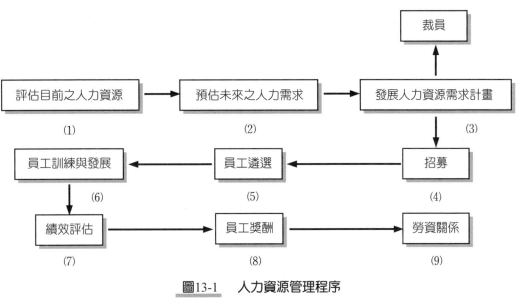

圖13-1　人力資源管理程序

13.3　人力資源規劃

　　人力資源規劃（Human Resource Planning, HRP）係指為使員工有效能與有效率的完成任務，達成組織目標，將適當的數量（適量）與人才（適才），適時地安置在適當的職位上的一項程序。

　　人力資源規劃即為圖13-1中的前三項程序，包括評估目前之人力資源、預估未來之人力需求與發展人力資源需求計畫。現分別說明如下：

1.　評估目前之人力資源：

　(1)建立人力資源清單（Human Resource Inventory）：

　　　人力資源清單包括組織內每位員工的姓名、年齡、性別、教育程度、經歷、訓練、語文能力、工作能力、特殊技能，以供管理者評估目前可用之人才及技能等。

　(2)工作分析（Job Analysis）：

　　　工作分析為獲得工作之事實資料的程序，有效的工作可提供工作資訊給管理者使用。工作分析是用來界定職位的工作內容、特性、行為及知識技能。譬如超商的店長其職責為何？須具備何種知識、技能？其工作內容為何？此皆為工作分析所必備的內容。而工作分析所完成的成果，就是工作

說明書（Job Description）和工作規範書（Job Specification）。

①工作說明書（Job Description）：工作說明書是指擔任某一職位的人該做些什麼、如何去做及為何要做的一種書面說明。一般工作說明書的內容包括職稱、工作摘要、工作條件、特定責任、職務與活動、物質環境等。

②工作規範書（Job Specification）：工作規範書指利用工作說明書的資料，說明一位員工要將該項工作做好所須具備的最低資格。它指明應該招募何種人員及必須測驗出應徵者的何種人格特質。工作規範書通常包括下列條件和說明：教育程度、訓練、經驗、體力、技能、情緒、判斷、創新能力、特殊感官要求（如視覺、嗅覺、聽覺）等。

2. 預估未來之人力需求：

依組織目標及人力資源清單，組織可預估未來的人力需求。通常是以顧客對產品或服務的需求，以預估總收入為基礎，管理者可推估要達成該收入所需要之人力資源的「數量」與「組合」。其需求的決定因素是「組織的整體目標」和「收益的預估結果」。

3. 發展人力資源需求計畫：

在將上述1與2項比較之後，可獲知人力資源之淨需求量，以發展一套未來人力資源計量。若淨需求量為正值，表示該組織必須實施人才之「招募」、「遴選」、「訓練」及「發展」等項業務；若為負值，則表示該組織應設法推動必要之人事調整，包括「裁員」、「資遣」、「解僱」等。

人力資源策略

面對組織生命週期的消長，人力資源部門須擬訂影響組織的人力資源策略，如自助餐式福利計畫、薪資結構調整、導師制引入、退休優惠方案、建構教育訓練體系等，並獲得高層大力支持，則策略的運作將更為順暢。

13.4　工作分析

　　工作分析（Job Analysis）係指將組織中各項工作之內容、職責、性質、員工基本條件（包括知識、能力、責任感、技能）加以記錄、描述、分析與鑑別的過程，可以圖13-2表示。

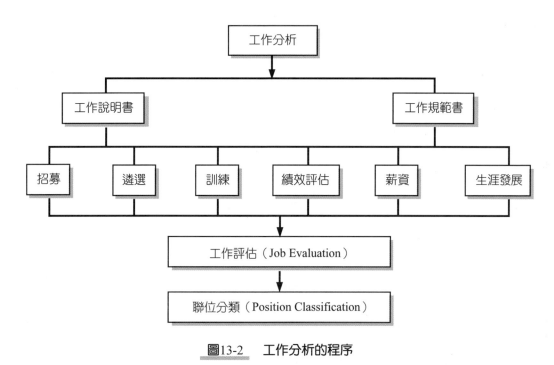

圖13-2　工作分析的程序

工作分析四種資訊取得

1. Why：
   組織成員為何要執行該項工作？（界定工作目的）

2. What：
   組織成員要執行何種工作？（界定工作職掌及內容）

3. How：
   組織成員要如何執行該項工作？（界定執行程序及方法）

4. Where：
   組織成員須具備哪些技能？（界定所須之專業技能與資格條件）。

工作分析表

工作分析調表查如表13-2所示，較適於工作複雜者，表中包括員工各項工作內容、員工基本條件、工作困難狀況、職責等，以供管理者加以使用。

表13-2　工作分析調查表（適於較複雜者）

工作分析表
1.個人資料：
(1)姓名：　　　　　　　　　　　　　　(6)任現職年資：
(2)性別：　　　　　　　　　　　　　　(7)直屬上司姓名及職稱：
(3)身分證字號：　　　　　　　　　　　(8)上級主管姓名及職稱：
(4)部門：　　　　　　　　　　　　　　(9)通訊處：
(5)職稱：　　　　　　　　　　　　　　(10)職位之工作性質： 　　　　　　　　　　正式：　　　　全部時間：　　　部分時間： 　　　　　　　　　　季節性：　　　臨時：
2.工作困難描述：
所占時間 百分比　　　　工作概述： 　　(11)執行何種工作？對象為何（或何人）？產品為何？使用何種工具、設備、輔助器具？程度為何？
(12)在執行職責時，使用何種知識、程序、政策或其他？ 　　（包括任何相關領域之技術或專業知識，可用很多、一些、普通、深度等描述。）
(13)該職位需要何種才能與技能？（並對需要之才能與技能加以解釋，如撰寫報告、擔任訓練工作、打字、操作天車等。）
(14)執行職務需要最基本的教育、訓練及經驗為何？（包括執照、證明等）
(15)執行職務需要花多久時間？你需要何種訓練？如何做到？
3.職責：
(16)(a)被你直接監督人員的姓名及職稱加以列舉（如超過十人，僅列舉職稱及人數） 　　　(b)監督程度：＿＿＿指派工作，＿＿＿訓練人員，＿＿＿懲罰，＿＿＿審核工作， 　　　＿＿＿考核績效，＿＿＿規劃程序與方法，＿＿＿核可工作，＿＿＿升免建議， 　　　＿＿＿其他
(17)為完成你的工作，你遵循何種指南？（包括參考資料、手冊、口頭或書面指示、教科書、SOP等。）
(18)何人審核你的工作？有何後果？如何才能發現錯誤？發現錯誤須多久時間？
(19)較明顯的工作危險？（如使用毒物）
(20)請說明任何與人的接觸（以電話或書面）是你的工作的一部分，不包括與上司及所屬人員的接觸在內，但請說明接觸之頻率，與何人接觸？為何需要這些接觸？
(21)該職位有無涉及出差？請說明。

表13-3為簡單之工作分析表，表中包括職稱、組織關係、職掌、擔任之工作、資格條件、未來發展等項目。

表13-3　工作分析表（適於簡單者）

部門：
填表日期：　　工作編號：
一、工作或職稱：
二、組織關係：
　　1.受監督：（說明所受監督之性質與程度）
　　2.監督：（說明所予監督之性質與程度）
　　3.與何人、何部門協調：
三、重要職掌描述：
四、擔任之工作：（敘明擔任工作之情形及每項工作所須時間百分比）
　　1.主要工作：（職務上之必要工作）
　　2.次要工作：（通常自授權而來）
　　3.綜合性工作：（通常須與其他人員或其他部門協調處理）
五、所須資格條件：（辦理工作評價時所須）
六、較明顯之工作危險：
七、未來發展：（特別之機會）
　　1.工作者可能獲得技術的、社會的及其他相關的新技能。
　　2.在生涯發展諮商時，可以明顯表現在才能上的進步。

工作分析方式

工作分析常用的方法有以下幾項：

1. **觀察法：**
   係以直接觀察員工的工作過程或錄影，並加以記錄、分析、歸納、分類，最後再整理成工作說明書與工作規範書。

2. **面談法：**
   係對員工採個別或二人以上的面談，以釐清該工作的工作內容。此法為工作分析時最廣泛運用的方法之一，但因較易受主觀因素的影響，故在使用時處於輔助地位，不宜僅採此法，以免偏差。

3. **問卷法：**
   採用問卷調查法的情況有三種：

⑴受分析對象為外勤人員。

⑵受分析對象人數較多,且對象之間有較多差異性。

⑶適於難採用觀察、工作紀錄簿等方式時。

4. 調查表法:

以廣泛蒐集必要的資料,藉由調查表的設計,與工作分析目的密切結合(如表13-2屬複雜者,表13-3則屬簡單者)。

5. 工作紀錄簿法:

讓員工長期記錄每日工作活動,再由「專家」或「主管」針對工作內容及程序予以評估、分類。

6. 召開技術會議法:

由會中「專家」或「主管」來界定該項工作特有的性質。

工作分析的功用

⑴作為人力資源規劃之依據。

⑵招募遴選適當人才。

⑶績效考核之標準。

⑷設計與執行訓練發展的依據。

⑸分析結果為決定薪資與福利之依據。

⑹建立工作安全與衛生的基礎。

⑺使員工權責分明。

13.5 工作說明書

工作說明書(Job Description)係指將一個工作的作業項目、作業方法及權責範圍等,予以書面敘述。一個完整的工作說明書包括三部分:

⑴工作識別(Job Identification)。

⑵工作責任。

⑶工作條件。

　　其中工作條件即為「工作規範書」，而工作說明書與工作規範書常常合而為一表，如表13-4所示。

表13-4　　**工作說明書與工作規範書**

工作職稱：工作獎酬經理	編號：
主管人員職稱：資深副總經理（人力資源）	等級：
	職級：

一、綜合敘述：

　　　　負責所有工作獎酬之設計與管理，確實對相關員工薪資與每位工作者績效作適當考量，並對其他經理及主管人員提供有關薪資管理之諮詢。

二、主要職務與責任：

　　1.確保現有每一職位及預計設置職位之工作說明書的製作保持最新。對所有工作說明最後草案之核可，所有工作說明書如有修正必要時，對其修正案加以審核，以正式的訓練方式，或向所屬人員及主管人員作問卷調查，以教育他們工作的用途及內容。

　　2.確保對工作說明書之考評，擔任工作評價委員會的召集人，並配合有關作業。解決有關工作評價之爭議，決定職務之待遇幅度，透過委員會之運作對工作評價作定期檢查，對新的職位評價之審核，以確保工作評價之整體平衡。

　　3.設計與管理考績計畫，規劃與更新考績之注意事項，協助教育主管人員如何適當運用考績之訓練，以確保整體平衡及正確運用。

　　4.協調人力資源資訊系統的整合。

　　5.辦理其他交辦之事項。

三、所須知識、技能及才能：

　　1.有關報酬及人力資源管理實務與原則之知識。

　　2.有關規劃與管理績效考評之現代實務與原則之知識。

　　3.有關實施工作分析面談之技巧。

　　4.有關統計數字之技能，包括迴歸方程式及統計之描述。

　　5.有關主持會議之才能。

四、教育及經驗：

　　　　此一職位需要大學企業管理、心理學或相關之學位，並具有三年至五年人力資源管理之經驗，其中二至三年為獎酬管理之經驗；如具有碩士以上之工業心理、企業管理或人力資源管理之學位更為理想，但並非必要。

五、結語：

　　　　此一職位最長可能有15%的出差。

　　工作說明書通常包括下列各項：

⑴工作識別（Job Identification）：

　　說明工作職稱、工作單位。

⑵工作職責（Job Responsibility）：

說明工作職掌、責任。

(3)工作條件（Job Conditions）：

說明執行工作所須之設備、機具。

(4)工作摘要（Job Summary）：

包含工作性質、活動、目的。

(5)工作關係（Job Relationship）：

說明對內、外及上、下之關係。

(6)職權及工作標準（Authority & Job Standard）。

上述(1)(2)(3)為必備內容，(4)(5)(6)則視情況備置。

13.6　工作規範書

工作規範書（Job Specification）係指除利用工作說明書的資料外，尚說明工作所須具備之資格條件，指明應招募何種人員與測驗出何種人格特質、安全與升遷系統等，它包括下列各項：教育程度、經驗、訓練、判斷、創新能力、體力、技能、情緒特性、特殊感官要求（如視覺、嗅覺、聽覺）。

工作規範書通常比工作說明書更為廣泛而深入，其在人力資源管理上的功能自亦較為廣泛。

13.7　招募

招募（Recruitment）係指藉由尋找、確認與吸引應徵者，以便挑選適任之候選人。招募人員須了解在什麼地方（Where）、用什麼方法（How）、可找到什麼人（What），且了解何種誘因和報酬對何種類別的人才具有吸引力，並須具備分辨庸才與人才的能力。

招募來源

招募人才的來源，一般有下列幾種：

1. **內部招募：**

   指從企業內部員工中尋找可能的適任人選。其優點是成本較低、提高員工士氣、對組織認同與承諾度高。缺點為阻礙組織創造力的提升，且員工若落選，則易影響員工士氣。

2. **廣告：**

   廣告之優點是在短時間內可快速散布，缺點則為吸引過多不合格的求職者，導致後續工作費時及耗費成本。

3. **就業仲介機構：**

   優點為仲介公司可在短時間內找到適任的人選，缺點則為私人公司尋找高薪人才，政府機關則尋找一般人才。

4. **員工推薦：**

   優點為被推薦人經員工事先過濾，較為慎重，效度較高。缺點則為員工往往推薦與自己相同類型的人，較無法增加員工的多樣性，影響組織的創新性。

5. **人力資源網站：**

   優點為可在短時間內找到合格的求職者。人力資源網站有下列數種供參考：

   (1)104人力銀行：www.104.com.tw

   (2)HOT人力網站：www.hot.net.tw/job/main5.htm

   (3)千里馬人力資料庫：www.job.com.tw

   (4)宏碁大觀園：www.ccctech.com.tw

   (5)中時科技島：www.techisland.com.tw/manpower/

   (6)北市勞工局：www.es.taipei.gov.tw

   (7)青輔會：www.nyc.gov.tw/job/index.html

6. **學校就業輔導機構或校園甄選：**

   優點為可節省大量時間與金錢，適於低階或初級的職位。缺點則為學生素質參差不齊，無法有效篩選。

7. **工作博覽會（Job Fairs）：**

   指針對某一特定技術或產業，以集結許多業者與求職者，結合彼此之需

求，如竹科之工作博覽會。

8. 員工商借與個別外包：
   係滿足臨時需要，適合較獨特的長期專案。

13.8　裁員

裁員（Decruitment）指當組織發現人力過剩時，即進行減少組織內的人力數量。組織在裁員方面有下列幾種方式：

1. 解僱：
   以永久性的方式來終止某些職位。

2. 資遣：
   以非自願性的方式來終止某些職位。

3. 留職停職：
   以暫時性的方式來終止某些職位。

4. 人事凍結：
   對自願離職或退休者所空出之職位，不再予以填補。

5. 降低工時：
   在淡季時，將員工每週工作時數減少，或將專職改為兼職。

6. 提早退休：
   以提供誘因方式給予較資深員工，使其提前辦理退休。

7. 工作分攤：
   由二個兼職員工共同分擔一個全職的職位，以降低成本。

13.9　遴選

遴選（Selection）指由眾多的職位應徵者中，選擇最優秀或最合適的人員加以錄用的一種過程。遴選與招募有密切相關，若招募工作不佳，遴選工作即無法發揮。遴選時須考量的層面甚廣，至少包括應徵者的專長、教育背景、

工作經驗、才能、品行及領導能力等。但上述各項有些較為抽象,不易加以量度。

遴選程序

在招募到員工之後,下一步驟即為遴選。通常員工的遴選程序有以下幾項:

1. **建立遴選標準:**
   依工作規範書內容(如教育程度、年齡、性別、性向、智力、技能等),進行歸納,作為篩選員工的依據。

2. **審查應徵者資料:**
   求職申請表應以工作需要為原則而訂定(視情況而定),該表內容可包括應徵者姓名、住址、婚姻狀況、生日、家庭狀況、教育程度、專長、訓練、工作經驗、興趣、希望待遇、希望工作地點等。另外可再加上履歷表、自傳或在校成績單。

3. **查核背景資料:**
   背景資料的查核,通常有下列二類:
   (1)應徵資料的查證。
   (2)介紹信查核。
   至於背景資料的獲得,可有下列幾種來源:
   (1)學校教職員。
   (2)過去的雇主。
   (3)應徵者所提供的參考資料。
   (4)其他(如應徵者的鄰居等)。

4. **面談:**
   面談條件為最常用的遴選工具,可分為下列二種情況:
   (1)初次面談:
   通常很簡短,淘汰不符合要求的人。如初步認為合格時,則給予申請表要求其填寫。也有只要有人來應徵即給予初審,再採其他的遴選工具。
   (2)任用面談:
   在通過初次面談的應徵者中,進行任用面談,並進一步告訴應徵者有關工

作及公司資料。

面談最大的問題,乃是其效度(Validity)與信度(Reliability)。對下列的面談偏差,宜儘量避免:

(1)月暈誤差(Hallo Error):

對應徵者某一特性推估所產生的誤差。

(2)對比誤差(Contrast Error):

依應徵者與前一位應徵者的比較所產生的誤差。

(3)相似誤差(Similarity Error):

面談者給予和自己相類似的應徵者較有利的評估所產生的誤差。

(4)刻板印象誤差(Stereotyping Error):

面談者對於所謂「好」的印象的應徵者,心中常預存有刻板印象的誤差。

5. 測驗:

筆試測驗通常被廣泛用於遴選,且其成本較低,應徵者通常在通過學科能力或專業科目測驗後,才有進一步面談的機會。測驗的方式有下列幾種:

(1)成就與績效測驗(Achievement and Performance Test):

此種測驗在衡量應徵者的工作技能,以符合工作的需要。

(2)性向測驗(Aptitude Test):

此種測驗係用來衡量應徵者的性向或從事適性工作的潛力。它可有以下幾種測驗:

①一般性向綜合測驗(The General Aptitude Test):包括口語能力、數字能力和協調能力。

②特殊性向測驗(The Special Aptitude Test):創作性的工作、機械操作等測驗皆屬之。

③智力測驗(Intelligence Test)。

(3)人格測驗(Personality Test):

此種測驗係用以衡量應徵者偏好及其人格特質。

(4)興趣測驗(Interest Test):

此種測驗係用以衡量應徵者的工作意願。

(5)實做測驗:

此種測驗可準確的預估應徵者未來工作績效的表現,係以工作分析的結果作為編製測試資料的基礎。實做測驗是由實際工作上的行為內容所組

成，可分為下列各項：

①工作抽樣（Work Sampling）：適於例行性工作，選取代表性的工作樣本項目，對應徵者進行測試。

②評鑑中心（Assessment Center）：適於遴選管理人才，係模擬一個人在工作上可能實際面臨的真正問題，藉由分析其實際的解決方式來預估未來應徵者接替該工作的實際表現。

至於測驗的信度與效度，信度（Reliability）指測驗所得分數的一致性與穩定性；效度（Validity）指一預測因子能精確預測工作標準的程度。

6. 體檢：

此種測驗較少使用，須與工作績效有關，否則即為變相之歧視。

13.10 訓練及發展

應徵者被錄用或工作一段時間後，仍須不斷的學習，接受組織安排的訓練與發展（Training and Development），配合組織經營目標與需求、外部環境需求、部門績效目標及員工未來工作發展需求，有計畫的針對不同職務或職位提供訓練與發展方案。組織的訓練與發展活動，不僅有助於增進員工個人成長和增強員工的工作能力，其對於組織的績效亦有直接的貢獻。其中訓練著重於個人工作技能、人際溝通技能與問題解決技能，訓練對象包括管理人員與非管理人員，管理發展則著重於管理技能的精進，其目的在培養組織長期發展所須的管理人才。

訓練的功能

訓練（Training）著重個人目前工作上所須的技術、知識和能力，係一種技能的改變。訓練的功能有下列各項：

1. 工作知能的補充：

對在職者實施在職訓練，並灌輸新的知識、授予新的方法。

2. 發掘人力：

    藉由訓練對員工公平的比較，評斷每個員工有關知能、品行及潛能等，作
    為未來遷調或工作指派之依據。

3. 提高生產力：

    有效的訓練可減少所須之工作時間（可降低人力及成本），以提高工作效
    率。

    訓練係一連續性的程序，可增進員工的工作績效。有效的訓練須達成下列
幾項目標：

　⑴滿足組織和個人的需求。

　⑵有效執行訓練計畫。

　⑶表明要解決什麼問題。

　⑷訓練的結果必須加以評估。

訓練的分類

    訓練的種類一般如圖13-3所示，以任用、對象、方式、內容予以分類。

```
        ┌ 1.依訓練與任用分 ┬ 1.在職訓練（In-Service Training）
        │                 ├ 2.職前訓練（Pre-Service Training）
        │                 └ 3.新進人員引導（Orientation）
        │
        │ 2.依訓練對象分   ┬ 1.主管人員訓練（Supervisory Training）
   訓   │                 └ 2.一般人員訓練（General Training）
   練 ─┤
        │ 3.依訓練方式分   ┬ 1.職內訓練（On the Job Training）
        │                 └ 2.職外訓練（Off The Job Training）
        │
        │                 ┌ 1.領導訓練（Leadership Training）
        │ 4.依訓練內容分   ├ 2.管理訓練（Management Training）
        └                 ├ 3.專業訓練（Professional Training）
                          └ 4.技術訓練（Technical Training）
```

圖13-3　訓練的分類

職內訓練

職內訓練（On the Job Training, OJT）為企業內最普遍採用之訓練方式，係由公司主管或資深工作者在工作中對工作人員授予知識、技術或能力之訓練。其優點有省錢、建立彼此間良好的人際關係、部屬在訓練過程中遭遇問題時可直接詢問管理者、實際轉移效果高等；缺點則為會使工作暫停、對複雜之技能較難加以訓練。

職內訓練的方式

職內訓練的方式有下列幾種：

1. 工作輪調（Job Rotation）：
   指水平的職務調動，使員工從事不同類型的工作，以學習不同的工作技能。

2. 學徒型（Apprenticeship）：
   由技術及經驗豐富之師傅帶領，分派工作給員工，且負責督導其到熟悉工作為止，可增加員工升遷之機會。

職外訓練的方式

職外訓練（Off the Job Training）的方式有下列幾項：

1. 課堂講授：
   指傳授技術性能力與問題解決方面的技能。

2. 影片：
   可透過影視媒體，呈現出不易用其他訓練方法所能呈現的技能。

3. 錄影帶教學：
   同上。

4. 模擬練習：
   透過實際操作演練來學習工作技能，如個案分析、角色扮演等。

5. 預習入門訓練（Vestibule Training）：
   指員工以其日後工作環境將使用到的同樣設備來學習自己未來的工作。

訓練方式

一般而言，訓練的方式有下列幾項：

1. 演講法（Lecture）：
   係一種變化多端之訓練方式。

2. 討論法（Group Discussion）：
   係學員互相交換意見與經驗，以尋求解決問題之途徑。

3. 示範法（Demonstration）：
   可分為四個步驟，即準備（Preparation）、表演（Presentation）、應用（Application）、測驗（Testing）。

4. 參觀研究（Study Tour）：
   若參觀研究設計不當，易流於形式，浪費公帑。

5. 個案研究（Case Study）：
   係以實際案例為教材，使學員從個別案例中去發掘問題，並尋求解決問題的方法。

6. 角色扮演法（Role Playing）：
   將一項情況角色予以確定，再指導學員擔任各角色，如此可使學員設身處地於真實狀況中相互論辯是非，俾達成看法一致之協議。

7. 敏感度訓練（Sensitivity Training）：
   敏感度訓練又稱為「T群訓練」（T-Group Training），由Lippit於1981年所提出，係指訓練群體（Training Group, T-Group）到一個工作場所以外的特定地方接受訓練。在訓練人員的指導下，訓練群體從事沒有議程、沒有焦點的對話，目的在於提供他們製造自我學習的環境。此即經由非結構化的群體互動，來改變成員個人、群體及組織的行為。
   另依美國麻省理工學院心理學教授雷文（Lewin）對「敏感度訓練」所作的說明指出，該訓練係經由團體學習環境中受訓者之間如交互影響與感應，使個人獲得自信與自我洞察力的動態性訓練方式。受訓者可獲得成長與發展，並可改變團體或個人行為，達到工作效能的目的。

不過，敏感度訓練若非由專家詳細設計規劃及講師具有高度專業訓練，將事倍功半，難以達到預期的效果。

13.11　績效評估

績效評估（Performance Appraisal）係指一正式化、結構化的標準，用以客觀衡量、評估員工工作的成果與表現，並依評核結果，作適當的獎懲，藉以鼓舞工作情緒、提高工作效率的方法。

績效評估的方法

績效評估的方法如圖13-4所示，可分為常模參考型評估法、行為型評估法、產出基礎型評估法等三種，現分述如下：

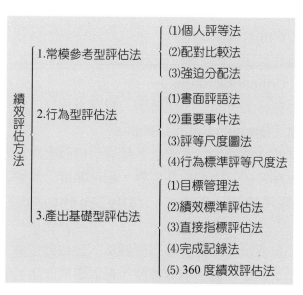

圖13-4　績效評估的方法

常模參考型評估法

常模參考型評估（Norm-Referenced）係由最佳者開始依序排列員工表現，可分為下列三種方法：

1. 個人評等法（Individual Ranking）：
   主管將員工由最佳者排列到最差者。

2. 配對比較法（Paired Comparison）：
   此法係將一位員工與其他員工依據一項互作比較，並決定誰表現「較好」。員工表現好壞的排序係依「較好」的多寡來決定。

3. 強迫分配法（Forced Distribution）：
   此法係先將每一等級設定一個固定比率（通常依常態分配）。

行為型評估法

行為評估法（Behavioral）係主管依「行為標準」單獨評估一位員工，可分為下列四種方法：

1. 書面評語法（Written Essays）：
   以寫一份敘述性文字，說明員工之優缺點、表現、潛能。

2. 重要事件法（Critical Incidents）：
   指評估的重心在員工行為上，而非個人特質上。

3. 評等尺度圖法（Graphic Rating Scales）：
   此法係最普遍的一種評估方法，依各種評估構面來設計，如在工作績效特質尺度上予以評等。尺度可分為五等，如可靠度，其評等可由1到5。

4. 行為標準評等尺度法（Behaviorally Anchored Rating Scales, BARS）：
   此法係結合了重要事件法與評等尺度圖法，評估者依員工工作行為劃分為七至九等級，予以評估員工績效程度，再以事實認定其績效。

產出基礎型評估法

產出基礎型評估法（Output-Based）可分為下列五種：

1. 目標管理法（Management by Objective, MBO）：
   參考第5章。

2. 績效標準評估法（Performance Standards Appraisal）：
   此法類似MBO，組織可有不同的標準，訂定權數，再依標準評分後，將得分乘以權數，最後再加總。

3. 直接指標評估法（Direct Index Appraisal）：
   此法除了評估員工績效外，尚評估員工生產力、缺勤率、流動率等。

4. 完成記錄法（Accomplishment Records）：
   此法係專業人員依工作構面，將自己的工作記錄在完成記錄表上，由主管查核正確性，再由外界專家組成評估小組評估完成的整體價值。

5. 360度績效評估法（360-Degree Performance Appraisal）：
   係指被評估者由其周遭的每一個人（包括其上司、同事、顧客、供應商及其部屬）來評估其績效。此種評估方式有提供多樣化、豐富化之資訊的優點，但缺點是耗費時間與成本，若處理不當，還會造成評估者與被評估者間的不信任與恐懼。

績效評估誤差

績效評估本身有難以克服的困難，譬如缺乏客觀的工作標準、評估者的主觀因素等。而評估者的主觀因素可能會帶來下列幾項的評估誤差：

1. 月暈效應誤差（Hallo Effect）：
   評估者往往基於被評估者某些特定事實而給予過高或過低的考評，形成一種月暈效應所產生的誤差。

2. 自我中心效應誤差（Egoecentric Error）：
   以自我認知（Self-Perception）為評估的標準所產生的誤差。

3. 評估者誤差：
   評估者受到被評估者的工作階層、年齡、服務年資、性別、省籍、宗教等之影響所產生的評估誤差。

4. 分配誤差（Distributional Error）：

此種誤差可分為下列三種：

(1)仁慈誤差（Error of Leniency）：

評估者採「皆大歡喜」的考核方式。

(2)中間傾向誤差（Error of Central Tendency）：

評估者採「中庸之道」的考核方式，即考評分數不走極端，而趨向於「中間數」。若以十分為最高分，評分可能集中於「五至八分」中間數。此種中間傾向的考評，對考評的公正性有相當不利的影響。

(3)嚴峻誤差（Error of Severity）：

評估者採「嚴格考核」的方式，對被評估者感到滿意的甚少。

5. 循序效應誤差（Sequential Error）：

指評估者使用多種層面的先後順序，以評估被評估者所造成的誤差。

13.12　獎酬

獎酬（Compensation）指雇主給付受僱人之一切財物。廣義的獎酬包括下列二種：

1. 物質的報酬：

(1)財物的報酬：

指現金的給予，有時亦以實物方式出現，包括下列各項：

①薪資與工資（Salary and Wage）：

＊薪資（Salary）：指管理階層員工（包括職員）所得的報酬。

＊工資（Wage）：指作業階層員工所獲得的報酬。

②獎金或紅利（Premium or Bonus）：

指當工作人員之工作績效有較佳表現時，所給予之一種額外待遇（Extra Pay）。

③津貼（Allowances）：

指因工作條件之不同或工作本身之差異，造成工作人員實質報酬的不平，為彌補此項不公平，所給予之一種輔助待遇（Supplementary Pay）。

④利潤分享計畫（Profit Sharing Plan）：

指企業利潤水準超出一定水準以上時，將利潤分配給員工。

⑵非財物的報酬：

如辦公環境、保健計畫等均屬之。

2. **非物質的報酬：**

指精神的報酬，包括執行任務或完成任務之過程中，給予自我表現、自我發展之機會，並進而得到激勵、滿足與晉升等。

決定薪資的因素

薪資標準的高或低，皆與生產成本、員工士氣息息相關。決定薪資高低標準之因素有下列各項：

1. **生活費用（Cost of Living）：**

生活費用的多寡，可分為實際生活費與理想生活費。實際生活費指一般人正常的衣食住行的生活費用；理想生活費則指除了上述衣食住行所須外，尚包括育、樂之所須。

2. **人力的供需（Manpower Supply and Demand）：**

有些學者認為薪資多寡是由勞工的需求曲線與供應曲線的交叉而定，如圖13-5所示。

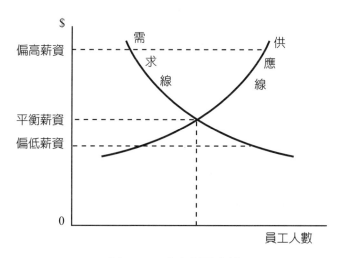

圖13-5　**人力供需曲線**

影響人力供需曲線之因素有二：

(1)需求因素：

①短期性者：如企業生產排程、季節性生產、消費者需求量等。

②長期性者：如勞工的生產能力、工業的成長與萎縮、工業的利潤率等。

(2)供應因素：

①短期性者：如地區勞工的遷入或遷出、季節性勞工習慣、工會要求等。

②長期性者：如家族人口特徵、生活水準與成本、政府規章制度、工會力量等。

3. 職務與責任（Duty and Responsibility）：

薪資的高低，與工作的質及量成正比。

4. 生產成本（Prime Cost）：

生產成本包括製造成本、銷售成本及管理成本等。

5. 地區因素（Regional Difference）：

地區屬危險，如戰爭地區、治安不良地區等，應較一般地區工作者薪資標準為高。

6. 時間因素（Time Factor）：

如同一性質及程度之工作，其工作時間較長者，薪資宜高；若其工作期間有一定期限而屬臨時性質者，應較長期性工作者的薪資為高。

斯坎龍計畫

斯坎龍計畫（Scanlon Plan）為現代獎金計畫中最具代表性的「利潤分享計畫」（Profit Sharing Plan）之一，其內容包括成立管理者與勞工聯合委員會，每位員工均可同享利潤，且為現金給付，每月發放一次，依全部勞動成本與產品價值的比率作為發給工資的依據，勞工不再給予其他福利或加班費。

自助餐式福利計畫

　　自助餐式福利計畫（Cafeteria Benefit Plan）係由Black & Porter於2000年提出，指由組織提供一套基本的福利，每一個人再依自己的獨特需求狀況，在一定的額度內點選其所須之額外福利。譬如單身者可能會希望能有較多的休假日，有家眷者則較傾向投保人壽保險，而有學齡子女者則傾向有較多的子女教育津貼。

13.13　勞資關係

　　勞資關係的內容，視勞工運動發展的程度而不同，但基本上勞工具有下列三權：

1.　團結權：

　　指勞工為保護自己的權利，有組織工會（Union）之權。

2.　團體交涉權：

　　指為維持勞資間正當而對等之關係，工會得與經營者交涉之權。

3.　團體行動權：

　　指因團體交涉權行使無效，無法達成工會之要求時，工會得行使最後之力量，即所謂「罷工權」。

工會之種類

　　工會（Union）指在一起工作之勞工所形成之團體。工會的種類有以下幾類：

1.　產業工會：

　　指由同一區域內各部門不同職業的工人所組成的工會。

2.　職業工會：

　　指由同一區域內聯合同一職業的工人所組成的工會。

3.　聯合工會：

　　指工會的聯合組織，又可分為二類：

⑴以區域為劃分標準者：

如全國總工會、省市總工會、縣市總工會。

⑵以工會性質為劃分標準者：

如全國各職業聯合會。

老師小叮嚀：

1. 注意人力資源管理的九項程序，其中人力資源規劃是前三項程序。

2. 工作分析中的工作說明書與工作規範書之間的差異，是常出現的考題。

3. 注意遴選員工的程序。

4. 注意訓練的分類，尤其須注意職內訓練與職外訓練之方式及其差異。

5. 注意績效評估的方法，尤其須注意的是360度績效評估及績效評估的誤差。

6. 注意利潤分享計畫、斯坎龍計畫與自助餐式福利計畫之差異。

1. 人員任用是人力資源管理的重要工作，內部招募（Internal Recruiting）可避免優秀人才流失，但也有缺點存在，其主要缺點為何？

（97年鐵路公路特考）

(A)人選對組織不熟　(B)無法增加員工多樣化　(C)成本較高　(D)無法提升員工士氣

2. 主管可能因為不喜歡部屬的某些行為如抽菸，而在其他所有項目都給予負面評價，稱之為：（97年鐵路公路特考）

(A)低區辨力偏誤　(B)相似偏誤　(C)仁慈偏誤　(D)暈輪效應

註：暈輪效應即為月暈效應。

3. 以下哪一項不屬於員工福利的法定項目？（97年鐵路公路特考）

  (A)勞工保險　(B)退休金　(C)公司團體旅遊　(D)定期健康檢查

4. 預先設定投入標準，在投入階段進行評估、衡量的工作，此為何種控制？
  （97年鐵路公路特考）

  (A)事前控制　(B)事中控制　(C)事後控制　(D)全方位控制

5. 警察的績效通常以破案率的多寡來衡量，此是屬於何種控制？
  （97年鐵路公路特考）

  (A)事前控制　(B)事中控制　(C)事後控制　(D)全方位控制

6. 給予工作者對所擔任工作有較多機會參與規劃、組織及控制，這種管理方
  式為下列何種？（95年特考）

  (A)工作簡化　(B)工作擴大化　(C)工作輪調　(D)工作豐富化

7. 在餐廳用完餐後，被請求填寫顧客意見調查表，此屬於餐廳的何種控制模
  式？（95年特考）

  (A)事前控制　(B)事中控制　(C)事後控制　(D)預算控制　(E)人員控制

8. 下列哪一項結果，可作為獎懲的依據？（95年特考）

  (A)工作評價　(B)工作規範　(C)工作分析　(D)工作說明書　(E)績效評估

9. 有關甄選的信度（Reliability）與效率（Validity），下列敘述何者為真？
  （複選）（95年特考）

  (A)信度為甄選工具和某些標準間必須有確實的關係存在　(B)效度為甄選
  工具是否能一致無誤性的衡量相同事物　(C)好的甄選工具應為高信度與
  低效度　(D)二者皆為甄選工具的重要指標　(E)二者皆主要在避免造成的
  錯誤（Go-Error）和捨棄的錯誤（Drop-Error）

10. 下列何者屬於工作規範書（Job Specifiation）中的內容？（97年特考）

  (A)教育程度　(B)工時與工資　(C)工作內容　(D)責任範圍

11. 下列何者是管理發展中人才管理最終的目的？（97年特考）

  (A)人力預測　(B)人力調查　(C)徵求人才　(D)留住人才

12. 工作擴大化具備下列哪一項工作特性？（97年特考）

  (A)多樣性　(B)回饋性　(C)自主性　(D)重要性

13. 透過提高個人處理情緒與衝動的能力，以提高其情緒智商之方式係在加
  強：（97年特考）

  (A)社會技能　(B)同理心　(C)自我知覺　(D)自我管理

14. 下列有關透過工作設計以達到激勵員工的方法，何者正確？（97年特考）
(A)工作擴大化指垂直擴大員工工作　(B)工作豐富化指擴大水平方向的工作　(C)技術多樣性指工作上需要完成一個整體而可明確分隔工作的程度　(D)回饋性指完成一項工作時，個人對工作績效所得直接清楚訊息的程度

15. 依各項工作之繁簡、責任之大小、所須人員之條件，藉以設定薪資尺度，稱之為：（97年特考）
(A)工作分析　(B)工作考核　(C)工作說明　(D)工作評價

16. 員工的薪給按月發配是屬於下列何種強化時程技術？（96年特考）
(A)固定比例強化　(B)固定間隔強化　(C)變動比例強化　(D)變動間隔強化

17. 下列何者為自利偏差（Self-Serving Bias）敘述？（96年特考）
(A)認為他人的成功是外在運氣　(B)基本歸因謬誤　(C)自己的失敗是外在環境的不配合　(D)以自己好惡扭曲對自己及他人的評價

18. 下列有關工作評價的敘述，何者有誤？（96年特考）
(A)評定各種工作之間的相對價值　(B)計算員工薪資高低的標準　(C)工作分析的基礎　(D)可達成同工同酬、異工異酬的目的

19. 敏感度訓練的基本目的在於：（96年特考）
(A)賦予員工自主性　(B)建立團隊精神　(C)培養主管正確領導風格
(D)了解自己在人際關係中所處的地位

20. 在下列何種情形下，企業較適合採取「計時制」？（96年特考）
(A)產品內容差異較大時　(B)企業規模較大時　(C)重視產品的生產數量及速度時　(D)員工工作情形不易監督時

21. 依行為學派的觀點，下列何種工作設計所帶來的激勵程度最高？（96年特考）
(A)工作豐富化　(B)工作擴大化　(C)工作輪調　(D)工作專業化

22. 依據工作特性理論中的「動機潛力分數」，下列哪一項工作核心構面對激勵效果的影響程度最大？（96年特考）
(A)重要性　(B)多樣性　(C)完整性　(D)自主性

23. 小張為某公司的新進人員，為儘早對其工作的內容、處理方法及程序有所了解，他應該參考下列哪一種文件？（96年特考）
(A)工作評價表　(B)工作說明書　(C)工作規範　(D)工作契約書

24. 下列有關人力資源管理的敘述，何者為真？（96年特考）

(A)員工招募與甄選的目的是為公司找到最好的人　(B)薪資是公司營運的主要成本，因此應儘量降低薪資水準　(C)公司最高的人力資源主管是人力資源部門主管　(D)對員工績效評估的目的是作為客觀人力資源決策（如加薪與訓練需求等）之基礎

25. 下列何者為非？（96年特考）

(A)所謂Job Description係針對職位本身的任務責任、作業內容及執行績效等作說明　(B)所謂Job Specification係針對欲擔任該職位的人所應具備的能力、技術、素質等作說明　(C)Skills Inventory係探討存貨技術有哪些　(D)組織機構在遂行Human Resource Forecasting時，整個機構的各階管理人均應共同參與，而非僅高階管理為之

26. 下列何者為非？（複選）（96年特考）

(A)Peter Principle說明了人員內部調升的優點　(B)在管理的用人功能中，測試作業是最具爭議的一項作業　(C)所謂測試的Validity係指某項測試一再實施時，是否可呈現同一結果　(D)Hallo Effect係指約談人為應約人某一獨特性質所蔽，而忽略了應約人其他的特性，進而產生不當之判斷

27. The glass ceiling:

(A)is a visible barrier that seperates the parking deck from the front lobby at corning glass.　(B)is an invisible barrier that seperates women and minorities from top management positions.　(C)does not really ever exist.　(D)exists only in the glass industries.　(E)is the same as glass walls.

　　註：玻璃天花板（Glass Ceiling）：指女性無法獲得向上升遷的機會，導致女性薪資普遍低於男性。

28. 有關員工紀律的維持，下列哪一個敘述是正確的？

(A)員工對執法鬆弛的管理人員通常會心存感謝與尊敬　(B)紀律行動通常被認為是一種消極的激勵措施　(C)員工的不滿意若未正式表示，不能構成申訴，故無須注意　(D)員工違反紀律情形不勝枚舉，無法訂定標準程序處理之

29. 當工廠裝配線上發現有異狀時，領班立即處理，稱為：

（96年中華電信企業管理）

(A)事先控制　(B)及時控制　(C)事後控制　(D)回饋控制

【解析】

控制依程序可分為：

㈠事先（前）控制：或稱預防控制（預防型）

　指在實際活動前訂定績效標準及預防為導向之控制系統。

㈡事中控制：或稱及時控制（立即型）

　指在工作中進行控制，並立即採取修正行動。

㈢事後控制：或稱回饋控制（亡羊補牢型）

　指在行動發生偏差時才採取控制程序，改正問題。

30. 員工績效考核時，評估指標很多，下列何者為主觀指標？

（96年中華電信企業管理）

(A)服務態度　(B)不良率　(C)缺席次數　(D)銷售金額

31. 「列出為成功完成某項工作，員工須具備的資格條件」乃是指：

（96年中華電信企管概要）

(A)工作分析（Job Analysis）　(B)工作規範書（Job Specification）

(C)工作說明書（Job Description）　(D)工作設計（Job Design）

32. 水平增加工作範圍的工作設計是：（96年中華電信企管概要）

(A)工作擴大化（Job Enlargement）　(B)工作豐富化（Job Enrichment）

(C)工作設計（Job Design）　(D)工作輪調（Job Rotation）

33. 工作評價（Job Evaluation）最主要的目的為何？

（97年台電公司養成班甄試試題）

(A)作為評定員工公平薪資的標準　(B)作為職位分類的依據　(C)作為升遷的依據　(D)作為員工訓練的標準

34. 在工作設計中針對工作內容提供較多機會參與規劃、組織及控制，給予員工較大的管理功能參與程度，稱為：（97年台電公司養成班甄試試題）

(A)工作擴大化　(B)工作豐富化　(C)工作再設計　(D)工作輪調

35. 評估者在評估員工績效時，可能會受到員工某項人格特質影響，而使整體的績效評估失真，此稱之為：（97年台電公司養成班甄試試題）

(A)刻板印象　(B)月暈效應　(C)類己效應　(D)新近記憶效應

36. 組織除了對員工施以工作上必要的訓練外，更應重視員工長期的職涯發展與規劃，下列何者不是企業常用的員工發展方法？

（97年台電公司養成班甄試試題）

(A)參與管理　(B)工作輪調　(C)再造工程　(D)代理制度

37. Which of the following is (are) not a benefit?

(A)vocation pay   (B)health insurance   (C)pension plans   (D)salary

38. The instrument that specifies credentials necessary to qualify for the job position is a:

(A)job specification   (B)job description   (C)job analysis   (D)job evaluation   (E)performance evaluation

39. In general, the most important job skill listed by recruitment was:

(A)a college degree   (B)interpersonal skills   (C)mathematical skills (D)computer skills

40. The marital status of employees seem to have a direct relationship with:

(A)productivity   (B)turnover   (C)level of education   (D)intelligence

41. Which if the following is not a component of compensation system?

(A)Base wage and salaries   (B)Wage and salary add-ons   (C)Length of service   (D)Incentive payment   (E)Benefits and services

42. Which is not a common source of information used by managers to measure performance?

(A)personal observation   (B)oral reports   (C)standardized tests (D)statistical reports   (E)written reports

43. A statement of the minimum acceptable qualifications that an applicant must possess to perform a given job successfully is a :

(A)job description   (B)human resource inventory report   (C)job analysis (D)job specification

44. Which of the following types of interviews use only standardized. Job-related interview questions that are prepared ahead of time and asked of all candidates?

(A)unstructured interviews   (B)structured interviews   (C)semi-structured interviews   (D)all three of above   (E)none of the above

45. Providing training on developing cooperation, teamwork, and trust are examples of what form of skill training?

(A)problem-solving   (B)interpersonal   (C)behavioral   (D)cognitive (E)technical

46. The interview as a selection device, is most likely useful for which of the following types of occupation?

(A)janitor　(B)accountants but not attorneys　(C)bank manager　(D)crane operator　(E)entry-level engineer

47. Jane has worked for the same company for 22 years. All of the men that she started with are at least two levels higher than she is in the organization. Her performance appraisals are always strong; however, her name never appears on the replacement charts. What is Jane probably experiencing?

(A)A declined career path　(B)Lack of organizational fit　(C)Lack of skills needed for advancement　(D)A glass ceiling

48. Joe is always Joe. No matter where he is, he is the same loud, obnoxious, outgoing person. Joe has:

(A)high self-monitoring.　(B)low self-monitoring.　(C)low self-esteem.　(D)high Machiavellianism.

49. 在人事考核的方法上，能符合統計學上之常態分配，可避免考評者之偏見，但要設計一公平的比例確有困難的是：

(A)critical incident method　(B)employee method　(C)forced distribution method　(D)graphic scales

50. Job analysis is concerned with which of the following human resource planning aspects?　(A)deciding how well someone is performing his/her job　(B)what behavior are necessary to perform a job　(C)hiring someone to do a job　(D)estimating pay on job level in an organization　(E)counting the number of jobs in an organization

51. Job rotation is an example of what kind of training method?

(A)simulation　(B)on-the-job　(C)vestibule　(D)computer instruction (E)off-the-job

52. 考評者對部屬工作中的重要或特殊事件加以記錄的考核方法是：

(A)人員比較法　(B)強迫選擇法　(C)評核尺度法　(D)重要事件法

53. 我國企業訂定薪資制度最好的方式是：

(A)能力為主，職務給與年功給為輔　(B)能力給與職務給為主，年功給為輔　(C)能力給與年功給為主，職務給為輔　(D)年功給與職務給為主，能力給為輔

54. 公司提供員工旅遊活動，是屬於：〔96年中華電信企業管理〕

(A)薪資　(B)獎金　(C)津貼　(D)福利

55. The eight steps of the human resource process include all of the following except:

(A)orientation　(B)outsourcing　(C)performance appraisal
(D)recruitment　(E)compensation and benefits

56. 依據我國「職工福利金條例」第二條規定：工廠、礦場或其他企業組織每月於每個員工薪津內扣：

(A)1-5%　(B)0.5%　(C)20-40%　(D)0.05-0.5%　　為福利金。

57. 基本薪資的發放標準若依據個人的年資和學歷是：

(A)職能給　(B)職務給　(C)職責給　(D)年功給

58. 何謂人力資源規劃（Human Resource Planning，HRP）？實施的步驟（程序）為何？

59. 依據我國「勞動基準法」第十四條規定：雇主延長勞工工作時間在二小時以內者，其延長工作時間之工資按平日每小時工資額加給：

(A)1/4以上　(B)1/3以上　(C)2/3以上　(D)1/2以上

60. 何謂工作說明書（Job Description）？何謂工作規範書（Job Specification）？二者有何不同？

61. 何謂工作分析（Job Analysis）？其分析的方式有哪幾種？

本章習題答案：

1.(B)　2.(D)　3.(C)　4.(A)　5.(C)　6.(D)　7.(C)　8.(E)　9.(DE)　10.(A)
11.(D)　12.(A)　13.(D)　14.(D)　15.(D)　16.(B)　17.(C)　18.(C)　19.(D)
20.(A)　21.(A)　22.(D)　23.(B)　24.(D)　25.(C)　26.(AC)　27.(B)
28.(B)　29.(B)　30.(A)　31.(B)　32.(A)　33.(A)　34.(B)　35.(B)　36.(C)
37.(D)　38.(A)　39.(B)　40.(B)　41.(C)　42.(C)　43.(D)　44.(B)　45.(B)
46.(C)　47.(D)　48.(B)　49.(C)　50.(B)　51.(B)　52.(D)　53.(C)　54.(D)
55.(B)　56.(B)　57.(D)　59.(B)

第14章・
溝通與衝突

本章學習重點

1.介紹溝通的意義與程序

2.介紹溝通的類型

3.介紹溝通的障礙

4.介紹衝突之意義與類型

5.介紹衝突管理之意義與程序

14.1　溝通的意義

溝通（Communication）係指發訊者利用各種管道，將訊息（Information）或意思（Meaning）傳到收訊者的過程。每一位管理者皆需要有良好的溝通技巧，才可使組織內的成員提高工作效率和士氣。

溝通的功能

Scott and Mitchell對溝通的功能提出下列幾項：

1. 資訊傳遞（Information Transfer）：
   屬技術導向，係提供組織成員所須之資訊，使其容易作好決策。
2. 任務控制（Task Control）：
   屬結構導向，係控制組織成員之行為，並促進協調溝通。
3. 激勵士氣（Motivation）：
   屬影響導向，設定明確的目標，以激勵員工圓滿完成組織的工作。
4. 抒發情緒（Emotional Expression）：
   屬感情導向，係藉由抒發情緒以滿足需求。

14.2　溝通的程序

若要成功的達成溝通目的，不僅要傳達訊息或意思，且需要被了解；意即有效的溝通，須發訊者的意思被收訊者所接受與了解。此處的「了解」與「同意」並不相同，「同意」與否往往是雙方立場的問題，收訊者「了解」發訊者所傳達的意思，並不表示他必須「同意」發訊者的觀點。

溝通的程序如圖14-1所示，整個溝通模式包括發訊者（Sender）、收訊者（Receiver）、編碼（Encoding）、解碼（Decoding）、溝通管道（Channel Message）、干擾來源和噪音（Noise），以及回饋（Feedback）等要素。

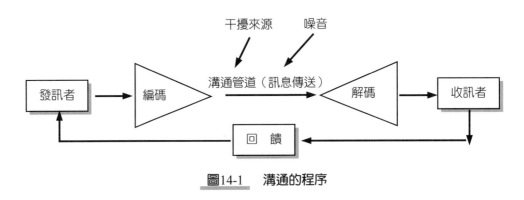

圖14-1　溝通的程序

　　當在進行人際溝通（Interpersonal Communication）之前，發訊者傳達訊息給收訊者，而發訊者將訊息轉換成文字、語言或符號的形式，稱為「編碼」（Encoding）；之後再經由溝通媒介或管道（Channel）傳達給收訊者，收訊者收到後，將訊息轉譯，稱為「解碼」（Decoding）；最後收訊者將對訊息了解的程度，利用某種表達方式回饋（Feedback）給發訊者。此外，整個溝通過程都易受到干擾來源與噪音（Noise）的影響，而噪音會影響溝通效果，造成訊息的扭曲，故應儘量加以克服。

　　一個完整的溝通程序須包括七個要素，現分別說明如下：

1. **發訊者（Sender）：**
指在溝通過程中希望傳達訊息的人或組織，為一訊息來源。溝通的效果受到發訊者的人格特質、表達技巧、態度、知識與經驗等因素的影響很大。

2. **編碼（Encoding）：**
指將發訊者所要傳達的訊息或意思，轉換成語言、文字或符號等，使其成為訊號，才能把訊息或意思傳達出去。

3. **訊息（Information）：**
指發訊者將編碼後的語言、文字或符號，透過管道（Channel）傳達給收訊者的「實體產物」。譬如寫信時，信件內容是訊息；動作時，臉部表情是訊息。訊息在溝通過程中常易遭到扭曲，故須慎選編碼的符號、語言或傳達的溝通管道。

4. **溝通管道（Channel）：**
指訊息傳達的媒介，由發訊者選擇不同的溝通管道。常見的溝通管道包括二人面對面說話的空氣、打電話的電話線、寫作業的紙張等。

5. 解碼（Decoding）：

　　指將發訊者藉由溝通管道所傳達的訊息（包括語言、文字、符號），予以翻譯說明的過程。解碼的方式，一般為傾聽和閱讀。

6. 收訊者（Receiver）：

　　指溝通時接收訊息的人，他必須了解並解釋訊息所隱含的意義。發訊者的知識程度會影響他的發訊能力，同時也影響他的收訊能力；而收訊者的態度、經驗及文化背景，也會扭曲發訊者所傳達的訊息。

7. 回饋（Feedback）：

　　指收訊者將訊息的了解程度送回發訊者。回饋可協助發訊者檢視是否成功地傳達訊息，並化解發訊者與收訊者間不必要的誤會。回饋可分口頭回應和非口頭回應二種。

14.3　溝通的類型

　　溝通類型的區分，一般可依溝通的管道、網路型態、溝通方向、非正式群體之溝通網路等四種類型予以分類，如圖14-2所示，現分別說明如下：

圖14-2　溝通的類型

依溝通管道分類

1. 口頭溝通（Oral Communication）：
   此為最常採用的溝通方式，如面對面交談、演講、廣播、電話晤談、群體討論、會議、非正式討論及謠言等。當訊息透過多數人傳達時，常易遭扭曲。

2. 非語言溝通（Nonverbal Communication）：
   非語言溝通包括聲音、圖像符號、肢體語言及說話音調等。如交通號誌的紅綠燈分別代表禁止通行及可通行。

3. 電子溝通（Electronic Communication）：
   近年來由於通訊科技（Communication Technology）的進步，須藉電子媒體（Electronic Media）進行溝通。除包括電話、傳真外，尚有電子郵件、語音郵件、視訊會議、網際網路、企業內部網路（Intranet）等。

4. 書面溝通（Written Communication）：
   書面溝通包括報告、信件、公文、刊物、公告、備忘錄、手冊等。書面溝通的優點是有形、可長久保存；缺點是無法立即得到有效的回饋。

依網路型態分類

1. 輪狀式（Wheel）溝通網路：
   此種溝通網路係為一位領導者和四位部屬間之溝通，部屬間沒有互動，所有的溝通必須依賴主管，故部屬對領導者的依賴程度高。

2. 鏈條式（Chain）溝通網路：
   此為正式組織最為典型的一種溝通型態，溝通網路由最高層到基層，形成一條指揮鏈（Chain of Command）；常見於直線的職權系統中。

3. Y字型溝通網路：
   此為鏈條式溝通網路的一種，成員二人和二人以上有互動，所剩三人只和一人有互動；常出現於某一直線管理者下的幕僚編組。

4. 環狀式（Circle）溝通網路：
   成員與相鄰成員互相溝通，每人互動人數相同，無明顯的領導者，溝通速度較慢，但每一成員的士氣及滿足感較高。

5. 交錯式（All-Channel）溝通網路：
   成員與所有其他成員互相溝通，無明顯的領導者，適合於網路型組織與委員會組織的溝通型態。此溝通網路的溝通效率高，但在溝通過程中可能會出現干擾，故會降低溝通的正確程度。

依溝通方向分類

1. 往上式（Upward）溝通：
   指部屬將訊息呈報給上司。
2. 往下式（Downward）溝通：
   指上司將訊息流向部屬。
3. 水平式（Lateral）溝通：
   指位於組織同一層級相同職位間的溝通。

依非正式群體之溝通網路分類（或萄葡藤溝通）

1. 輪式萄葡藤溝通（Gossip Grapevine Chain）：
   指一個人對許多人散布訊息。
2. 鏈式萄葡藤溝通（Cluster Grapevine Chain）：
   指一個人對少數所選定的人散布訊息，而被選定的人中的一部分人再將訊息散布出去。

14.4　溝通的障礙

　　有效的溝通障礙主要來自於個人與組織。來自個人的礙障包括訊息扭曲、刻板印象、語言涵義、非語言暗示、干擾、情緒影響及訊息不一致；來自組織的障礙則包括訊息氾濫、時間壓力、資訊過濾、消息回饋的缺乏等。

個人溝通障礙

個人溝通障礙主要有下列幾項，現分別說明如下：

1. 訊息扭曲：
    包括對訊息的曲解、粉飾等。在溝通過程中，中介者愈多或組織層級愈多，則訊息遭扭曲的機會愈大。尤其是選擇性知覺（Selection Perception）是一種較嚴重的訊息扭曲。

2. 刻板印象（Stereotyping）：
    指對某些人具有特別的偏見，形成溝通的障礙，所以須以客觀理性的態度進行溝通。

3. 語言（Language）：
    語言對不同的人代表不同的涵義，亦有一些特別術語，如自電影《蜘蛛人》上映後，就流行說「不要做Spiderman」，即「不要做失敗的人」。所以，多了解組織文化、教育、環境對使用語言的影響，將可降低溝通障礙。

4. 非語言的暗示（Nonverbal Cues）：
    肢體語言或語調會傳達給收訊者不同的訊息，當收訊者與發訊者接收到的訊息不一致時，溝通便會有所扭曲。

5. 情緒影響（Emotional Impacts）：
    情緒（如高興或悲傷）常對訊息會有不同的解釋。

組織溝通障礙

組織溝通障礙主要有下列幾項，現說明如下：

1. 訊息氾濫（Information Overload）：
    指組織內某一職位接收到許多訊息，而資訊氾濫的結果就是效率遞減。

2. 時間壓力（Time Pressure）：
    當須及時傳遞訊息以快速回應問題時，往往可能導致較膚淺的回應或較少的溝通時間。

3. 資訊過濾（Information Screening or Filtering）：
    指發訊者將訊息予以保留或修改。組織的層級數愈多，發生過濾作用的機

會也愈大。

4. 消息回饋的缺乏（The Absence of Feedback）：

此可用來確定溝通雙方對訊息的了解是否一致。

克服溝通障礙的方式

克服溝通障礙的方式有下列幾項：

1. **主動傾聽：**

指主動搜尋對方話中的意義，以了解對方所要溝通的意思。並不事先預設立場，以避免扭曲對方的原意。

2. **使用相同語意：**

因受組織文化、教育程度、環境等影響，在溝通時，應儘可能選擇對方可了解的詞語或思考邏輯，以使收訊者能對訊息有正確和容易的認知。

3. **開放心胸：**

撇開自己的偏見，以開放心胸認知並了解對方的意見。

4. **保持雙向溝通：**

單向溝通只是說服與指示，雙向溝通則可直接發問與複述訊息，也可請收訊者對訊息作評論。

5. **避免摻入情緒：**

當溝通者加入個人情緒時，溝通結果通常不令人滿意。

14.5　衝突

衝突之意義

衝突（Conflict）是指成員、群體或組織，因利益、權責、目標或價值觀的差異，而產生認知或行為的對立矛盾。

衝突管理的發展階段

Robbins（2001）對於處理衝突，依不同的觀點分為下列三種發展階段：

1. 傳統觀點（Traditional View）：
   此種觀點將衝突視為組織功能的異常現象，是有負面效益的，必須設法避免。

2. 人群關係觀點（Human Relation View）：
   認為衝突是自然存在而無法避免的現象，可能對組織是有正面效益的，管理者必須接受衝突存在的事實，以「平常心」面對。

3. 互動觀點（Interactionist View）：
   認為適當的衝突不僅對組織有正面效益，而且有時衝突對組織或群體的運作是不可缺少的，同時也可激發組織成員創新變革的能力。

衝突的類型

1. 依衝突的互動觀點分：
   衝突可分為良性衝突和惡性衝突。而衝突的程度與組織績效之關係，如圖14-3所示。

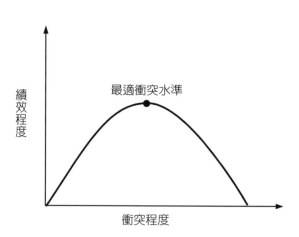

圖14-3　衝突的程度與績效程度的關係

　　當組織中沒有或低衝突時，組織成員會習於安樂、自滿、冷漠與缺乏創新活力；當組織存在太多衝突時，組織的成員彼此會充滿敵意，且缺乏合作意

願，導致較低的績效；當組織有適當的衝突時，組織成員會充滿活力、創新及自我批評，以創造出較高的績效。

2. 依組織結構分：

可將衝突分為下列二項：

⑴垂直衝突：

指在相同指揮鏈下，不同層級間所產生的衝突。

⑵水平衝突：

指在組織同一層級下，不同部門間發生的衝突。

3. 依認知與關係分：

可將衝突分為下列二項：

⑴認知衝突（Cognitive Conflict）：

指在面對問題或行動方案上，所存在的差異而引發的衝突。如開發新產品時，各部門成員間看法分歧所引發的衝突。

⑵關係衝突（Relationship Conflict）：

指來自人際關係間的差異所引發的衝突，如組織成員因性情不同所產生的衝突。

衝突方格理論

Blake and Mouton的衝突方格理論，可依人際關係的衝突分為逃避型、順從型、競爭型、妥協型與合作型，如圖14-4所示，現說明如下：

關心自己

（1,9）競爭型　　　　（9,9）合作型

（5,5）妥協型

（1,1）逃避型　　　　（9,1）順從型

關心他人

圖14-4　衝突方格理論

1. （1,1）逃避型（Avoiding）：
   當組織成員產生衝突時，彼此迴避但無法解決問題，屬lose-lose（兩敗俱傷）的局面。

2. （9,1）順從型（Accommodating）：
   當組織成員產生衝突時，順從他人意思，以息事寧人，屬lose-win（輸即贏）的局面。

3. （1,9）競爭型（Competing）：
   組織成員不計一切代價，爭取最後勝利，毫不考慮他人的處境和想法，屬win-lose（贏即輸）的局面。

4. （5,5）妥協型（Compromising）：
   組織成員雙方妥協讓步，但議定的方式無法使雙方皆滿意，屬win-win（雙贏）的局面。

5. （9,9）合作型（Collaborating）：
   組織成員雙方捐棄成見，由雙方皆獲益的角度共擬對策，造成一理想的win-win（雙贏）局面。

衝突的程序

依Robbins（1983）提出四階段的衝突程序，如圖14-5所示。第一階段為「潛在對立」，屬潛在衝突；第二階段為「認知及個人化」，屬認知衝突、感覺衝突；第三階段為「行為反應」，屬外顯衝突；第四階段為「行為結果」，可分為良性績效與惡性績效。

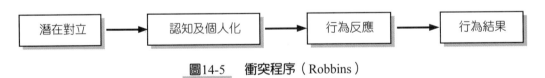

圖14-5　衝突程序（Robbins）

14.6 衝突管理

衝突管理之意義

衝突管理（Conflict Management）是指將組織中的競爭、衝突與合作三者，調整到對整體的組織績效得以發揮極致的相關做法及程序，亦即維持衝突水準在理想狀況下，使組織的整體績效極大化。

衝突管理程序

依Robbins於1974年提出，衝突強度的連續性（Conflict Intensity Continue）、規劃評估過程（Planning Evaluation Press）、選擇行動過程（Choice Action Press）三項觀點，其衝突管理程序如圖14-6所示。

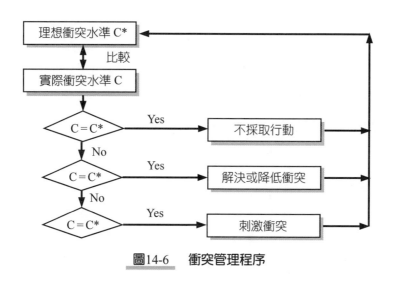

圖14-6　衝突管理程序

老師小叮嚀：

1.注意溝通的程序。

2.注意各溝通網路之差異。

3.注意葡萄藤溝通之內容。

4.須了解衝突程度（大小）與績效程序（大小）之間的關係。

自我測驗

1. 以下哪一項不屬於溝通障礙？（97年鐵路公路特考）

 (A)選擇性知覺　(B)經常使用回饋　(C)資訊過荷　(D)過濾作用

2. 主張必須鼓勵衝突，否則組織無法達成變革與創新之觀點為何？
 （97年鐵路公路特考）

 (A)互動觀點　(B)傳統觀點　(C)人際關係觀點　(D)任務導向觀點

3. 依據Berlo的技術性溝通模式，噪音（Noise）干擾因素主要存在於下列哪
 些溝通要素中？（複選）（95年特考）

 (A)編碼（Encode）　(B)解碼（Decode）　(C)通路（Channel）　(D)收
 訊者（Receiver）　(E)發訊者（Sender）

4. 以下對於溝通模式之陳述，何者有誤？（97年特考）

 (A)鏈狀溝通流向隨著正式的指揮鏈上下流動　(B)網狀溝通比起其他模
 式，溝通訊息有較高的正確性　(C)輪狀溝通是指一個強勢領導者和組織
 成員間的溝通方式，所有的訊息都會透過他傳遞　(D)沒有任何一個溝通
 網路能達到所有溝通效能的最佳標準

5. 針對「衝突」，下列何者為近代管理觀念所採之看法？（97年特考）

 (A)衝突是有害的，應設法避免　(B)衝突是自然存在的，無法避免
 (C)衝突是必要的，有正面意義　(D)衝突是自然存在的，應設法避免

6. 下列何者並非造成組織衝突的因素？（96年特考）

 (A)相同目標　(B)共同資源　(C)認知差異　(D)個性差異

7. 選擇一動機的滿足，會導致另一動機難以滿足，係屬於何種衝突？
 （96年特考）

 (A)雙趨衝突　(B)趨避衝突　(C)雙避衝突　(D)負面的衝突

8. 下列何種群體溝通型態的資訊正確性最低？（96年特考）

(A)環狀　(B)輪狀　(C)鏈狀　(D)Y狀

9. 在組織溝通的網路中，會出現一位明顯的領導者的是何種網路？
（96年中華電信企業管理）

(A)鏈狀　(B)輪狀　(C)網狀　(D)Y字狀

【解析】

溝通類型有下列四種：

(一)依溝通管道分：

1. 口頭溝通

2. 非語言溝通

3. 電子溝通

4. 書面溝通

(二)依網路型態分：

1. 輪狀式（Wheel）

2. 鏈條式（Chain）

3. Y字式（Y Type）

4. 環狀式（Circle）或圈式

5. 交錯式或網路型（All-Channel）

(三)依溝通方向分：

1. 往上式（Upward）

2. 往下式（Downward）

3. 水平式（Lateral）

(四)依葡萄藤溝通分：

1. 輪式葡萄藤溝通（Gossip Chain）

2. 鏈式葡萄藤溝通（Cluster Chain）

※類題：溝通的網路型態中，哪一種速度會較快？　(A)鏈狀　(B)Y字狀　(C)輪狀　(D)環狀

10. In what stages of the communication process does perception play its most important role?

(A)encoding and transmission　(B)transmission and decoding
(C)encoding and decoding　(D)receiving and decoding　(E)receiving and transmission

11. 下列何者是解決衝突問題的雙贏策略？

(A)Accommodating　(B)Collabborating　(C)Competing　(D)Compromising

12. At the weekly staff meeting, Jim told an off-color joke. Melissa was offended by the joke and told him so. Jim defended his actions by explaining that he was simply trying to treat everyone equally. Which individual strategy for managing diversity is Jim lacking in?

(A)Communication　(B)Tolerance　(C)Empathy　(D)Understanding
(E)Knowledge

13. The process of putting an idea into a message form that the receiver will understand is called：

(A)encoding　(B)encrypting　(C)formatting　(D)simplifying
(E)decoding

14. 下列何種溝通網路的溝通速度最快？〔97年台電公司養成班甄試試題〕

(A)輪型　(B)Y型　(C)鏈型　(D)環型

15. 部屬向主管抱怨工作時，其溝通方式為：〔96年中華電信企業管理〕

(A)平行溝通　(B)向下溝通　(C)向上溝通　(D)非正式溝通

16. 下列何者不是造成有效溝通的障礙？〔96年中華電信企管概要〕

(A)過濾　(B)回饋　(C)語言　(D)情緒

17. 葡萄藤（Grapevine）式溝通網路是一種：〔97年台電公司養成班甄試試題〕

(A)向上溝通　(B)向下溝通　(C)正式溝通　(D)非正式溝通

18. 戴維斯（K. Davis）認為非正式溝通管道的型態有單向式、集群式、閒談式及：〔97年台電公司養成班甄試試題〕

(A)隨機式　(B)八卦式　(C)罵街式　(D)叩應式

19. _____ and _____ are potential sources for communication errors, because knowledge, attitudes, and background act as filters.

(A)Encoding, channel　(B)Encoding, noise　(C)Decoding, channel
(D)Decoding, encoding　(E)Decoding, noise

20. 溝通路線可定義為傳送消息的途徑，下列哪種說法最可能是錯誤的？

(A)員工間非正式的溝通路線值得重視　(B)溝通路線的運作型態會影響群體工作績效　(C)公司規模愈大時，溝通路線愈能和組織指揮系統配合　(D)在企業裡，最主要的溝通路線就是指揮系統

21. The best method of communication is

(A)oral   (B)written   (C)oral and written   (D)nonverbal

22. Informal discussions among colleagues exemplies

(A)vertical-upward communication   (B)vertical-downward communication

(C)horizontal communication   (D)grapevine communication

23. Effective management depends on effective communication. Which of the following communication channels does NOT belong to the formal communication channels?

(A)Grapevine Network Communication   (B)Downward Communication

(C)Upward Communication   (D)Horizontal Communication

24. A neutral third party who helps resolve a conflict is a

(A)mediator   (B)arbitrator   (C)negotiator   (D)conflict resolution consultant

25. 溝通障礙不包括哪些？（複選）

(A)使用資訊科技   (B)過濾作用   (C)職位的差異   (D)主動傾聽   (E)選擇性知覺

26. 在周哈里窗戶（Johari Window）中，易引發誤會且最具爆炸性的人際衝突是在哪一區域內？

(A)公眾我   (B)盲目我   (C)隱藏我   (D)未發現的我

註：周哈里窗戶（Johari Window）可分為四個區：

Ⅰ區公眾我：不會發生人際關係。

Ⅱ區隱藏我：潛藏人際關係。

Ⅲ區盲目我：潛藏人際關係。

Ⅳ區未發現的我：破壞人際關係（誤解）。

27. 有關組織衝突的說明，以下何者錯誤？

(A)早期的傳統觀點認為衝突不利於組織，應設法避免   (B)1970年代後的互動觀點認為衝突過多或不存在都可能導致組織績效不彰   (C)根據衝突診斷模式，可協助企業分析可能解決的程度   (D)當衝突雙方知覺解決方案對雙方是公平的，且無客觀公正第三者的介入，衝突較易解決

28. When your boss tells you to increase productivity and your workers are striving for a more relaxed work atmosphere; you are facing

(A)friend-role conflict   (B)interrole conflict   (C)intrarole conflict

(D)intersender conflict   (E)personal-role conflict

本章習題答案：

1.(B)　2.(A)　3.(BCDE)　4.(B)　5.(C)　6.(A)　7.(A)　8.(A)　9.(B)

10.(C)　11.(B)　12.(C)　13.(A)　14.(A)　15.(C)　16.(B)　17.(D)　18.(A)

19.(D)　20.(C)　21.(C)　22.(D)　23.(A)　24.(A)　25.(AD)　26.(D)

27.(D)　28.(B)

第 15 章・
行銷管理

本章學習重點

1.介紹行銷的意義

2.介紹行銷管理的程序

3.介紹目標行銷

4.介紹行銷觀念

5.介紹市場之要素及同異質性

6.介紹市場區隔

7.介紹選擇目標市場

8.介紹行銷組合

9.介紹產品生命週期

15.1　行銷的意義

　　依美國行銷協會AMA（American Marketing Association）對「行銷」（Marketing）的定義如下：「行銷係制訂產品（Production）與服務之概念化、訂價（Price）、促銷（Promotion）、配銷（Place）等規劃與執行的過程，且用以創造滿足個人與組織目標的交換活動。」

　　簡言之，行銷係為因應內、外環境的變化，滿足顧客需求，並藉由目標設定、產品定位、4P行銷組合等，以提升市場競爭力。

15.2　行銷的程序

　　行銷的程序一般可分為下列二項，現分別說明如下：

1.　社會程序（Societal Process）：
　　指行銷活動能有效滿足社會的供需，以創造社會的最大效用（Utility）。
2.　管理程序（Management Process）：
　　指行銷活動能有效的預測顧客需求，生產者將滿足顧客需求的產品與服務流向顧客。
　　個體行銷除了要滿足顧客的需求及達成組織目標外，尚須與顧客建立顧客關係。

關係行銷

　　關係行銷（Relationship Marketing）係指藉由IT以提供顧客產品與服務的最高價值，且維持較佳的顧客滿意度作為組織的長期目標，並持續改善對顧客的服務品質。

交易行銷

交易行銷（Transaction Marketing）係只能產生一次立即的交易，而不著重與顧客建立長遠的關係。

15.3　行銷管理程序

行銷管理程序（Marketing Management Process）可分為七項，如圖15-1所示。此七項程序分別是市場導向之策略管理、蒐集行銷資訊、市場區隔、選擇目標市場、市場定位、擬訂行銷組合、行銷執行與控制。

圖15-1　行銷管理程序

其中在市場導向之策略管理方面，組織的策略可分為三個層級，分別是總體階層策略（Corporate Strategy）、事業單位階層策略（Business Unit Strategy）和功能性階層策略（Functional Strategy）。現分別在以下幾節中介紹行銷管理程序之各項行銷規劃。

15.4　目標行銷

目標行銷一般可分為市場區隔（Market Segmentation）、選擇目標市場（Market Targeting）與市場定位（Market Positioning）三種。若再將此三種做法加以細分，則可分為六種，亦即目標行銷的程序可以圖15-2所示。上述三種行銷將分別於以下幾節中加以介紹。

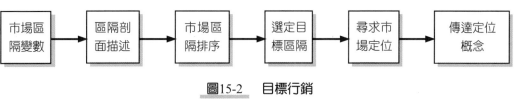

| 市場區隔變數 | → | 區隔剖面描述 | → | 市場區隔排序 | → | 選定目標區隔 | → | 尋求市場定位 | → | 傳達定位概念 |

圖15-2　目標行銷

15.5　行銷觀念

在行銷活動所採取的市場哲學，可依行銷觀念的演進說明如下：

1. 生產觀念（Producing Concept）：

   以生產導向為主，在市場需求大於供給、消費者所得與生活水準較差的前題，並假設消費者關心「產品價格」與「購買產品便利性」的情況下，廠商以降低成本、大量化生產、標準化生產、高效率生產，以達規模經濟，並致力於廣泛的配銷範圍以擴展市場。

2. 產品觀念（Product Concept）：

   以產品導向為主，在假設消費者只想要最佳品質、設計、性能的產品之情形下，致力於製造優良產品，且持續改善產品品質，以追求最佳品質的產品；但卻忽略顧客的需求，只是一味地追求產品的突破。

   ＊行銷短視症：

   　　Levitt於1960年提出「行銷短視症」（Marketing Myopia），指企業過度專注於產品本身，迷信於大規模生產、降低成本與提高產品品質的利益，而忽略了產品背後的利益，諸如市場環境與顧客需求的變化，終使企業因其產品過時而導致衰退。

3. 銷售觀念（Selling Concept）：

   係販賣自己所生產的產品，在假設消費者對購買有抗拒的情況下，廠商透過銷售人員運用廣告、拜訪等進行大力促銷，以說服顧客購買，較不顧顧客之需求。先尋求可能的顧客，再透過銷售技巧強力推銷產品，如保險業、直銷業、房地產業等。

4. 行銷觀念（Marketing Concept）：

   行銷觀念係指透過了解顧客需求，再生產符合顧客需求之產品與服務，使顧客能主動購買。行銷觀念包括三大部分：一為顧客導向，一為整體行

銷,另一為顧客滿意。行銷觀念同時重視公司利潤與顧客需求。行銷觀念與銷售觀念之差異比較,如表15-1所示。

表15-1　行銷觀念與銷售觀念之差異比較

	行銷觀念	銷售觀念
1.起點	生產前(目標市場)	生產後(工廠)
2.終點	成交後持續進行	成交後即終止
3.注意力	顧客需求	產品本身
4.重心	市場	工廠
5.手段	整體行銷	促銷
6.目的	兼顧公司利潤與顧客需求	重視公司利潤,不惜犧牲顧客需求
7.後續交換	重複交換	單次交換
8.買賣關係	深厚關係	淺淡關係
9.利害結果	雙贏或多贏	零和
10.關鍵技術	顧客需求的界定	銷售技巧
11.利潤來源	顧客滿足	銷售量最大化

＊整合行銷:

　　整合行銷(Integrated Marketing)指企業採用整合性的行銷手法來行銷產品,包括二個部分,說明如下:

⑴外部行銷(External Marketing):

指公司對其外部顧客所採行的行銷活動,屬行銷功能內的整體行銷。

⑵內部行銷(Internal Marketing):

指公司有效的傳達行銷觀念給全體員工,使員工以顧客導向的心態來服務顧客。

5.　社會行銷觀念(Social Marketing Concept):

行銷觀念同時兼顧公司的利潤與顧客的需求,但卻忽略了社會利益,而造成社會成本的增加。針對上述缺失,因而產生了社會行銷的觀念。「社會行銷金三角」即是在追求公司利潤、顧客需求與社會利益福祉三者間的平衡,並解決三者間的衝突,諸如生態環保、社會道德重建、社會責任。

＊綠色行銷:

　　綠色行銷(Green Marketing)係指能預期、辨識符合顧客與社會需求,以帶來利潤與永續經營的一項管理過程。它最早係因為對全球環境及其所孕育之生命予以關注而產生。綠色行銷的焦點放在自然環境,重視環

行銷管理

境的基本價值大於利用價值。

15.6　市場

市場三要素

市場（Market）指一群人對某一產品有需求，且有「購買能力與意願」去購買此一產品。一般而言，市場包括下列三要素：

1. 需求（Need）：
   市場要存在，須有能滿足需求的產品，才有交易的價值。
2. 購買能力（Money）：
   市場要存在，顧客必須對產品具有購買能力。
3. 購買意願（Attitude）：
   市場要存在，顧客必須對產品具有購買意願。

市場的同質性與異質性

依市場的同質性與否，可分為下列二種：

1. 同質性市場（Homogeneous Market）：
   指市場內的顧客具有相同及單一的需求，且須採「無差異行銷」
   （Undifferentiated Marketing）。
〔註〕無差異行銷指將整個市場視為一個同質性市場，無任何個別的區隔市場存在，只須採取一套行銷組合策略來滿足顧客的需求，並達規模經濟、降低成本之效益。
2. 異質性市場（Heterogeneous Market）：
   指市場內的顧客具有不同的需求，且須採「差異行銷」（Differentiated Marketing）。

〔註〕差異行銷指同時進入二個以上的區隔市場內，並為每一個區隔市場分別設計與發展不同的行銷組合。生產多樣化產品，增加生產、存貨、促銷、設計、管理的成本。

行銷做法

依同質性與異質性市場之概念，行銷人員對行銷做法可分為下列四種：

1. 大量化行銷（Mass Marketing）：
   即無差異行銷。

2. 區隔化行銷（Segment Marketing）：
   即差異行銷。

3. 集中化行銷（Concentrated Marketing）（或利基行銷，Niche Marketing）：
   指發展一套行銷組合，以滿足特定區隔市場之行銷策略。當公司資源有限時，可全力爭取一個或幾個次級市場之大部分，而非一個大市場中之小部分。集中化行銷的缺點是無法分散風險，且顧客對此一市場區隔有僵化的印象，故很難轉移到其他區隔市場。

4. 個人化行銷（Individual Marketing）：
   指公司針對個人設計獨特的行銷組合。譬如運用POS（銷售點管理系統，Point of Sales）透過顧客資料庫分析，可清楚知道顧客的偏好與購買習性。

上述除大量化行銷為同質性市場的概念外，餘如區隔化行銷、集中化行銷與個人化行銷皆屬異質性市場概念，且此三者皆為目標行銷（Target Marketing），將於下節中介紹。

15.7 市場區隔

市場區隔（Market Segmentation）指依消費者的特徵，將一個大的異質性市場劃分為許多小的同質性區隔市場。市場區隔包括下列二項程序，分別說明

如下：
1. 界定區隔變數：
   (1)地理變數：
   如氣候、人口密度、城市大小、區域、國家等變數。
   (2)人口變數：
   如年齡、性別、所得、種族、家庭生命週期、教育程度、職業、宗教
   等。
   (3)心理變數：
   如人格、動機、生活型態等。
   (4)行為變數：
   如使用時機、使用率、忠誠度等。
2. 說明區隔的特性與成員成分：
   在藉由區隔變數進行市場區隔後，接下來就是將每一區隔市場的特性及與
   其他不同區隔市場的差異進行詳細的說明，包括下列幾項：
   (1)區隔市場規模：
   包括消費者人數、區隔市場成長率及銷售金額。
   (2)區隔市場顧客特性：
   包括人口統計、地理、心理、行為等性質。
   (3)使用產品狀況：
   包括喜好之品牌、消費數量、使用時機。
   (4)購買行為：
   包括偏好的通路、零售點、頻率等。

市場區隔特性

有效的市場區隔，須具有以下五項特性：
1. 異質性（Heterogeneous）：
   指藉由切割區隔變數後的市場區隔，能具有不同的偏好與需求。
2. 可接近的（Accessible）：
   指有效接近市場區隔和服務市場區隔。

3. 足量的（Substantial）：
指好的市場區隔容量須夠大，以發展與支持某一特定的行銷組合。

4. 可衡量的（Measurable）：
指市場區隔內的規模大小及消費者購買力須可衡量。

5. 可行的（Actionable）：
指可有效發展行銷方案，以吸引服務市場區隔。

15.8 選擇目標市場

選擇目標市場（Market Targeting）係指經區隔後的目標市場，依每一區隔的吸引力來進行區隔排序，再依本身的企圖心與能力選定目標的區隔市場。

上述區隔市場吸引力的大小，主要受下列幾項因素影響：

1. 區隔市場的大小：
區隔市場內的顧客愈多、購買力愈強、所得愈高，則該區隔市場的吸引力愈大。

2. 區隔市場的競爭強度：
若區隔市場內的競爭者很多或競爭者很強，則該區隔市場的吸引力愈小。

3. 組織的資源與優勢：
若組織的資源與優勢相對較強，則區隔市場的吸引力相對較高。

4. 接觸區隔市場的成本：
若區隔市場不易接觸，成本相對較高，則區隔市場的吸引力便相對較低。

5. 區隔市場的未來成長性：
若區隔市場的未來成長性愈高，則吸引力相對較高。

15.9　行銷組合

行銷組合（Marketing Mix）指行銷人員用來促進行銷交換活動，以及達成其行銷目標的工具。它包括四種行銷活動，即產品（Product）、訂價（Price）、通路（Place）及促銷（Promotion），簡稱行銷4P。其中，產品、通路與促銷三要素是創造「商品價值」的決定因素，而訂價則是「價值創造」的結果。面對市場的顧客與競爭者所採取的行銷組合，如圖15-3所示，現分別說明如下。

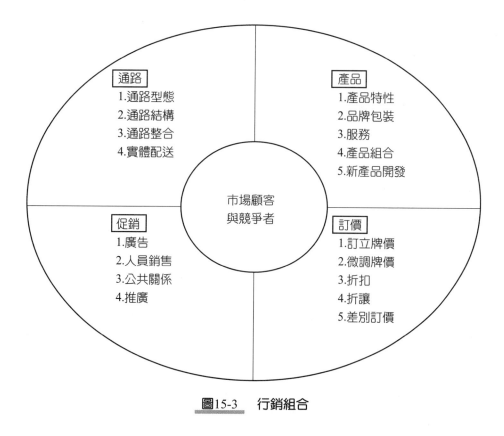

圖15-3　行銷組合

產品

產品（Product）指在行銷程序中提供具有價值而可進行交換的貨品、服務、觀念、人物、地點等之標的物。產品是行銷組合之首，沒有產品，便無法

訂價,也不知如何安排通路,推廣時也將沒有標的物。產品不僅包括實體,也包括包裝、售後服務、公司形象等。而品牌(Brand)係指一個名字、術語、符號、標記、設計或其組合,以辨識賣方之產品或服務。品牌是企業在顧客心目中的形象、承諾、經驗的組合。

一般而言,產品管理可分為下列三個層次:

1. 產品組合:

   產品組合(Product Mix)係指賣方所銷售的所有產品。產品組合所須考慮的四個要素如下:

   ⑴產品廣度(Product Width):

   指產品組合內,公司所擁有產品線的數目。

   ⑵產品長度(Product Length):

   指產品組合內,公司所擁有產品項目的數目。

   ⑶產品深度(Product Depth):

   指產品組合內,各產品線之產品項目中,可供顧客選擇的樣式種類。

   ⑷產品一致性(Product Consistency):

   指產品組合內,各產品線在最終用途、生產需求、行銷通路與其他方面之關聯程度。

   現舉黑松公司的產品組合為例,如表15-2所示,說明如下:

表15-2 黑松公司的產品組合

碳酸飲料	黑松飲料	茶飲料	咖啡飲料	酒類產品	其他類	優酪乳
黑松汽水 黑松沙士 吉利果 (共3種)	黑松楊桃汁 (共16種)	黑松麥茶 (共19種)	歐香咖啡 (共6種)	貝里威士忌 (共6種)	黑松卵磷脂 豆漿(共18種)	美天LGG優酪 乳(共1種)

由表15-2可知:

①產品廣度:7。

②產品長度:69。

③黑松碳酸飲料深度:3。

④行銷上表現為高度一致性(產品皆屬飲料)。

2. 產品線：

產品線（Product Line）指一群相關的產品，彼此可能在功能上相似，或賣給同一顧客群、或經由同一生產程序、或透過相同的銷售通路、或在同一價格範圍內。

3. 產品項目：

產品項目（Product Item）指一品牌或產品線之特定單位，可經由尺寸、價格、外型等加以區別者。

訂價

訂價也稱「價格」（Price），主要是指建立訂價目標、政策與擬訂產品特定價格等相關的決策與行動。訂價在時效的爭取上較能配合，故價格就成為主要的競爭工具。此為購買者必須支付的代價俾換得產品，為行銷組合中最具彈性之因素。產品訂價應注意供求雙方的協調，若訂價過高，則會出現供過於求、價格下跌的現象。

通路

通路（Place）也稱「配銷」，主要是指如何將產品於正確的時間和地點，送達顧客手中的相關決策與行動。行銷人員須選取通路的成員（如批發商、零售商）、建立與維持存貨控制程序，並發展實體運配（Physical Distribution）的系統，其主要功能有提高交易的效率、處理顧客訂單、集中與保存產品等。

促銷

促銷（Promotion）也稱「推廣」，指對目標顧客進行有關產品與組織的告知與說服活動。促銷是行銷組合中，工具最多樣化的變數。

15.10 產品生命週期

產品生命週期（Product Life Cycle, PLC）是一種將產品擬人化的觀念，即產品從導入期進入市場到衰退期退出市場的過程，如圖15-4所示，也就是整個產品在其銷售歷史過程中的銷售與利潤狀況。

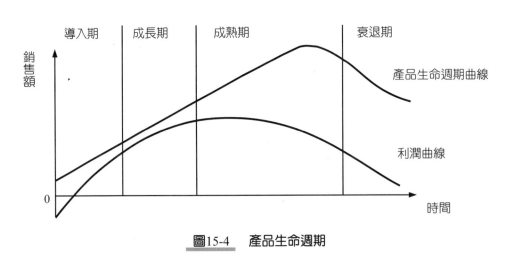

圖15-4　產品生命週期

通常產品一生會經歷下列四個主要階段：

1. 導入期（Introduction）：

   在此時期，產品初次出現在市場上，此一階段市場的銷售呈緩慢成長，顧客大多為創新追求者。於此時期若欲獲得較高的利潤，訂價方法宜採高價策略。

2. 成長期（Growth）：

   產品若成功導入，即迅速獲得消費者和市場接受，銷售量會急遽上升，競爭者數量成長，顧客大多是早期使用者，利潤開始出現正值，且快速成長。

3. 成熟期（Maturity）：

   為PLC時間最久的一個階段，產品銷售成長緩慢，為了應付競爭者，維持其市場定位，須大量提高行銷經費，故利潤由最高值開始下降。

4. 衰退期（Decline）：

   產品的銷售開始大幅滑落，且利潤亦開始大幅降低。

老師小叮嚀：

1.須了解關係行銷與交易行銷的差異。

2.注意行銷管理的程序。

3.注意目標行銷的意義。

4.注意各種行銷觀念的演進及其意義（重要考題）。

5.注意整合（整體）行銷、社會行銷、綠色行銷之意義。

6.注意行銷組合之意義及內涵（重要考題）。

7.產品生命週期是常出現的考題。

自我測驗

1. 產品有其生命週期，當產品銷售量急速攀升，開始獲利是在哪一階段？

（97年鐵路公路特考）

(A)引介期　(B)成長期　(C)成熟期　(D)衰退期

2. 以目標市場為起點，滿足顧客需求的同時，並顧及社會群體利益之行銷觀念為：（97年鐵路公路特考）

(A)生產觀念　(B)產品觀念　(C)銷售觀點　(D)社會行銷

3. 研究目標群體的價值觀、態度和興趣的區分策略為：（97年鐵路公路特考）

(A)地理區隔　(B)人口統計區隔　(C)心理區隔　(D)利益區隔

4. 在特定地區只選擇幾家優先的零售商銷售之零售配銷策略為：

（97年鐵路公路特考）

(A)密集配銷　(B)選擇配銷　(C)獨家配銷　(D)唯一配銷

5. 行銷策略組合中的4Ps包括產品（Product）、價格（Price）、通路（Place）以及什麼？（97年鐵路公路特考）

(A)定位（Position）　(B)人們（People）　(C)促銷（Promotion）

(D)包裝（Package）

6. 消費者快速定期消費、價格低、購買時不須花太多的時間和精神，此種產品為：（97年鐵路公路特考）

(A)便利品　(B)選購品　(C)特殊品　(D)工業品

7.「服務」具備下列哪一項特性？〔97年鐵路公路特考〕

(A)有形性　(B)大量生產化　(C)可儲藏性　(D)消費與生產會同時發生

8.依Kotler所提出的產品生命週期，銷售額開始直線上升且利潤增加的階段，為下列何者？〔95年特考〕

(A)產品開發期　(B)引介期　(C)成長期　(D)成熟期　(E)衰退期

9.新產品導入時，訂定低價格以吸引大量購買者，並贏得較大之市場占有率的定價策略為下列何者？〔95年特考〕

(A)市場榨取定價法（Market Skimming Pricing）　(B)市場滲透定價法（Market Penetrating Pricing）　(C)心理定價法（Psychological Pricing）　(D)成本加成定價法（Cost Plus Pricing）　(E)目標利潤定價法（Target Profit Pricing）

10.有關產品組合的構面中，公司所擁有不同產品線的數目為下列何者？〔95年特考〕

(A)廣度　(B)深度　(C)長度　(D)一致性　(E)數量

11.可口可樂公司銷售單一口味的瓶裝可樂，係採用何種行銷策略？〔95年特考〕

(A)無差異行銷（Undifferentiated Marketing）　(B)差異行銷（Differentiated Marketing）　(C)集中化行銷（Concentrated Marketing）　(D)個體行銷（Micromarketing）　(E)利基行銷（Niche Marketing）

12.國內寬頻業者常根據中華電信所推出之產品或方案，進一步推出類似的產品或方案，就行銷策略而言，此為下列何種策略？〔95年特考〕

(A)市場領導者策略　(B)市場挑戰者策略　(C)市場追隨者策略　(D)市場利基者策略　(E)市場區隔化策略

13.廣告若利用人類好奇、驕傲、節儉等心理刺激消費者的需要是：〔97年特考〕

(A)差別　(B)知覺　(C)觀念　(D)情緒

14.比較銷售觀念和行銷觀念的不同，下列敘述何者有誤？〔97年特考〕

(A)行銷觀念的目的是滿足顧客需求　(B)銷售觀念的目的是經由銷售獲取利潤　(C)行銷觀念的方法是大量廣告銷售和強力推廣商品　(D)銷售觀念的方法是銷售與促銷

15.有關影響消費者行為之因素，下列敘述何者有誤？〔97年特考〕

(A)影響消費者最深遠的就是消費者的文化特質，特別是消費者的文化、次文化和社會階級　(B)影響消費者行為之因素有四，即文化、社會、個人、心理　(C)心理因素包括消費動機、知覺、學習、信念與態度

(D)社會因素包括參考群體、家庭、角色和地位及生活方式

16. 設計公司的產品與行銷組合，使其能在消費者心目中占有一席之地，稱為：（97年特考）

(A)市場選擇　(B)市場定位　(C)市場區隔　(D)產品定位

17. 具有促銷功能的包裝是：（97年特考）

(A)主要包裝　(B)基本包裝　(C)次級包裝　(D)裝運包裝

18. 就廠商所要市場競爭地位而言，選擇不會吸引大廠商注意的小部分市場，以提供專業化經營之廠商，稱之為：（97年特考）

(A)市場領導者　(B)市場利基者　(C)市場追隨者　(D)市場挑戰者

19. 以下何者不是一對一行銷的特性？（97年特考）

(A)規模經濟　(B)顧客資料清晰　(C)個人化配銷　(D)重視顧客占有率

20. 通路成員從製造商到零售商的整個通路系統，都屬於同一個公司或集團所擁有，此為：（97年特考）

(A)多重行銷系統　(B)水平行銷系統　(C)垂直行銷系統　(D)傳統行銷系統

21. 公司對員工進行訓練與激勵工作，以使員工提供更佳的服務給顧客，這是一種：（97年特考）

(A)內部行銷　(B)外部行銷　(C)互動行銷　(D)交叉行銷

22. 角色（Role）在購買行為之影響因素的探討中，屬於哪一個因素？
（97年特考）

(A)個人　(B)社會　(C)文化　(D)心理

23. 依行銷概念的演進，何者為最近被倡議之觀念？（97年特考）

(A)行銷觀念　(B)產品觀念　(C)社會行銷　(D)銷售觀念

24. 電視偶像劇中常不經意地出現主角使用某廠牌手機，此種產品推廣之方式稱為？（97年特考）

(A)直效行銷　(B)社會行銷　(C)置入性行銷　(D)口碑行銷

25. 當產品進入成熟期時，公司的策略首先應重視：（96年特考）

(A)新產品開發　(B)降低成本　(C)新客戶開發　(D)技術人才挖角

26. 當消費者屬於高度介入，但不了解品牌之間存在的差異時，其購買行為屬於下列哪一類型？（96年特考）

(A)複雜的購買行為　(B)尋求多樣化的購買行為　(C)降低失調的購買行為　(D)習慣性的購買行為

27. 寶僑（P&G）在洗髮精市場中推出沙宣、潘婷及海倫仙度絲等品牌，此為採用何種品牌策略？〔96年特考〕
    (A)品牌延伸策略　(B)品牌重定位策略　(C)多品牌策略　(D)個別品牌策略

28. 某一生產食用油的廠商以「不含膽固醇，照顧全家人的健康」為廣告訴求，係屬於：〔96年特考〕
    (A)無差異行銷策略　(B)差異化行銷策略　(C)集中式行銷策略　(D)分散式行銷策略

29. 有關下列行銷的觀念（Marketing Concept），何者有誤？〔96年特考〕
    (A)行銷觀念的起始點是目標市場　(B)行銷觀念的焦點為產品或服務
    (C)行銷觀念的手段是採整合性行銷　(D)行銷觀念的終極目標是透過顧客滿意獲取利潤

30. 產品組合訂價中，依據配合主要產品所伴隨之自選式產品來進行訂價者，為下列何種訂價法？〔96年特考〕
    (A)產品線訂價法（Product Line）　(B)附件訂價法（Optional-Product）
    (C)專用配件訂價法（Captive-Product）　(D)副產品訂價法（By-Product）

31. 大前研一在《M型社會》一書中提出的「新奢華」（New Luxury）的概念，在行銷管理上可用以區隔的目標市場為：〔96年特考〕
    (A)新生代的目標客群　(B)高收入的目標客群　(C)中下階層的目標客群
    (D)銀髮族的目標客群

32. 戰略性行銷的內涵為何？（複選）〔96年特考〕
    (A)市場區隔　(B)目標市場選擇　(C)定位　(D)廣告

33. 據Anderson提出的長尾理論（The Long Tail），所謂「長尾」指的是沿著代表營收的縱軸及代表產品品項的橫軸所構成的一條頭高尾細、類似「L」型的曲線，他認為形成長尾的力量是：（複選）
    (A)生產大眾化　(B)配銷大眾化　(C)連結供給與需求　(D)大量促銷

34. 行銷研究的目的在於：
    (A)制訂行銷決策　(B)執行行銷策略　(C)評估行銷方案　(D)提供行銷資訊以增進行銷效能與效率

35. 行銷策略中的4P指的是：
    (A)定位、產品、訂價、市場　(B)產品、訂價、促銷、通路　(C)促銷、

通路、優勢、涉入　(D)產品、訂價、購買、定位

36. Which of the four business groups in the corporate portfolio matrix has high growth and high market share?

(A)cash cow　(B)stars　(C)question marks　(D)dogs　(E)elephants

37. An organization that is diversifying its product line is exhibiting what type of grand strategy?

(A)stability　(B)retrenchment　(C)growth　(D)maintenance　(E)division

38. 便利商店選擇在人來人往之鬧區開店，主要考量：

(96年中華電信企業管理)

(A)接近原料　(B)接近顧客　(C)接近勞工　(D)接近技術

39. 企業如果想一對一銷售，以哪種推銷方式最有效？

(96年中華電信企業管理)

(A)電視廣告　(B)看板　(C)促銷　(D)人員銷售

【解析】

一對一行銷（One on One Marketing）：係量身訂做之服務，是企業建立顧客忠誠度之重要過程，它是「顧客占有率」，而非「市場占有率」。它可維持與消費者互動之親密感及蒐集消費者資料以進行生活型態分析，可以最少成本獲得最高行銷效益。

40. 當產品進入成熟期，公司的策略首先應重視：

(A)新產品開發　(B)新客戶開發　(C)降低成本　(D)技術人才挖角

41. Dogs, one of the four business group in the corporate portfolio mix, are characterized by which of the following features?

(A)low growth, high market share　(B)high growth, low market share

(C)low growth, low market share　(D)high growth, high market share

(E)moderate growth, moderate market share

42. A marketing strategy consists of

(A)developing a marketing mix.　(B)selecting a target market.

(C)selecting a target market and tailoring a marketing mix to fit it.

(D)choosing a product to distribute　(E)none of the above is correct.

43. 當產品生命週期進入成熟期，應重視：

(A)開發市場　(B)創新　(C)降低成本　(D)行銷規劃

44.公司產品組合內各產品線之產品項目的多寡，稱為產品組合的：

（97年台電公司養成班甄試試題）

(A)廣度　(B)深度　(C)長度　(D)密度

45. Relatively inexpensive consumer products which must be purchased frequently and with a minimum expense of time and effort are known as:

(A)shopping goods（選購品）　　(B)convenience goods（便利品）

(C)specialty goods（特殊品）　　(D)industrial goods（工業用品）

(E)permanent goods（永久品）

46. A middleman that buys from producers of other middlemen and sells to consumers is called a(n):

(A)retailer　(B)wholesaler　(C)jobber　(D)broker　(E)agent

47.下列有關「產業」特徵的敘述，何者有誤？

（97年台電公司養成班甄試試題）

(A)產業中的成員彼此具競爭性　(B)行銷策略類似　(C)產業成員生產及銷售類似產品　(D)消費者屬性容易區隔

48.市場區隔欲發揮最大效用，必須具備下列四個特點。汽車製造商不願意為侏儒設計車子，是因為其缺乏哪一個特性？

(A)可衡量性（Measurability）　(B)足量性（Substantiality）　(C)可接近性（Accessibility）　(D) 可行性（Actionability）

49. A manufacturer establishing its own retail outlets exemplifies

(A)concentration　(B)forward integration　(C)backward integration

(D)related diversification　(E)unrelated diversification

50.從IBM當初進入個人電腦市場的表現，可判斷它是屬於何種策略類型？

(A)防衛者（Defender）　(B)前瞻者（Prospector）　(C)分析者（Analysis）　(D)反應者（Reactor）

51.景氣循環的四個階段分別為①繁榮，②蕭條，③復甦，④衰退，依序排列應為：（97年台電公司養成班甄試試題）

(A)③①②④　(B)①②③④　(C)③①④②　(D)②④③①

52.下列何者是綠色行銷的例子？（97年台電公司養成班甄試試題）

(A)為了國人的身體健康，我們即將推出低脂漢堡　(B)為了保護環境，我們全面使用可回收的環保袋　(C)我們經營全世界最大的遊樂場，儘可能提供人們快樂的時光　(D)我們發行最優質的衍生性金融商品，供投資

者選擇

53. 4P是從銷售者的觀點來看，4C是從顧客的觀點來看，請問4P中的 Promotion是對應4C中的哪一項？

(A)customer needs and wants　(B)cost to the customer　(C)convenience (D)communication

54. Which of the following statement(s) is (are) correct？（複選）

(A)Because Porsche emphasizes the luxury sports segment of the automobile market, its marketing strategy to be the concentration approach. (B)Because General Motors manufactures cars that appeal to a variety of tastes and incomes, it illustrates the total-market approach.　(C)If a clothing company advertises certain brands of dresses for older women and other brands for teenage girls, the company is using multi-segment approach to segmentation.　(D)If a company markets to a segment of people who have a certain lifestyle, the type of segmentation being used is behavioristic.

55. 根據市場占有率與競爭方式，可把廠商分成四種，何者最須強調專業化？

(A)領導者　(B)挑戰者　(C)追隨者　(D)利基者

56. 行銷的程序可分為哪二種？

57. 何謂行銷（Marketing）？行銷管理的內涵為何？

58. 行銷組合（Marketing Mix）的內涵為何？

59. 何謂「關係行銷」（Relationship Marketing）？它與交易行銷 （Transactional Marketing）有何不同？

60. 銷售觀念（The Selling Concept）與行銷觀念（Marketing Concept）有何 不同？

61. 在產品觀念上，何謂「行銷短視症」（Marketing Myopia）？

62. 市場（Market）包括哪三項要素？

63. 行銷活動所採取的市場哲學有哪些？

64. 目標行銷的三種做法為何？

65. 何謂差異行銷（Differentiated Marketing）與無差異行銷 （Undifferentiated Marketing）？二者有何不同？

66. 試舉例說明何謂產品項目（Product Item）、產品線（Product Line）、 產品深度（Product Depth）、產品寬度（Product Width）？所舉之例可

為現有公司之產品，亦可為虛構。產名要個別寫出，不可寫"xx"類產品或"xx"等等。

67. 何謂市場區隔（Market Segmentation）？它有何特性？

68. 企業管理個案分析：

體驗行銷（Experiential Marketing）是近來行銷領域的新思潮，重視的是顧客使用產品或服務的經驗。學者伯德－史密特（Bernd. H. Schmitt）在《體驗行銷》一書中指出，體驗行銷是為顧客創造不同的體驗形式，藉以掌握顧客的心。請回答下列問題：

⑴試比較體驗行銷與傳統行銷差異之處？

⑵體驗行銷與消費行為之間的關係為何？

69. 何謂產品生命週期（Product Life Cycle, PLC）？其市場特性為何？其行銷策略為何？

本章習題答案：

1.(B)　2.(D)　3.(C)　4.(B)　5.(C)　6.(A)　7.(D)　8.(C)　9.(B)　10.(A)

11.(A)　12.(C)　13.(B)　14.(C)　15.(D)　16.(D)　17.(C)　18.(B)　19.(A)

20.(C)　21.(A)　22.(B)　23.(C)　24.(C)　25.(B)　26.(C)　27.(C)　28.(A)

30.(B)　31.(C)　32.(ABC)　33.(ABC)　34.(D)　35.(B)　36.(B)　37.(C)

38.(B)　39.(D)　40.(C)　41.(C)　42.(C)　43.(C)　44.(B)　45.(B)　46.(A)

47.(D)　48.(B)　49.(B)　50.(D)　51.(C)　52.(B)　53.(D)　54.(ABC)

55.(D)

第 16 章 •
生產與作業管理

本章學習重點

1. 介紹生產作業管理之意義及策略

2. 介紹生展的型態

3. 介紹產能規劃及設施規劃

4. 介紹整體規劃

5. 介紹主生產排程及物種需求規劃

6. 介紹製造資源規劃

7. 介紹存量管理

8. 介紹企業資源規劃

9. 介紹專案管理規劃

　包括(1)計畫評核術（PERT）

　　　(2)要徑法（CPM）

10. 介紹全面品質管理（TQM）

11. 介紹企業流程再造

12. 介紹及時生產系統

13. 介紹六個標準差

16.1 生產作業管理之意義

　　生產作業管理（Production Operations Management）係指工廠有效運用 5P資源（People, Parts, Plant, Process, Planning/Controlling），以獲得最大產出（Output）的一切管理程序。另依E. S. Buffa之定義為：「生產作業管理指處理有關生產程序的決策，以最低成本提供適時、適量、適質的產品。」。

　　服務作業管理（Service Operations Management）係指組織的產品為服務，組織有效的運用服務四特性，進行一切管理程序。

〔註〕服務四特性：

　　(1)無形性（Intangibility）。

　　(2)不可分離性（Inseparability）。

　　(3)易變性（Variability）。

　　(4)易消逝性（Perishability）。

生產作業管理與服務作業管理之關係

　　上述生產作業管理與服務作業管理二者皆屬於「作業管理」（Operation Management），即將投入（Input）的5M（Man, Material, Machine, Money, Management）轉換為程序的控制與設計，產出（Output）成為「產品」與「服務」，如圖16-1所示，故上述二者只在「產出」時不同。

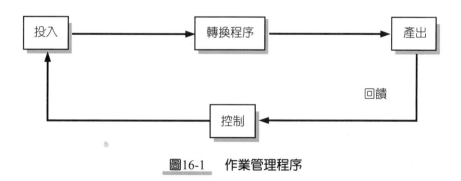

圖16-1 作業管理程序

16.2　生產／作業策略

在第六章策略管理中曾提及總體策略、SBU策略與功能性策略，而生產／作業策略則在功能性策略之下，如圖16-2所示，它包括有品質管理、產品技術、產能、廠房設施、製程技術、組織型態、人力資源、作業控制系統及垂直整合等。本章主要在介紹產能規劃、廠房設施、產品技術、產品品質管理、製程技術、控制系統等，將分別在下列幾節中介紹。

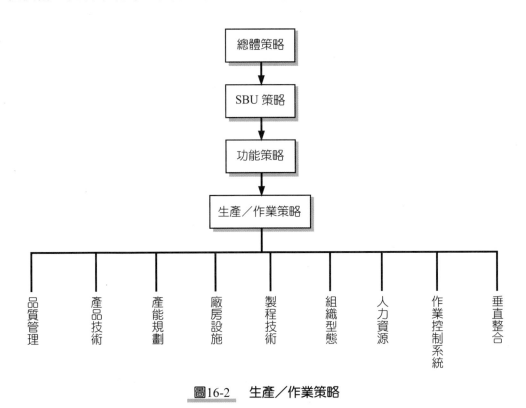

圖16-2　生產／作業策略

16.3　生產的型態

生產的型態可依生產程序、顧客訂貨方式、生產數量與產品種類多寡來分，可以圖16-3表示，現分別說明如下。

依生產程序分

1. 直線式生產：
 (1)連續性生產
 (2)大量生產
2. 間歇式生產：
 (1)批量生產
 (2)個別批生產
3. 專案式生產：
 (1)非重複性專案
 (2)重複性專案

依顧客訂貨方式分
1. 存貨生產（或計畫性生產）MTS
2. 訂貨生產（或訂單式生產）MTO
3. 混合式生產（或訂單式組織）ATO

依生產數量及產品種類多寡分
1. 連續性生產
2. 大量生產
3. 批量生產
4. 個別批生產
5. 專案式生產

生產的型態

<u>圖16-3</u> 生產的型態

依生產程序分

1. 直線式生產（Line Production）：
 依使用設備之時間長短及反覆性，可分為：
 (1)連續性生產（Continuous Production）：
 產量極大，產品種類變化較少，為完全自動化式的生產線之生產方式。
 (2)大量生產（Mass Production）：
 產量大，產品種類變化較連續性生產稍多一點，為一裝配式的生產線之生產方式。
2. 間歇式生產（Intermittent Production）：
 為非生產線之生產方式，可分為：

(1)批量生產（Batch Production）：

產品種類多，但同一批量的產量較直線式生產稍少，為目前工廠數目最多的一種生產方式。

(2)零工式生產（Job Shop Production）：

產品數量較少，種類變化較多，每次的加工方式不同。

3. 專案式生產（Projection Production）：

為間歇性生產之極端，產品製造時間加長，規模較大，可分為：

(1)非重複性專案：

利用計畫評核術（Program Evaluation and Review Technique, PERT）規劃生產。

(2)重複性專案：

利用要徑法（Critical Path Method, CPM）規劃生產。

依顧客訂貨方式分

1. 存貨生產MTS（Make Finished Product To Stuck）或計畫性生產：

依指定規格，以需求預測來決定生產量，以供應市場的需求，較適用於一般消費性產品，如家電業。

2. 訂貨生產MTO（Custom Design and Make Finished Product To Order）或訂單式生產：

依顧客訂單而決定生產量，適用於規格不一致的工業用品生產，如委託加工（Original Equipment Manufacturing, OEM）。

3. 混合式生產ATO（Assembly Product To Order）或訂單式組織：

兼具存貨與訂貨二種生產方式，如自助餐餐廳等。

依生產數量及產品種類多寡分

1. 連續性生產：

同直線式生產之連續性生產。

2. 大量生產：
   同直線式生產之大量生產。

3. 批量生產：
   同間歇式生產之批量生產。

4. 個別批生產（Jobbing Product）：
   同間歇式生產之零工式生產，如家庭工廠。

5. 專案式生產：
   如建設高鐵、高速公路等。

16.4　生產系統

上一節的型態屬於製程技術，而生產系統則包括製程技術、產能規劃、廠址規劃、工廠（設備）布置、產品／服務設計、工作系統設計等，將分別於下列幾節中介紹。

16.5　產能規劃

產能之定義

產能（Capacity）係指生產單位以現有設備、產品組合、產品規格及工作能力所能達到的最大產出率（Output Rate）。

產能之分類

依產能之分類，可分為下列三項：

1. 設計產能（Design Capacity, DC）：
   指在理想狀況下所能達成的最大產出率。
2. 有效產能（Effective Capacity, EC）：
   指在考慮機器維護保養、排程、產品組合改變及生產線平衡等狀況後，所能達成的最大產出率。
3. 實際產出（Acutely Output, AO）：
   指在人員缺席、機器損壞及缺料等情況下，實際所達成之產出率。

產能利用率CU

$$CU = \frac{AO}{DC}$$ （公式16.1）

效率

$$效率 = \frac{AO}{EC}$$ （公式16.2）

產能規劃之程序

產能規劃之程序共有下列六項：

(1)預測未來的需求量。

(2)決定未來產能之規模。

(3)針對不同產能發展可行方案。

(4)設定衡量產能的標準。

(5)評估可行方案。

(6)選擇可行方案並實施。

資源需求規劃

資源需求規劃（Resource Requirement Planning, RRP）係指依據組織經營計畫及長期預測結果，獲取必須的資源（如產能、5M等），以滿足產品／服務上的需求。

產能需求規劃

產能需求規劃（Capacity Requirement Planning, CRP）係指「物料需求規劃」（Material Requirement Planning, MRP）所產出的訂單，分期負荷到各工作站上，以展現對產能的需求程度，並提供決策者有關產能決策的參考。

影響產能的因素

影響產能的主要因素包括下列各項：

1. 廠房：
   包括廠房設計、布置（Layout）、廠址、環境等。
2. 產品／服務：
   若產品種類相似時，材料將趨於標準化，產能將會增大，反之則產能會減少。
3. 製程：
   指產量與品質。若品質不合標準，將重新生產，減少產能。
4. 人為因素：
   包括激勵、訓練、工作滿足、流動率等。
5. 生產：
   包括生產排程、物料管理、品質保證等。
6. 外在因素：
   包括產品規格、安全規格、工會規定等。

產能規劃方案的分析方法

產能規劃方案的分析方法，有下列幾種：

1. 損益兩平分析
2. 財務分析法：（將在下一章介紹）
   (1)還本法。
   (2)淨現值法。
   (3)投資報酬率法。
3. 決策理論：
   (1)決策樹。
   (2)決策矩陣。
4. 等候理論
5. 非經濟因素的分析方法：
   (1)成本／效果法。
   (2)多目標評估法。

損益兩平分析

損益兩平分析（Break-Even Analysis, BEA）係指在估計不同的生產／作業情況下的預期效益，以說明成本、利潤及產量之間的關係。當總收益等於總成本時的產量，稱為損益兩平點，即利潤等於零之點，如圖16-4所示。

其中，

TC ：總成本（Total Cost）

TR ：總收益或銷售額

FC ：固定成本

VC：變動成本（或V）

P ：單價

Q ：產量

Q* ：損益平衡點之產量

當總利潤＝總收益－總成本＝0時，即損益平衡。

故總利潤B＝TR－TC＝總收益－總成本＝0

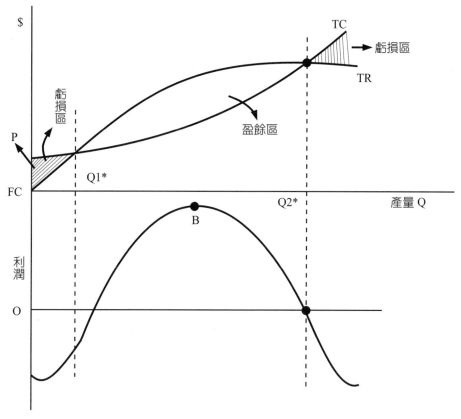

圖16-4　損益兩平分析圖

$0 = TR - TC = P \cdot Q^* - (FC + VQ^*)$

$\Rightarrow (P - V)Q^* = FC$

$$\Rightarrow Q^* = \frac{FC}{P - V} \qquad （損益平衡銷售量） \qquad （公式16.3）$$

若欲獲得特別利潤P*時，則

$$Q_s^* = \frac{P^* + FC}{P - V} \qquad （損益平衡銷售額） \qquad （公式16.4）$$

故總利潤 = 總收益 − 總成本 $= P \cdot Q^* - (FC + VQ)$ 　（公式16.5）

在使用於產品訂價時，須先考慮公司欲獲得之總利潤，再由上式求得每單位之售價P。

16.6 設施規劃

設施規劃（Facilities Planning）係指對設施予以有效的安排，使操作人員、物流、資訊流能與組織目標相結合的過程，如圖16-5所示。

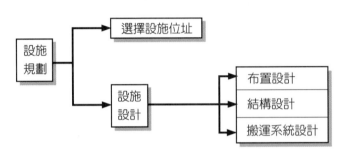

圖16-5　設施規劃系統圖（Tompkins & White）

工廠布置

工廠布置（Plant Layout）係指由原料接收到成品搬運之間所包含的機具設備布置、人員配置與物料流程安排的過程，如圖16-6所示。

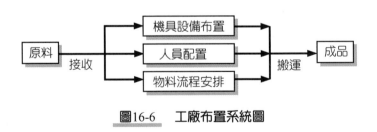

圖16-6　工廠布置系統圖

工廠布置規劃四階段

Muther將工廠布置規劃為下列四個階段：
(1)廠址選擇（Location）。
(2)整體工廠布置規劃（Overall Layout）。
(3)細部工廠布置規劃（Detail Layout）。
(4)建廠設置（Installation）。

工廠布置四步驟

工廠布置的步驟有下列五項：
(1)蒐集資料，且考慮各種限制條件。
(2)分析和選擇最適合之區域。
(3)選擇幾個適當的城市（或鄉村、郊區），並由其中選擇一個。
(4)由選定之城市（或鄉村、郊區）分析其適當廠址，並從其中選擇一個最佳廠址。

工廠布置所蒐集的資料

1. 產品（Products）：
   包括原料、物件、零件、成品、服務項目。
2. 產量（Quantity）：
   指生產或供應產品的數量。
3. 途程（Routing）：
   使用途程單（Routing Sheet）或操作單（Operation Sheet），列出生產製造時之機械設備或操作程序。
4. 輔助服務設施（Supporting Services）：
   包括公共設施（Utilities）、輔助設施（Auxiliaries）、廁所、辦公室、工具室、倉庫等。

5.　時間（Time）：
生產作業時間的長短將影響到機器設備的數目。

工廠布置方式

工廠布置方式有下列五項：

1.　程序布置（Process Layout）或製程布置或功能性布置：
指將相同功能或類似之機器或作業放在相同位置，形成部門或機器中心。

2.　產品布置（Product Layout）或生產線布置或直線式布置：
依產品製程及操作次序，將機器設備、工具及人員按順序排列成直線的方法。

3.　固定位置布置（Fixed Position Layout）或定位布置：
產品本身體積太大固定不動，而將加工設備機具、人員移到產品製造處施工。

4.　群組式布置（Group Layout）或單元式布置（Cellular Layout）：
以群組技術（Group Technology, GT），將待加工或待生產的產品／零件，依設計或製造相似性，分成若干個工件族（或產品族），再進行產品布置，且每一類工件族之生產線包含一群製造細胞（Manufacturing Cells，即各型機器）所組成。

5.　混合式布置（Hybrid Layout）：
指在一個工廠中採取混合上述幾種布置型態的形式。

彈性製造系統FMS

彈性製造系統（Flexible Manufacturing System, FMS）指將自動控制機器、機器人（Robot）、自動搬運設備等一組機器，以程式或自動轉換來控制機器設備，以生產不同的類似產品。即以使用自動工具機，將CAD/CAM（電腦輔助設計／電腦輔助製造）、群組技術GT、機器人等整合於自動系統中。雖然一系列產品的外形與性質不相同，但仍能以任何的排序，經自動轉換順利

完成加工。

電腦整合製造

電腦整合製造（Computer-Integrated Manufacturing, CIM）指利用電腦技術，將FMS、自動倉儲系統、CAD/CAM、自動化裝配線及MIS（Management Information，資訊管理系統）等整合到一完整有效的自動化整合系統內，以共同的資料庫（Data Base）為中心，藉由網路使倉儲、製造、管理、設計得以整合，以執行生產自動化的功能。

電腦驅動設計（Computer-Aided Design, CAD）指利用產品的特徵分析產品在不同參數下的性能績效。

電腦輔助製造

電腦輔助製造（Computer-Aided Manufacturing, CAM）指以電腦為工具，用於產品的設計，作為程序控制的一種生產系統，所涵蓋的範圍包括數值控制NC機器、機器人，以製造指令生產來執行自動裝配系統，以迅速產生多種設計案及作各種組合。

CAE（Computer-Aided Engineering，電腦輔助工程）：指利用預先儲存的資料來指揮自動化生產設備。

群組技術

群組技術（Group Technology, GT）指針對機械零件之形狀與尺寸，採適當之編碼，再將相類似之編碼零件交由同一機器群加工。由於加工方式及刀具均相同，故可大幅提高生產力。

P-Q分析

　　P-Q分析曲線（產品—產量分析曲線）（Product-Quantity Curve）指分析工廠內所生產的各種產品項目的數量多寡，以決定採取何種工廠布置方式的一種方法，如圖16-7所示。

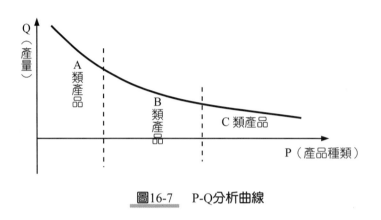

圖16-7　P-Q分析曲線

16.7　整體規劃

　　若以長、中、短期生產計畫，可如圖16-8所示。

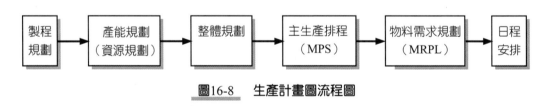

圖16-8　生產計畫圖流程圖

　　整體規劃（Aggregate Planning, AP）指以組織整體資源的利用，發展一套中期生產計畫，以作為需求產品與服務的整體產能規劃，用以確保最佳的產出率，使勞動力水準、存貨水準及原物料來源等之供給與需求達成某一期間的供需平衡。這是以成本最低作為可行方案之決策，使生產計畫能滿足顧客需求。

整體規劃的方法

整體規劃的方法以採由下而上觀點（Bottom-up Approach）分述如下：

(1)確認在每一期間的產品需求。

(2)加總每一期產品需求之總需求。

(3)將總需求換為資源需求。

(4)發展不同產能之可行方案。

(5)選擇最低總成本之可行方案。

整體規劃的特性

整體規劃之特性有下列數項：

(1)為長期固定產能。

(2)掌控供給與需求變數。

(3)採用多項人力目標。

(4)需求量係以整體觀點估算。

(5)規劃期為十二個月，且每月或每季皆會定期更新計畫。

整體規劃策略

整體規劃所採取的策略有下列數項：

(1)適時調整工時策略。

(2)適時調整人力策略。

(3)適時調整存貨策略。

(4)混合型策略。

16.8 作業控制系統

作業控制系統包括途程規劃、排程、物料需求規劃、工作指派、MRP II、存貨管理、品質管制、專案管理等,亦分別於下列幾節中加以介紹。

16.9 主生產排程

排程(Schedule)係依MRP所訂定的生產計畫,將生產工作單的工作負荷指派到特定的工作中心。排程計畫若是針對某一期間所預定生產的最終產品項目而訂定,稱為「主生產排程」(Master Production Schedule, MPS);排程計畫若是針對訂單而訂定,稱為「訂單排程」(Order Schedule);排程計畫若是針對個別機器而訂定,稱為「機器排程」(Machine Schedule)。

主生產排程係介於生產與銷售之間,將行銷部門獲得的顧客需求,依訂單數量、訂單交貨日、生產所須的時間,轉換成預定生產最終產品項目的一種生產排程。

主生產排程(MPS)功能

MPS主要功能有下列各項:
(1)確認產品之交貨日期。
(2)可預防物料之短缺。
(3)安排未來生產之排序。
(4)及時獲得外購材料、零件以因應生產需要。
(5)平衡全廠工作負荷,以增加生產,降低成本。

耗竭時間法

耗竭時間法（Runout Time Method）主要用於生產一種以上產品項目的生產線或某些一貫作業之工廠，以排定各產品項目的生產時間及項目。

$$R = \frac{Q_1}{D}$$　　　　　　　　　　　　　　（公式16.6）

式中R：耗竭時間，即存貨數量足以供應需求的時間長度。
　　Q_1：存貨水準
　　D　：需求率

16.10　物料需求規劃

物料需求規劃（Material Requirement Planning, MRP）係指為使存貨成本降低，以電腦計算主生產排程MPS、物料清單BOM及存貨記錄檔（Inventory Record File）等資料，來處理各種相依性需求（Dependent Demand）存貨，再依此需求擬訂採購單與主生產排程MPS之生產命令，以配合生產，如圖16-9所示。

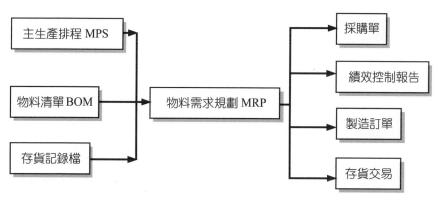

圖16-9　物料資源規劃流程圖

物料清單BOM

物料清單（Bill of Materials, BOM）係指製成最終產品之所有項目及成分。它具有以下幾項功能：
(1)供會計人員依BOM計算出產品的成本。
(2)供存貨人員依BOM擬訂主生產排程MPS。
(3)供生產人員依BOM決定零組件採自製或外購。
(4)為產品設計時之產物。

MRP考量因素

MRP所輸出的資料主要為採購訂單與製造訂單，在決定採購數量與生產數量時，須考量之因素有下列幾項：
1. 安全存量
2. 訂購批量大小：
   訂購批量的計算方法有以下各項：
   (1)經濟訂購批量法（Economic Order Quantity, EOQ）。
   (2)批對批訂購法（Lot for Lot）。
   (3)定量訂購法（FOQ）。
   (4)定期訂購法（FPR）。
   (5)零件期間訂購法（PPB）。
   (6)期間訂購數量法（POQ）。
   (7)2W方法。

經濟訂購批量

經濟訂購批量（Economic Order Quantity, EOQ）係指以最小的儲存成本H與訂購成本S，獲取最佳的批貨量和最小的總成本，為「存貨管理的一部分」。其基本假設如下：
(1)年需求量、年儲存成本、訂購成本皆為已知常數。

(2)不考慮缺貨成本。

(3)持有成本與持有數量成正比。

(4)單位購買價格維持固定。

成本與訂購量Q之間的關係，如圖16-10所示。

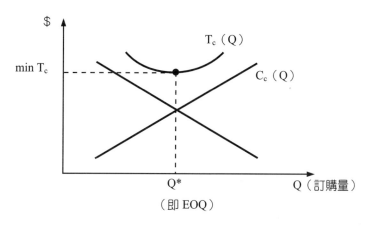

$$圖16-10 \quad 經濟訂購批量EOQ曲線圖$$

其中Q：每批訂購數量

D：年需求量

S：訂購成本

H：儲存成本

i ：儲存費率（一年）

P ：單位購買成本

T_c：總成本

C_c：儲存成本

C_p：準備成本

C_v：獲得成本

已知總成本 = 年訂購成本 + 年儲存成本

故

$$T_c(Q) = C_p(Q) + C_v + C_c(Q)$$
$$= \frac{D}{Q} \cdot S + P \cdot D + \frac{Q}{2} \cdot H$$

（公式16.7）

現對$T_c(Q)$微分一次，可得總成本之最小訂購量Q^*，即令$\dfrac{\partial T_c(Q)}{\partial Q}=0$

得：　$-DSQ^{-2}+\dfrac{H}{2}=0$

則　$Q^2=\dfrac{2DS}{H}$

即

$$Q^*=\sqrt{\dfrac{2DS}{H}}=\sqrt{\dfrac{2\times 年需求量 \times 訂購成本}{儲存成本}} \qquad （公式16.8）$$

將公式16.8的最小訂購量Q^*代入公式16.7，得

$$T_c(Q^*)=D\cdot S\left/\sqrt{\dfrac{2DS}{H}}\right.+P\cdot D+\dfrac{H}{2}\cdot\sqrt{\dfrac{2DS}{H}}=\sqrt{2HDS}+P\cdot D \quad （公式16.9）$$

由上式可得二結論：

(1)最適當的訂購週期：$\dfrac{Q^*}{D}$

(2)最適當的訂購次數：$\dfrac{D}{Q^*}$

16.11　製造資源規劃

　　製造資源規劃（Manufacturing Resources Planning, MRP II）係指企業高層與中層管理結為一體，規劃與控制企業整體資源，如生產、行銷、人力資源、研發、財務等企業功能，選取最佳方案，全力執行，將企業目標與經營策略向下傳達，且將執行與績效評估向上回饋，並配合企業內外部環境，以發揮企業總體經營績效及企業目標。

　　製造資源規劃之觀念，最早起源於戴明（W. Edwards Deming，日本品質管理之父）的PDCA管理循環，即計畫（Plan）、執行（Do）、考核（Check）、矯正行動（Action）的過程，並結合所有製造資源的規劃。製造資源規劃為一封閉系統，如圖16-11所示。

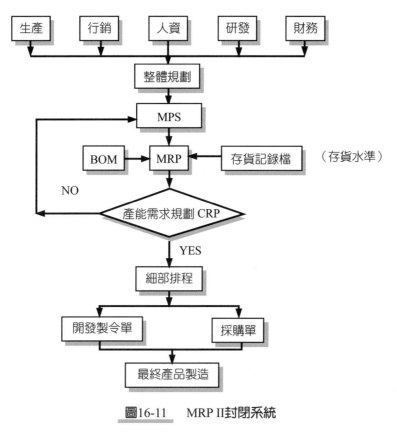

圖16-11　MRP II封閉系統

16.12　存量管理

存貨的定義

存貨（Inventory）指原料、半成品、在製品、製成品、商品等的物質和材料，使用於生產和分布的程序（Distribution Process）。

存貨的類別

存貨的類別有下列各項：

1. 原料（Raw Material）：
   用於直接或間接生產所須之投入（Input）而向外採購之材料。

2. 物料（Supplies）：
   指用來支持生產過程或管理階層所須的項目（Item）。

3. 在製品（Work In Process）：
   在生產過程中尚未完成全部製造過程的半成品。

4. 製成品（Finished Goods）：
   生產過程的最後產出，可供正常銷售活動的產品。

存貨成本

存貨成本（Inventory Cost）可分為以下四個成本：

1. 準備成本Cp（Preparation Cost）：
   又可分為以下二種成本：

   (1)訂購成本（Ordering Cost）：
   指與下訂單有關的成本，如運搬成本、下單成本、遞送訂單成本（如郵寄、打電話等）。

   (2)設置成本（Set Up Cost）：
   指存貨若為自製，在開始生產前所有準備工作所須的成本，如準備生產訂單（Production Orders）、生產設備的調整準備等。

2. 獲得成本Cv（Procurement Cost）：
   亦可分為以下二種成本：

   (1)購買成本（Purchasing Cost）：
   若存貨係外購，則此成本即為購買成本。

   (2)生產成本（Producing Cost）：
   指存貨若為自製，則在生產過程中所發生的各項成本，如員工薪資、原料成本、加班費、訓練費、遣散費等。

3. 儲存成本Cc（Carrying Cost）：
   指維持存貨所須支出的各項成本，包括倉儲成本、運搬成本、資金的利息、折舊、損壞等成本。

4. 缺貨成本Cs（Shortage Cost）：
   指因無存貨，所須支出之各項損失成本，如生產線因缺料而停工的損失成本、生產排程變動的損失成本、喪失商譽的損失成本等。

ABC存貨分析

　　ABC存貨分析（ABC Inventory Classification）係由美國通用電器公司的Dickie所提出，如圖16-12所示，係為一種依貨品項目的相對重要性而將存貨加以分類，即掌握少數的物料項目，就能掌控大多數資金的流向，以達事半功倍之效。

　　圖16-12中，A類、B類、C類物料之項目分別有下列特性：

1. A類：

⑴為存貨中最重要的項目，價值最大，但數量較少，須花費最多時間管理，採嚴密監控庫存量。

⑵以EOQ計算經濟訂購批量。

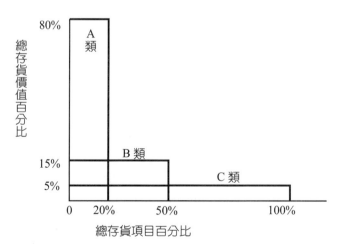

圖16-12　ABC存貨分析

2. B類：

　(1)採用定期盤點與定量訂購方式。

　(2)存貨價值與項目適中。

3. C類：

　(1)採用定期盤點與定期訂購方式。

　(2)庫存監控不嚴密。

　(3)大量購買以獲取折扣。

　　若將圖16-12以累加的方式，將原總存貨價值百分比與總存貨項目百分比，改為累加庫存金額比與累加庫存項目比，即可得圖16-13所示之柏拉圖曲線。

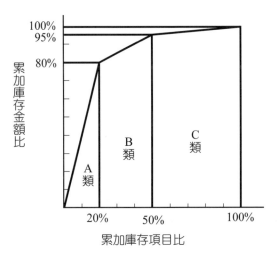

圖16-13　ABC分析的柏拉圖曲線

16.13　企業資源規劃

　　企業資源規劃（Enterprise Resource Planning, ERP）首先由德國SAP公司所提出，為一財務會計導向（Accounting Oriented）之資訊系統，以企業整體財務為考量重點，並以SAP軟體結合IBM硬體，以評估合作夥伴。

　　企業資源規劃ERP係指運用IT，由訂單到出貨，將供應商、顧客、行銷網路形成一連串的供應鏈（Supply Chain Management, SCM），並將企業內部各部門如生產、行銷、人力資源、研發、財務等企業功能整合在一起的資訊系

統,以滿足企業多角化經營與顧客的需求。

16.14 專案管理

專案管理（Project Management）包括計畫評核術與要徑法二種,二者皆屬專案排程之控制技術,皆以網站分析來解決複雜的問題。現分別說明如下:

計畫評核術（PERT）

計畫評核術（Program Evaluation and Review Technigue, PERT）係於1950年代後期,由美國海軍部為執行北極星潛艇飛彈計畫,委託一顧問公司發展而來。它係有效控制日程安排及資源之分配,使計畫提早二年完成,而廣受政府及企業的重視,較適用於非重複性工作。

PERT係指將計畫分成若干項目,決定工作之優先順序,繪製網狀圖,再估計每一工作所須之時間與費用後,予以控制運用,以獲取執行與考核的成果。

要徑法（CPM）

要徑法（Critical Path Method, CPM）與PERT在同一時期,由美國杜邦公司發展類似的技術,並成功的加以運用。其趕工時間及成本較易估算,適用於重複性工作。優點為能以網狀圖明確求出要徑,以掌握工程的進度。

要徑法係指網狀圖中由第一項作業開始至最後一項作業完成所需要時間最長的路徑。要徑上的作業沒有寬裕時間,若欲控制並縮短計畫完成的時間,須先尋找計畫的要徑。

作業時間估計

作業期望時間 $t_e = \dfrac{a+4m+b}{6}$

變異數 $\sigma = (\dfrac{b-a}{6})^2$

式中

t_e：作業期望時間

a ：樂觀時間（Optimistic Time）

b ：悲觀時間（Pessimistic Time）

m：最可能時間（Most Likely Time）

σ：變異數

16.15　全面品質管理

　　品質管理（Quality Management, QM）係指以最有效、最經濟的方法，製造出符合顧客需求的製品品質、工程品質、工作品質、業務品質、服務品質等的管理，使有關的質、量與成本達到最佳效能。

　　全面品質管理（Total Quality Management, TQM）係指結合公司全體員工通力合作，使工作標準化，並使生產、行銷、研發、財務等之工作品質都能有效管理，藉由持續不斷的改善組織文化中的各項構面，以獲取競爭優勢的全面整合能力。

TQM與傳統管理

　　TQM與傳統管理之差異比較，如表16-1所示：

表16-1　TQM與傳統管理之比較

	TQM	傳統管理
重視焦點	品質	利潤
經營焦點	顧客	營利
重視階層	全體員工	管理階層
管理流程	程序導向	結果導向
領導方式	集權	分權
組織結構	高塔式的機械組織	水平式的扁平組織
品質要求	員工自我要求	組織外部要求
工作方式	流程團隊	專業分工
品質層面	多重品質層面	單一品質層面
TQM	傳統管理	重視焦點
品質	利潤	經營焦點
顧客	營利	重視階層
全體員工	管理階層	管理流程
程序導向	結果導向	領導方式
集權	分權	組織結構
高塔式的機械組織	水平式的扁平組織	品質要求
員工自我要求	組織外部要求	工作方式
流程團隊	專業分工	品質層面
多重品質層面	單一品質層面	

TQM原則

實施全面品質管理TQM的原則有下列幾項：

1. **全員參與：**

   透過授權來增進員工參與，甚至將TQM的觀念擴散到供應商、配銷商。

2. **提高顧客滿意度：**

   透過調查、訪談、了解顧客的需求，以提高顧客滿意度。

3. **持續改善：**

   除了追求製程品質或產品品質外，也重視對顧客價值及服務的追求，並持續進行改善，止於至善，以提升整體系統。

4. **重於預防：**

   不只在問題發生後找出原因，予以解決問題；在系統尚未發生問題前，也

應發掘潛在問題，提出預防對策。

5. 團隊合作：
   以自組團隊來解決問題，利用團隊思考，讓成員共同參與以提升合作精神，共享員工價值。

6. 標竿（Benchmarking）學習：
   向表現最佳的同業競爭者看齊，學習其精進之處。

16.16 企業流程再造

企業流程再造（Business Process Reengineering, BPR）係由Hammer and Champ於1993年所提出，係指企業重新思考每一活動的價值貢獻，將各部門的工作，依有利於企業營運的作業流程重新組裝，將企業視為一系統，從只重視生產作業流程，轉為重視與企業營運有關的行銷、配銷、採購等作業流程，並將思考方式、組織結構、員工技能、權力分配、價值觀、管理制度作重大的變革，維持企業的品質、成本、交期、服務、彈性、速度的競爭優勢，以有效因應變動市場的需求。

BPR的關鍵因素

BPR的關鍵因素有下列三項：

1. 顧客（Customer）：
   推動BPR，須符合顧客的需求。

2. 競爭（Competition）：
   隨著顧客不同的需求，採多樣性與選擇性的競爭焦點。

3. 變革（Change）：
   變革已成常態，也非常普通，且持續不斷。

BPR的特性

BPR有以下的特性，說明如下：

1. 以顧客為導向：

    強調顧客價值，消彌與顧客價值無關的活動。

2. 以流程為導向：

    強調全公司的流程創新，打破部門與組織的界限，重新設計工作及組織架構。

3. 重新思考與設計：

    (1)重新思考：

    經由思考問題，尋找出企業經營的最佳策略及方法。

    (2)重新設計：

    藉由組織的重新設計，建構新的流程，使企業徹底根除現有的架構及流程。

4. 績效改善：

    同時追求品質、成本、交期、服務、彈性、速度等多方面目標的改善。

5. 資訊科技（IT）的運用：

    透過資訊科技，適時、適量地將資訊流與物流傳達給使用者。

16.17　及時生產管理

及時生產管理（Just In Time, JIT）指在生產作業過程中，將後段製程所須的原料、半成品的數量提前至前段製程領取，使存貨趨近於零。為一種在正確時間，提供正確品質、數量的原料進行生產，使產品能在正確的時間交予顧客的生產制度。

JIT視存貨為負擔，應加以去除。JIT以最小批量為考量，以極快的速度更換模具，並排除等候情形；若發生等候情形時，應了解等候的原因且加以修正。JIT強調品質零缺點，若品質有問題，則生產亦將出現問題。

JIT的優點

JIT的優點有下列各項：
(1)減少在製品、存貨數、最低產品數量。
(2)降低存貨成本。
(3)提高產品品質與生產力。
(4)減少空間需求。
(5)縮短前置作業時間及生產流程。
(6)快速掌握市場的需求。
(7)準時交貨。
(8)所有生產過程的問題均可在生產線上獲得全部的解決。

生產系統的「推」與「拉」

生產系統的「推」（Push）與「拉」（Pull）之名稱，可用來說明在生產過程中工作進行方式不同的系統。「推式系統」（Push System）指當工作站的工作完成時，產品被推至下一個工作站；若為最後一個作業，產品則被推至最終的庫存之中。反之，「拉式系統」（Pull System）係指移動工作的控制在於前一工作站，每一工作站產出為前一工作站之所須，而最後一站的產出將是取決於顧客需求拉出。故在「拉」的系統中，工作的反應在過程中是從下一步驟的需求中產生；在「推」的系統中，工作完成後被動推向下一站，並不考慮下一站是否準備妥當，如此可能產生許多在製品；而進度落後則歸因於設備不良或品質問題的發現。

看板

看板為豐田汽車參照美國超級市場的制度，所引發的一種及時化生產的工具。其為一張長方形的卡片，上面記載搬運指示及製造指示，以聯繫前後製程，防止缺料及生產過剩。

看板（Kanban）在JIT中為授權物料（或工作）移動的訊號，其功能為提

供「區域」訊號和中央訊號相對照，此和JIT之拉式系統有直接密切的關係。在所須物料、執行物料計畫（製造項目、採購項目）係以「看板卡」顯示，而所須產能計畫、執行產能計畫則以「目視」為之。

16.18　六個標準差

六個標準差（Six Sigma，6σ或6s）係由美國摩托羅拉公司在1980年代後期到1990年代中期，首先推動「6σ」行動。「六個標準差」係指高層主管「追求零缺點」，經由與全體員工溝通並達成共識，藉以凝聚成強大念力，消除企業在每一項產品、製程的誤差，並將產程的誤差率控制在百萬分之三點四以下（即每百萬次操作機會，其發生不良品的次數不超過三點四以下），並減少「不良品質成本」（Cost of Poor Quality）、縮短交期、提高顧客滿意度，且由全體員工共同參與，由最高層的願景與承諾向下層展開，再由下而上展開完全貫穿的流程改善活動。

為推動6σ所扮演的角色，將仿空手道技能高低來命名如下：

1. 盟主（Champion）：
   負責制訂公司的政策與決策。
2. 黑帶大師（Master of Black Belt, MBB）：
   為六個標準差分析工具的專家，主要扮演促成組織改革的角色。
3. 黑帶（Black Belt, BB）：
   為專案領導人。
4. 綠帶（Green Belt, GB）：
   熟悉統計軟體之操作與應用。

6σ的實施，第一步為成立小組，再由小組負責以6σ品質水準為目標，每一小組遵循「DMAIC」五步驟，即設定（Define）、評量（Measure）、分析（Analysis）、改善（Improve）、控制（Control）來推動6σ的活動。

6σ成功的關鍵

推動6σ成功的關鍵因素如下列各項：

1. 高層之承諾：
   須高層管理者有強烈的企圖心，進行6σ變革。

2. 績效產出：
   各專案能定期檢視投資報酬率（Return on Investment, ROI）之執行成效，以力行成本降低，排除無效率及增加附加價值的成果。

3. 流程架構：
   了解顧客期望與現況流程之間的差距，提供穩定之品質，以解決問題與提升競爭力。

4. 買方市場導向：
   建立顧客關係管理（Customer Relationship Management, CRM）流程，維持顧客的忠誠度與滿意度。

5. 6σ專職人員：
   選定專人推動統計技術、品管手法及溝通技巧等訓練，且以全職方式組成改善團隊。

6. 誘因導向：
   設立各項獎勵辦法，讓全員積極參與各項6σ工作。

〔註〕顧客關係管理（Customer Relationship Management, CRM）係指企業導入資訊系統，以規範企業與顧客間的一切行為與資訊，並針對所有的顧客進行分層化區隔與差異化服務，建立CRM資訊軟體，以期迅速回應顧客需求與市場變化，縮短顧客服務時間與流程，增加顧客服務滿意度等效益活動。

老師小叮嚀：
1. 注意MTS、MTO與ATO之間的差異。
2. 注意損益兩平分析及EOQ的計算是常出現的考題。
3. 注意MPS、MRP、BOM、MRPⅡ、ERP的意義。
4. 須了解ABC存貨分析。
5. CPM的計算是常出現的考題。
6. TQM、BPR、JIT與6σ之意義須加以了解。

自我測驗

1. 成功推動6S（Sigma）品質管理的關鍵因素，以下何者為誤？
（97年鐵路公路特考）

(A)高層管理者的承諾與參與　(B)以公司生產需求為導向　(C)以流程為主軸進行現況改善　(D)貫徹教育訓練

2. 企業資源規劃（ERP）與生產流程的關係，以下何者正確？
（97年鐵路公路特考）

(A)MRP是ERP的進化版　(B)可縮短訂單與付款之間的時間　(C)造成存貨增加　(D)增加處理業務的人力

3. 下列各項名詞的英文縮寫，何者錯誤？（95年特考）

(A)產品資料管理（PDM）　(B)電子資料交換（EDI）　(C)物料需求規劃（MRP）　(D)彈性製造系統（FMS）　(E)電腦輔助製造（CAD）

4. 依計畫評核術（PERT），假設估計時間如下：悲觀時間40分、樂觀時間30分、最可能時間35分，則根據β機率分配（貝他分配），其期望時間為何？（95年特考）

(A)30分　(B)35分　(C)40分　(D)45分　(E)50分

5. 某公司每年須使用某種物料2,560單位，該物料每單位單價為60元，每次購買的採購成本為15元，單位儲存成本為每單位物料單價的20%，若依經濟訂購量（EOQ）來採購，則每年採購次數為何？（95年特考）

(A)32次　(B)34次　(C)40次　(D)57次　(E)80次

6. 企業若以ABC存貨分析法來控制庫存物料，係以下列何者為分類標準？
（95年特考）

(A)庫存價值　(B)庫存方式　(C)庫存地點　(D)庫存時間　(E)庫存料號

7. 假設某蛋糕專賣廠商固定成本是一年120萬元，每個蛋糕的變動成本是5元，售出價格為25元，則每月平均應賣出多少個蛋糕才可達年度損益平衡？（95年特考）

(A)3,000個／月　(B)5,000個／月　(C)8,000個／月　(D)40,000個／月　(E)60,000個／月

8. 根本重新思考及徹底重新設計組織流程，藉此大幅改善績效，稱之為：
（97年鐵路公路特考）

(A)組織再造　(B)倒置組織　(C)組織文化　(D)虛擬組織

9. 牛鞭效應（Bullwhip Effect）的現象會發生在下列何種管理活動？（95年特考）

(A)價值鏈管理（VCM）　(B)知識管理（KM）　(C)供應鏈管理（SCM）　(D)全面品質管理（TQM）　(E)顧客關係管理（CRM）

10. 藉由企業內部電子化，將企業內各項資源作完整有效率配置的統合系統為下列何者？（95年特考）

(A)決策支援系統（Decision Support System）　(B)專家系統（Expert System）　(C)企業資源規劃系統（Enterprise Resource Planning System）　(D)團隊決策支援系統（Group Decision Support System）　(E)執行資訊系統（Executive Information System）

11. 某公司營業櫃臺前經常大排長龍，為提高服務品質與效率，此時應用下列何種作業研究方法進行改善？（95年特考）

(A)線性規劃（Linear Programming）　(B)賽局理論（Game Theory）　(C)要徑法（Critical Path Method）　(D)等候理論（Queuing Theory）　(E)模擬（Simulation）

12. 有關價值鏈管理（Value Chain Managent, VCM）與供應鏈管理（Supply Chain Management, SCM）之敘述與比較，下列何者為真？（複選）（95年特考）

(A)二者皆有助於提升企業競爭力　(B)VCM為效率導向，SCM為效能導向　(C)VCM強調顧客導向，SCM強調生產導向　(D)VCM為以客戶為中心的動態協同作業體系　(E)SCM為針對從生產地到消費地所有作業的工作流程

13. 品質專家戴明（Deming）提出品質管制的四個基本方法有A（Action）、C（Check）、D（Do）、P（Plan），依所提之迴圈概念，其順序為何？（97年特考）

(A)ACDP　(B)CDPA　(C)PADC　(D)PDCA

14. 使用規劃作業之技術，下列敘述何者有誤？（97年特考）

(A)甘特圖允許與各個任務的實際進度相比較，為一種控制的工具

(B)計畫評核術為安排複雜計畫流程圖，描繪完成計畫所須作業的先後順序

(C)使用計畫評核術須參考的資訊包含事件、作業、寬裕時間，以及要徑

(D)使用計畫評核術，若在理想狀況下完成作業所須時間為8天，完成作業最可能時間為10天，最差狀況下完成作業所須時間為12天，則估算預期時間應為12天

15. 下列何者指的是透過員工組成團隊，自發性定期開會，以解決品質問題的管理方式？（97年特考）

(A)全面品質管理　(B)ISO9000　(C)品質圈　(D)統計品管

16. 大大影印店每張收費為2元，如果它每年的固定成本為60,000元，每張影印的變動成本為1.4元，則它在損益平衡點（Break-Even Point）之年收益為：（97年特考）

(A)60,000元　(B)100,000元　(C)200,000元　(D)600,000元

17. 下列有關控制技術和方法的敘述，何者有誤？（96年特考）

(A)甘特圖的橫軸為時間　(B)ABC存貨控制法中，A級存貨是數量多、價值少的存貨　(C)計畫評核術是利用網狀圖來表現專案計畫各部分活動及其先後關係與所須時間　(D)標準成本控制法是根據產品的製銷過程訂定一合理的成本作為標準

18. 甲公司年須32,000個電晶體，已知每個單價$24，每次採購費用為$24，每個電晶體的保管成本為產品單價的6%，則該公司欲達成最佳經濟訂購量，每年應採購幾次？（96年特考）

(A)10次　(B)15次　(C)20次　(D)25次

19. 下列何種控制技術最適用於大型複雜的專案管理？（96年特考）

(A)計畫評核術　(B)甘特圖　(C)里程碑排程　(D)魚骨圖

20. 甲公司推出一新產品，該公司總固定成本為592,000元，產品單位變動成本為12元，單位售價為20元，試問該公司達成損益平衡點（Break-Even Point）時的銷售金額為？（96年特考）

(A)74,000元　(B)1,480,000元　(C)1,560,000元　(D)296,000元

21. 企業應用現代化資訊蒐集、處理及分析顧客資料，以找出顧客購買模式，並制訂有效的行銷策略來滿足顧客的需求，此方法稱為：（96年特考）

(A)知識管理　(B)供應鏈管理　(C)顧客關係管理　(D)企業資源規劃

22. 下列對六個標準差（Six Sigma）所代表的意涵，何者有誤？（96年特考）

(A)表示在每100萬件產品中不能超過6件不良品　(B)根據DMAIC（Define、Measure、Analyze、Improve和Control）五個步驟來推動
(C)六個標準差可以從人力資源運用到客戶服務，即各部門都適用
(D)以經過訓練合格的「黑帶」人員來負責領導改善方法的進行

23. 假設你最近創業開設一家咖啡店，每杯咖啡售價35元，每個月的固定成本（房租和人事費等）為12萬元，每杯咖啡變動成本為15元，則你每個

月要收入多少才能達到損益兩平？（96年特考）

(A)20萬元　(B)21萬元　(C)22萬元　(D)25萬元

24. 有關電腦應用在作業管理之技術的敘述，何者為真？（96年特考）

(A)CAD指利用產品的特徵來分析產品在不同參數下的性能績效
(B)CAM用於產品的設計，可以迅速產生多種設計案及作各種組合
(C)CAE利用預先儲存的資料來指揮自動化生產設備　(D)CIM利用電腦技術來整合所有與生產有關的功能

25. 企業資源規劃（Enterprise Resource Planning）的導入會影響到企業哪方面的改變？（複選）（96年特考）

(A)人力配置　(B)資訊系統　(C)工作流程　(D)財務規劃

26. 依H. Mingzberg之研究，下列何者屬於人際層面之角色？（複選）（96年特考）

(A)又稱看板制度　(B)推行JIT制度可使存貨水準大為降低　(C)推行JIT制度可使瑕疵及早發現，進而提升品質，降低成本　(D)推行JIT制度時，若所須零組件未能獲得，會造成整個生產線停擺

27. 有關產品或零組件訂購方法EOQ法的敘述，何者為真？（複選）（96年特考）

(A)EOQ屬定量訂購法　(B)EOQ屬定期訂購法　(C)EOQ之決定通常為訂購成本恰等於存貨持有成本時之數量　(D)EOQ之決定通常為訂購成本加存貨持有成本為最低時之數量

28. 由PERT分析後繪製如下圖所示，其中「要徑」所需之時間為：（97年特考）

(A)51
(B)41
(C)47
(D)50

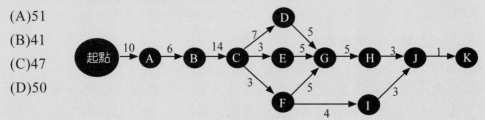

29. 批量生產（Job Lot Production）最適於產製：

(A)需求最大的單一產品　(B)顧客訂製的特殊產品　(C)特殊工具
(D)種類多而數量少的產品

30. 下列哪一項不是屬於產能需求計畫（Capacity Requirement Planning）的內涵之一？

(A)設施規劃（Facility Planning）　(B)設備規劃（Equipment Planning）
(C)人力規劃　(D)物料需求規劃

31. 在傳統工廠布置中有所謂的PQRST之步驟，其中S代表什麼？

　　(A)標準化　(B)簡單化　(C)服務支援　(D)速度

32. 企業將部分零件交給其他公司生產，稱為：〔96年中華電信企業管理〕

　　(A)外送　(B)外包　(C)外賣　(D)外買

【解析】

外包（Outsourcing）：係將企業策略之競爭優勢以外之非核心業務，交由較具專業能力者管理。例如NIKE掌握核心競爭力（行銷、設計），而將非核心業務（製造）外包給寶成。

33. 少量多樣化、訂貨生產方式的工廠，應採用何種工廠布置方式較為適宜？

　　(A)固定位置布置（Fixed -Position Layout）　(B)U型布置　(C)產品布置（Product Layout）　(D)程序布置（Process Layout）

34. 下列何種布置方式是將同種機器集中在同一區域？

　　(A)產品布置（Product Layout）　(B)程序布置（Process Layout）

　　(C)固定位置布置（Fixed-Position Layout）　(D)群組布置（Group Layout）

35. 一般船舶製造以採用哪一種布置方式為宜？

　　(A)產品式布置　(B)程序式布置　(C)群組式布置　(D)固定式布置

36. 工廠布置的第一階段作業為何？

　　(A)製程設計　(B)廠址選擇　(C)生產作業計畫　(D)建廠計畫

37. Muther認為工廠布置之關鍵為PQRST，其中R代表：

　　(A)規則　(B)權利　(C)途程　(D)關係

38. 一般而言，整體生產計畫（Aggregate Production Planning）是：

　　(A)長程計畫　(B)中程計畫　(C)實質計畫　(D)短期計畫

39. 當工廠裝配線上發現有異狀時，領班立即處理，稱為：

　　〔96年中華電信企業管理〕

　　(A)事先控制　(B)及時控制　(C)事後控制　(D)回饋控制

【解析】

控制依程序分：

㈠事先（前）控制：或稱預防控制（預防型）

　　指在實際活動前，訂定績效標準及以預防為導向之控制系統。

㈡事中控制：或稱及時控制（立即型）

指在工作中進行控制，並立即採取修正行動。

㈢事後控制：或稱回饋控制（亡羊補牢型）

指在行動發生偏差時才採取控制程序，改正問題。

40. P-Q分析中對種類很少而產量很多之產品，應採用何種布置？

(A)產品別（Product Layout）　(B)製程別（Process Layout）　(C)群組別（Group Layout）　(D)零工式（Job Shop）

41. 簡單經濟訂購批量（EOQ）模式決定的基本原理是：

(A)考慮訂購成本與特有成本之平衡　(B)僅考慮單位成本　(C)僅考慮訂購成本　(D)僅考慮特有成本

42. 某輪胎行一年可銷售某類型的輪胎2,500個，若每個輪胎的年持有成本是100元，訂購一次的成本是50元，請問經濟訂購批量（EOQ）為多少？

（96年中華電信企業管理）

(A)50個　(B)100個　(C)250個　(D)500個

【解析】

經濟訂購批量（EOQ）：指以最小的儲存成本H與訂購成本S，獲得最佳的批貨量和最小的總成本（屬存貨管理之一部分）。

$EOQ = Q^* = (2DS/H)^{1/2} = (2 \times 2500 \times 50/100)^{1/2} = 50$個

※D：年需求量　S：訂購成本　H：儲存成本

---

43. 假設某產品的單位售價是40元，單位變動成本是24元，總固定成本是160,000元，則應銷售多少數量才會達到損益平衡點？

（96年中華電信企業管理）

(A)5,000　(B)8,000　(C)10,000　(D)12,000

【解析】

損益平衡銷售量公式：$Q^* = FC/(P - V) = 160000/(40 - 24) = 10000$

另損益平衡銷售額公式：$Qs^* = (P^* + FC)/(P - V) = (P \cdot Q^* + FC)/(P - V)$

總利潤 = 總收益 − 總成本 = $P \cdot Q^* - (FC + V \cdot Q)$

式中Q^*：損益平衡銷售量（產量）

　　Qs^*：損益平衡銷售額

　　FC：固定成本

　　P：單價

V：變動成本

P*：即 P·Q*

Q：銷售量（產量）

44. 管銷費用又稱為：（96年中華電信企業管理）

(A)期間成本　(B)產品成本　(C)製造成本　(D)人工成本

【解析】

期間成本：又稱管銷費用，指在損益表中除「銷貨成本」之外的所有成本。例如：

損　益　表		銷　貨　成　本　表	
銷貨收入	$100	直接材料成本	
－銷貨成本	$ 10	期初材料存貨	$100
銷貨毛利	$ 90	+本期購料	$ 60
－管銷費用	$ 30	可供耗用材料	$160
營業利益	$ 60	－期末材料存貨	$ 30
+其他收入	$ 50		$130
－其他費用	$ 20	+直接人工成本	$100
淨利	$ 90	+已分攤製造費用	$ 80
		製造成本	$310
		－期末製成品	$ 70
		製成品成本	$240
		－期末製成品	$ 50
		+少分攤製造費用	$ 20
		銷貨成本	$210

依製造成本分：

㈠主要成本：包括直接材料成本（簡稱直材）、直接人工成本（簡稱直人）。

㈡加工成本：指直接材料以外之製造成本〔包括直接人工成本、直接材料成本、製造費用（簡稱製費）〕。

　即直接人工成本＋所有製造成本＝主要成本＋加工成本

　＝（直材＋直人）＋（直人＋製費）

　＝（直材＋直人＋製費）＋直人

　＝所有製造成本＋直人

45. 某書局對企業管理書本的需求量每年12,000本，每次採購成本18,000元，每本存貨的每月儲存成本9元，試問最佳經濟採購量為多少本？每年須採購幾次？（97年台電公司養成班甄試試題）

(A)600本，20次　(B)1,000本，12次　(C)1,500本，8次　(D)2,000本，6次

46. 某公司總固定成本為40,000元，產品售價為12元，單位變動成本為4元，試求該公司達損益平衡點時之變動成本占總成本的比例為何？

（97年台電公司養成班甄試試題）

(A)33%　(B)50%　(C)75%　(D)80%

47. 在安排主生產日程計畫（Master Production Schedule）時，所考慮的產能層次為：

(A)策略（Strategic）產能　(B)粗略（Rough-In）產能

(C)細部（Detailed）產能　(D)不必考慮產能

48. 請問ISO9000是何種認證制度？（96年中華電信企業管理）

(A)人力　(B)產量　(C)品質　(D)資訊

49. 存貨管理對企業非常重要，下列何者不是存貨項目？

（96年中華電信企管概要）

(A)原料　(B)在製品　(C)完成品　(D)廣告費用

50. PERT/CPM適用於下列哪一種作業？

(A)大量生產　(B)零工生產　(C)重複性生產　(D)專案生產

51. 下列何者不是MRP的輸入項目？

(A)物料單（Bill of Materials）　(B)存貨記錄資料（Inventory Record File）　(C)主生產排程（Master Production Schedule）　(D)計畫訂單開立量（Planned-Order Released）

52. 近年來企業在進行品質管理時，流行以「六個標準差（6σ）」作為品質目標，此6σ是要求產品的不良率或製造過程中的錯誤率不能超過：

（96年中華電信企業管理）

(A)一萬分之3.4　(B)十萬分之3.4　(C)百萬分之3.4　(D)千萬分之3.4

【解析】

6σ：指與全體員工溝通，消除企業在每項產品、製程之誤差，並將製程之誤差率控制在3.4／百萬以下（即每一百萬分次操作機會，其發生不良品之次數在3.4以下），且減少「不良品質成本」、縮短交期、提高顧客滿意度，並由全體員工共同參與。

六個標準差：1980到1990年代，摩托羅拉和許多歐美企業一樣，面臨市場逐步被日本侵蝕的困境，沒有單一的品管方案，而且產品品質粗劣。到了1987年在費雪的主導下，推動六標準差改善專案。自1987到1997年的十年六標準差推行期，成效如下：

(一)每年銷售成長五倍，淨利成長近20%。

(二)節省成本達140億美元。

(三)股價每年成長21.3%（在2001年隨美科技股重挫）。

功能：

(一)樽節成本，(二)提高生產力，(三)擴大市場占有率，(四)留住顧客，(五)縮短週期，(六)減少誤差，(七)改變文化，(八)開發產品和服務，(九)其他好處等

53. 存貨管理對企業非常重要，下列何者不是存貨項目？

（96年中華電信企業管理）

(A)原料　(B)在製品　(C)完成品　(D)廣告費用

【解析】

存貨（Inventory）類別：原料（Raw Material）、在製品（Work in Process）或半成品、製成品（Finished Goods）或完成品。

※原料：指用於直接或間接生產所須投入而向外採購之材料。

※物料（Supplies）：指用來支持生產過程或管理階層所須之項目。

54. 從相關的競爭者或非競爭者中尋找學習對象或找出使企業績效優異的方法，稱之為：（96年中華電信企業管理）

(A)情境管理　(B)經濟預測　(C)標竿管理　(D)量化預測

【解析】

標竿管理（Benchmarking）：向表現優異之同業或異業競爭者看齊，學習其精進之處。

55. 何謂「同步工程」（Concurrent Engineering）？

56. 全面品質管制的創始人是：

(A)裘蘭（J. M. Juran）　(B)費根堡（A. V. Feigenbaum）　(C)戴明（W. E. Deming）　(D)石川馨

57. 當在作「計畫評核術（PERT）」分析時，須對各活動的完成時間進行估計。現假設完成某活動的樂觀時間是4天，悲觀時間是12天，最可能時間是5天，則估計平均的完成時間應該是：（96年中華電信企業管理）

(A)3天　(B)4天　(C)5天　(D)6天

【解析】

期望完工時間t_e = (a + 4m + b)/6 = 【樂觀時間 + 4（可能完工時間）+ 悲觀時間】/6 = 【4 + 4(5) + 12】/6 = 6

58. 以單一資訊系統管理公司中的所有部門與功能，更進一步拓展到企業夥伴上，並經由供應鏈管理（Supply Chain Management, SCM）來達成之控制系統為何？〔96年中華電信企業管理〕

(A)決策支援系統（Decision Support Systems, DSS）　(B)專家系統（Expert System, ES）　(C)企業資源規劃（Enterprise Resource Planning, ERP）　(D)品質管理（Total Qualuty Management, TQM）

【解析】

ERP：指運用IT，由訂單到出貨，將供應商、客戶、行銷網路形成一連串之供應鏈（SCM），並將企業內部各部門整合在一起的資訊系統。

DSS：決策支援系統（Decision Support System）指利用IT支援主管針對「非結構化」問題，制訂決策與執行決策的一套體系。

※「非結構化問題」：指決策者為一人以上，解決問題分歧，解決方案甚多，後果發生之機率無法預測。

ES：專家系統（Export System）係一種解決問題之智慧型軟體系統，為一知識庫（Knowledge-Based）程式，用來解決某些領域問題，且能提供像人類專家一樣「專業水準」之解答。

TQM：指結合公司全體員工合作，使工作標準化，並使產銷人發財等之工作品質都能有效管理，藉由持續改善組織文化之構面，以獲取公司之競爭優勢。

59. 當生產量增加，成本隨之增加，稱為：〔96年中華電信企管概要〕

(A)固定成本　(B)半變動成本　(C)變動成本　(D)曲線成本

60. 何謂「資源需求規劃」（Resource Requirement Planning, RRP）？何謂「產能需求規劃」（Capacity Requirement Planning, CRP）？

61. 新產品開發與設計之發展趨勢為何？

62. 何謂「工廠布置」（Plant Layout）？依生產線程序，其基本布置方式有哪幾種？

63. 何謂「彈性製造系統」（Flexible Manufacturing System, FMS）？何謂「電腦整合製造」（Computer-Integrated Manufacturing, CIM）？何謂「電腦輔助生產」（Computer-Aided Manufacturing, CAM）？何謂「群組技術」（Group Technology）？

64. 何謂P-Q曲線分析？

65. ⑴有一工廠共生產4,000種產品，每種產品的需求量都是在50單位／月以下，這個工廠最可能用何種製程布置方式來生產？為什麼？

⑵下列三種行業，何者最能用產品布置來生產？何者最可能用程序布置來生產？

(A)汽車製造業　(B)飛機製造業　(C)工作母機製造業？

66. 何謂整體規劃（Aggregate Planning）？其主要目的為何？請說明整體規劃常用的方法與步驟。並與MRP比較，整體規劃有何特點？策略為何？

67. 比較Product-Focused與Process-Focused二種製程安排。逐一比較二者之一般性、適用狀況、產品種類與批量大小、訂單安排、現場管理狀況、機器設備、作業人員技術水準等特徵或優劣之處。

68. 何謂「經濟訂購批量法」（Economic Order Quantity, EOQ）？其公式為何？

69. 何謂「物料需求規劃」（Material Requirement Planning, MRP）？何謂「製造資源規劃」（Material Resource Planning, MRPⅡ）？

70. 在存貨管理中，對於重要性的貨品有不同的處理方式，試說明其方法，並以圖示之。又各類貨品所應使用之存貨管理系統為何？

71. 在產能規劃中，何謂損益平衡分析（或損益兩平分析）（Break Even Analysis）？其如何應用在產品定價問題上？

72. 何謂「物料需求表」（或物料清單）（Bill of Materials, BOM）？它有何功能？

73. 何謂「企業資源規劃」（Enterprise Resource Planning, ERP）？它與MRP、MRPⅡ有何差異？試比較之。

77. 何謂「品質管理」（Quality Management, QM）？何謂「全面品質管理」（Total Quality Management, TQM）？

75. 何謂「計畫評核術」（Program Evaluation and Review Technique, PERT）？何謂「要徑法」（Critical Path Method, CPM）？此二者屬專案管理技術（即專案排程之規則與控制技術），它們有何不同？試比較

之。

76. 何謂「企業流程再造」（Business Process Reengineering, BPR）？其特性為何？

77. TQM與傳統管理有何差異？

78. 企業流程再造與TQM有何差異？

79. 某公司生產三種不同口味的冰淇淋：香草、巧克力、薄荷，試用下表並以耗竭時間法，決定未來應優先生產的二種口味為何？

口味	經濟批量	生產時間	需求量	目前存貨量
香草	1000箱	1.2週	250箱/週	800箱
薄荷	800箱	0.8週	300箱/週	600箱
巧克力	600箱	1.0週	300箱/週	525箱

80. 某公司產品之單價（P）、總成本（T_c）與銷售量（Q）間有近似下列之函數關係：

P = 100 − 0.001Q

$T_c = 0.005Q^2 + 4Q + 200000$

試分別計算：

(1) 最大利潤時的Q值。

(2) 損益兩平時，其FC（固定成本）、V（變動成本）、Q各為多少？

(3) 平均成本最低時的Q值。

81. 某公司生產所須之零件預計對外採購，該零件之年需求量2,000個，年儲存成本為8元／件，每次採購成本為20元，目前有二家供應商（A與B）之報價，如下表所示：

廠商數量	A供應商	廠商數量	B供應商
1-49	4元／件	1-74	3.9元／件
50-99	3.8元／件	75-149	3.75元／件
100以上	3.65元／件	150以上	3.6元／件

請選擇最佳之供應商，計算最佳之採購批量及最佳之年採購總成本。

82. 某公司採購一金屬製品單價為：1,000件以下500元，1,000件～3,999件為490元，4,000件以上為480元。已知該製品每年需求量為10,000件，訂購

　　成本為5,000元／次，保存成本每年為100元／件，請問：

　(1)其經濟訂購量為多少？

　(2)其平均庫存金額為若干？

83. 若要縮短下列網路圖中之完工工期，首先應在哪一條路徑上趕工？

（97年台電公司養成班甄試試題）

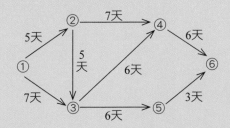

(A)①→③→⑤→⑥　(B)①→②→③→⑤→⑥　(C)①→②→④→⑥

(D)①→②→③→④→⑥

本章習題答案：

1.(B)　2.(B)　3.(E)　4.(B)　5.(A)　6.(A)　7.(B)　8.(A)　9.(C)　10.(C)

11.(D)　12.(ACDE)　13.(D)　14.(D)　15.(C)　16.(C)　17.(B)　18.(C)

19.(A)　20.(B)　21.(C)　22.(A)　23.(B)　24.(D)　25.(ABCD)　26.(ABCD)

27.(ACD)　28.(A)　29.(D)　30.(D)　31.(C)　32.(B)　33.(D)　34.(B)

35.(D)　36.(B)　37.(C)　38.(B)　39.(B)　40.(A)　41.(A)　42.(A)　43.(C)

44.(A)　45.(D)　46.(A)　47.(B)　48.(C)　49.(D)　50.(D)　51.(D)　52.(C)

53.(D)　54.(C)　55.(?)　56.(B)　57.(D)　58.(C)　59.(C)　83.(D)

第17章·
財務管理

本章學習重點

1. 介紹財務管理概論
2. 介紹資本預算評估方法
   包括(1)還本期間法
   　　　(2)會計報酬率法
   　　　(3)淨現值法
   　　　(4)內部報酬率法
3. 介紹投資案之執行
   包括(1)責任中心
   　　　(2)投資中心
   　　　(3)利潤中心
   　　　(4)成本中心
4. 介紹企業槓桿

17.1　財務管理概論

財務管理（Financial Management）主要包括資本預算（Capital Budgeting）、長期融資（Long-Term Financing）與營運資金管理（Management of Working Capital），現分述如下：

資本預算

資本預算（Captial Budgeting）指企業在從事長期投資時，評估投資案的可行性及衡量風險的程序與方法。

長期融資

長期融資（Long-Term Financing）指企業以借貸、發行債券、發行股票等方式從外部取得資金，以維持理想的資本結構（Capital Structure）。

營運資金管理

營運資金管理（Management of Working Capital）指探討企業在平時營運中，如何操作與管理短期資金。

17.2　資本預算評估方法

資本預算所採取的評估方法有還本期間法、會計報酬率法、淨現值法、內部報酬率法四種，現分述如下：

還本期間法

還本期間法（Payback Period）係指預期由投資的淨現金流入，能完全回收所投入投資金額的期（年）數，乃將投資的現金流量加以累計，由累計之第一期（年）算起，至累計現金流量為零為止，這段期間便是還本期間。還本期間值愈小，表示還本時間愈短，回收愈快。其優點是簡單易算、成本低、使用方便且可衡量出投資的變現力；缺點為會將投資在還本期間後的現金流量略去，且未將「貨幣的時間價值」對現金流量的影響考慮進去。

$$還本期間＝已回收期數＋\frac{尚未回收之投資餘額}{當期回收之現金流入} \qquad （公式17.1）$$

(1)如下表所示，若公司規定任何投資專案的還本期間不得超過2.5年，則哪二專案將被接受？

(2)若此二專案互斥，則應採用哪一專案？

		還本期間法現金流量				
	投資金額	現金流入				還本期間
期　數		1年	2年	3年	4年	
A專案	150	30	120	15	−30	2
B專案	150	0	30	90	240	$3\frac{1}{8}$
C專案	150	45	75	90	120	$2\frac{1}{3}$
D專案	150	40	60	75	175	$2\frac{2}{3}$

答：(1)A專案還本時間：150～30＋120　　　　　　⇒2年

　　B專案還本時間：$150～0＋30＋90＋\frac{30}{240}$　⇒$3\frac{1}{8}$年

　　C專案還本時間：$150～45＋75＋\frac{30}{90}$　⇒$2\frac{1}{3}$年

　　D專案還本時間：$150～40＋60＋\frac{50}{75}$　⇒$2\frac{2}{3}$年

　　若公司投資專案的還本期間不超過2.5年，則A、C二專案將被接受。

(2)若A、C二專案互斥，因A專案之還本期間較短，故公司將接受A專案，而不採用C專案。

會計報酬率法

　　會計報酬率（Accounting Rate of Return, ARR）係指平均稅後淨利與原始投資金額之比值。一般而言，ARR的正值愈大愈佳。

$$ARR = \frac{平均稅後淨利}{原始投資金額}$$ （公式17.2）

(1)如下表所示，何者的會計報酬率最高？

(2)何種專案會首先被接受？

(3)會計報酬率法有何特性？

年	會計報酬率法實例			
	專案A	專案B	專案C	專案D
原始投資額	−150	−150	−150	−150
1.	−7.5	−37.5	7.5	2.5
2.	82.5	−7.5	37.5	22.5
3.	−22.5	52.5	52.5	37.5
4.	−67.5	202.5	82.5	137.5

答：(1)專案$A = \frac{(-7.5 + 82.5 - 22.5 - 67.5)/4}{150} = \frac{-3.75}{150} = -2.5\%$

　　專案$B = \frac{(-37.5 - 7.5 + 52.5 + 202.5)/4}{150} = \frac{52.5}{150} = 35\%$（ARR最高）

　　專案$C = \frac{(7.5 + 37.5 + 52.5 + 82.5)/4}{150} = \frac{45}{150} = 30\%$

　　專案$D = \frac{(2.5 + 22.5 + 37.5 + 137.5)/4}{150} = \frac{50}{150} = 33.33\%$

　　故知以B的ARR最高。

(2)應是B專案首先被採用。

(3)特性：

　　①現金流量以會計收入計算。

　　②忽略幣值的時間價值。

　　③無明確的定義，決策標準由管理階層自由決定。

　　④ARR並未提及專案對股東財產的影響。

淨現值法

　　淨現值法（Net Present Value, NPV）指選定適當的折現率，估計預期投入的金額及各期回收的現金流量後，將各期的現金流量折現至期初之後加總。

$$NPV = \frac{CF_1}{(1+r)} + \frac{CF_2}{(1+r)^2} + \cdots\cdots + \frac{CF_n}{(1+r)^n} - \frac{CF_0}{(1+r)^0} \qquad （公式17.3）$$

　　式中，

　　　CF　　：每年現金流量

　　　r　　　：現金流量之折現率

　　　n　　　：預期壽命

　　　$\dfrac{CF_0}{(1+r)^0}$ ：原始投資額

　　若NPV>0，則接受投資專案；NPV<0，則拒絕投資專案；二個以上互斥，則選擇NPV值較高者。

(1)根據下表，可接受哪些專案？

(2)若各專案彼此互斥，則應選擇哪一專案？

專案	年	現金流量	折現因子（15%）	現金流量現值	流入現值	投資金額	NPV
A	1	30	0.8696	$26.09	$109.53	150.00	$-40.47
	2	120	0.7561	$90.73			
	3	15	0.6575	$9.86			
	4	-30	0.5718	$-17.15			
B	1	0	0.8696	$0	$219.07	150.00	$-69.09
	2	30	0.7561	$22.68			
	3	90	0.6575	$59.18			
	4	240	0.5718	$137.23			
C	1	45	0.8696	$39.13	$233.64	150.00	$73.64
	2	75	0.7561	$56.71			
	3	90	0.6575	$59.18			
	4	120	0.5718	$68.62			
D	1	40	0.8696	$34.78	$229.52	150.00	$79.52
	2	60	0.7561	$45.37			
	3	75	0.6575	$49.31			
	4	175	0.5718	$100.06			

答：(1)專案A：$30 \times \dfrac{1}{(1+0.15)} + 120 \times \dfrac{1}{(1+0.15)^2} + 15 \times \dfrac{1}{(1+0.15)^3}$

$+ (-30) \times \dfrac{1}{(1+0.15)^4} - 150 = \$40.47$

專案B：$0 \times \dfrac{1}{(1+0.15)} + 30 \times \dfrac{1}{(1+0.15)^2} + 90 \times \dfrac{1}{(1+0.15)^3}$

$+ 240 \times \dfrac{1}{(1+0.15)^4} - 150 = \$69.09$

專案C：$45 \times \dfrac{1}{(1+0.15)} + 75 \times \dfrac{1}{(1+0.15)^2} + 90 \times \dfrac{1}{(1+0.15)^3}$

$+ 120 \times \dfrac{1}{(1+0.15)^4} - 150 = \$73.64$

專案D：$40 \times \dfrac{1}{(1+0.15)} + 60 \times \dfrac{1}{(1+0.15)^2} + 75 \times \dfrac{1}{(1+0.15)^3}$

$$+175 \times \frac{1}{(1+0.15)^4} - 150 = \$79.52$$

可接受B、C、D專案。

(2)若各專案互斥,則應選擇D專案。

註:$\frac{1}{(1+0.15)} \doteqdot 0.8696$,$\frac{1}{(1+0.15)^2} \doteqdot 0.7561$,$\frac{1}{(1+0.15)^3} \doteqdot 0.6575$,

$\frac{1}{(1+0.15)^4} \doteqdot 0.5718$

內部報酬率法

內部報酬率(Inter Rate of Return, IRR)指一個可使某專案的預期現金流入量現值恰好等於預期現金流出量現值的折現率(即指一個可使投資專案的淨現值恰等於零的折現率),若報酬率大於資金成本,則值得投資。

$$NPV = \sum_{i=1}^{n} \frac{CF_n}{(1+IRR)^n} - I = 0 \quad 或 \quad I = \sum_{i=1}^{n} \frac{CF_n}{(1+IRR)^n} \qquad (公式17.4)$$

式中,

NPV:淨現值

CF_n:第n年之現金流量

IRR :內部報酬率

同實例3,何者專案的IRR最高?

答:由實例3可看出專案A的現金流量總和低於原始投資額,亦即專案A的報酬率低於IRR,故淨現值NPV為負值。

專案A:I為負值。

專案B:$I = 150 = \frac{0}{X} + \frac{30}{X^2} + \frac{90}{X^3} + \frac{240}{X^4}$,則X $\doteqdot 1.2816 = 128.16\%$

故$IRR_B = 28.16\%$

專案C:$I = 150 = \frac{45}{X} + \frac{75}{X^2} + \frac{90}{X^3} + \frac{120}{X^4}$,則X $\doteqdot 1.3399 = 133.99\%$

故$IRR_C = 33.99\%$

專案D：$I = 150 = \dfrac{40}{X} + \dfrac{60}{X^2} + \dfrac{75}{X^3} + \dfrac{175}{X^4}$ ，則$X \doteqdot 1.3358 = 133.58\%$

故$IRR_D = 33.58\%$

由上可知，專案C的IRR最高，應為最佳投資專案；但若以NPV法分析，卻以專案D最能增加股東財富。若欲比較彼此互斥的專案或選擇其中可為股東增加最多財富的專案，則須使用可以絕對衡量專案吸引力的評估方法，例如採用NPV法。

17.3　投資案之執行

　　通常投資案因人員、組織與監督機制而增加許多困難，故須適當安排每一環節，才可使投資案成功。公司在決定從事投資案後，若須由公司各部門來執行，以有效達成任務，除採專案管理外，「責任中心」制度是一個解決的好辦法。

責任中心

　　責任中心（Responsibility Center）係依公司對「成本」或「收入」的發生來區分責任，分別設立「投資中心」（Investment Center）、「利潤中心」（Profit Center）與「成本中心」（Cost Center）等，且定期評估及審核各中心的績效，依績效結果給予獎懲，如圖17-1所示。

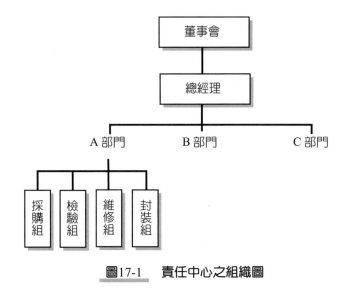

圖17-1　責任中心之組織圖

投資中心

投資中心（Investment Center）指不僅負責控制成本及收入，且具有投資決策權，尚須對資金籌措與產品運用負責。

利潤中心

利潤中心（Profit Center）指須同時對成本及收入負責，以邊際貢獻來評估部門績效。

成本中心

成本中心（Cost Center）指對成本的發生負控制責任，如對部門作績效評估，以實際成本與預期成本作比較，若實際成本比預期成本高，則為不利差異，反之則為有利差異。

17.4　企業槓桿作用

　　企業資本結構（Capital Structure）一般以與負債相關的比率來表示，例如企業各類長期資本（如借款、債券、可轉換債券、特別股、普通股等）比例分配的問題等，為了利用一些措施，使公司的資產或營業規模變大，可採用「營運槓桿」、「財務槓桿」與「總槓桿」等加以運用。

營運槓桿

　　營運槓桿（Operating Leverage, OL）指當銷貨量變動時，對公司利益所造成的影響。槓桿愈高，銷貨量變化對公司利益的影響程度愈大。通常附加價值愈大的產品，OL愈高。

財務槓桿

　　財務槓桿（Financial Leverage, FL）指負債對公司每股盈餘（EPS）的敏感度。槓桿愈高，對公司稅後利益的貢獻愈大。

〔註〕投資案風險分析

1. 情境分析（Scenario Analysis）：指以數個狀況來評斷投資案的現金流量（如樂觀、悲觀、普通）。

2. 敏感度分析（Sensitivity Analysis）：指檢視當某個變數產生變化時，淨現值（NPV或內部報酬率IRR）的變動狀況。

3. 模擬（Simulation）：指將實際資料、假設及變數的機率分配，以隨機方式重複產生所想得到的數值。

總槓桿

　　總槓桿（Total Leverage, TL）指結合「營運槓桿」及「財務槓桿」，用來

衡量銷貨量對每股盈餘（EPS）的影響。

17.5　公司治理

公司治理（Corporate Governance）係指企業透過法律的管控制衡，有效監督企業及其相關組織體系活動及建全企業運作，確保責任制、透明化與公平性，防止違法行為之經營弊端，使企業能在股東、投資人、員工、顧客、供應商與社群之間取得利益之平衡，以實現企業社會責任之最高目標。

為確保公司與投資人的利益皆能獲得保障，須建立一套管理公司的準則。公司治理之經理人替投資人獲取最大利益的經管理念，董事會則負責督導管理階層與經理人是否符合公司的目標，以獨立思考及尊重不同意見，兼顧投資人與公司員工之間的利益，達成長長久久的企業價值觀。

老師小叮嚀：
1. 注意還本期間法、會計報酬率（ARR）法、淨現值（NPV）法及內部報酬率（IRR）法之意義及其計算。
2. 了解責任中心、投資中心、利潤中心及成本中心之差異。
3. 了解企業財務三槓桿——營運槓桿、財務槓桿、總槓桿。
4. 注意公司治理之意涵。

自我測驗

1. 財務管理中，下列何者可用來評估資本預算決策（Capital Budgeting Decision）？（複選）（95年特考）

　　(A)淨現值法則　(B)還本期間法則　(C)平均會計報酬率法則　(D)內部報酬率法則　(E)獲利指數法則

2. 當企業運用較多的固定資產，使固定成本變高，不過卻可使產品單位變動成本較低，銷貨量增加，因此利潤大為提升，此為何種作用？（97年特考）
 (A)營業槓桿（Operating Leverage）　(B)財務槓桿（Financial Leverage）
 (C)聯合槓桿（Combined Leverage）　(D)會計槓桿（Accounting Leverage）

3. 以下何者不屬於企業短期償債能力之指標？（97年特考）
 (A)存貨轉換期間　(B)流動比率　(C)應收帳款週轉率　(D)負債比率

4. 下列有關財務報表分析的敘述，何者正確？（96年特考）
 (A)存貨週轉率愈高，表示公司的存貨堆放時間愈久　(B)負債比率愈高，表示公司使用的財務槓桿程度愈高　(C)本益比愈高，表示股票愈有投資價值　(D)資產負債表是顯示一企業在特定期間內的經營成果

5. 下列何者不屬於比率分析中的「獲利能力分析」？（96年特考）
 (A)本益比　(B)每股盈餘　(C)投資報酬率　(D)業主權益比率

6. 甲公司相關資料如下：每股股東權益為15元、每股市價為30元、每股營收為60元、每股盈餘為3元、每股股利為2元，試問該公司之本益比為何？
 （96年特考）
 (A)10　(B)15　(C)20　(D)30

7. 甲公司部分財務資料如下：平均資產總額為100（百萬元）、平均股東權益為40（百萬元）、資產報酬率為10%，試問該公司股東權益報酬率為何？（96年特考）
 (A)20%　(B)25%　(C)10%　(D)40%

8. 下列各種景氣訊號所代表的意義，何者為非？（96年特考）
 (A)紅燈：顯示景氣過熱　(B)黃紅燈：顯示景氣轉熱或趨穩　(C)藍燈：顯示景氣穩定　(D)黃藍燈：顯示景氣轉穩或衰退

9. 財務分析中之本益比計算公式為：（96年特考）
 (A)每股市價／每股帳面價值　(B)每股盈餘／每股股價　(C)每股股價／每股盈餘　(D)稅後淨利／銷售額

10. 財務報表中，流動比率計算公式為：（96年中華電信企業管理）
 (A)流動資產／總資產　(B)流動資產／股東權益　(C)流動資產／流動負債　(D)流動資產／總負債

【解析】

財務報表中相同會計科目資料的比率，以分析其間之關係。

財務比率分析（Ratio Analysis）可分為下列四項：

(一)短期償債能力分析：係用來分析企業在短期內（通常為一年內）償還債務之能力。可分為：

　(1)流動比率＝流動資產／流動負債（比率愈大，償債能力愈佳）。若＝2表正常標準。

　(2)速動比率＝速動資產／流動負債。若＝1表正常標準。

　　其中速動資產＝流動資產－存貨－預付費用－用品盤存

　(3)存貨週轉率＝銷貨成本／平均存貨（比率愈高，表存貨週期愈快，無存貨呆滯現象）。

　　其中平均存貨＝（期初存貨＋期末存貨）／2

　4.應收帳款週轉率＝賒銷淨額／平均應收帳款，係以了解企業資金週轉及收帳能力。

　　其中平均應收帳款＝（期初應收帳款＋期末應收帳款）／2（比率愈高，表企業收帳能力愈佳，應收帳款變現愈快，呆帳發生機率愈小）。

(二)長期償債能力分析：係用來分析企業資本結構是否健全及長期獲利能力。可分為：

　(1)負債比率＝負債總額／總資產（比率愈小，表企業對債務償還能力愈佳）。

　(2)股東權益對負債比率＝股東權益／負債總資額＝業主權益比率／負債比率，係以了解公司舉債經營的效率（比率愈大，表對債權人愈有利，財務結構愈佳）。

　　（負債比率＋股東權益比率＝1）

(三)獲利能力分析：係用以了解企業賺取盈餘及投資報酬率之能力。可分為：

　(1)資產報酬率＝〔稅後淨利＋利息費用（1－稅率）〕／平均資產總額，係以了解企業運用資產以獲取利潤之能力。報酬率愈大，代表資產運用更有效。

　(2)本益比＝每股市價／每股盈餘（EPS），係以了解投資者投資本企

業，成本回收之長短。比率愈高，表示回收期愈長，風險愈大。

㈣經營能力分析：係用來衡量企業在銷售業務上之績效。可分為：

⑴銷貨毛利率＝銷貨毛利／銷貨淨額，用以衡量企業在製造與銷售管理上的效率。毛利率愈高，表示經營效率愈好。

⑵營業毛利率＝營業毛利／銷貨淨額，用以衡量企業在生產與銷售管理上的效率。營業毛利率愈高，表示經營效率愈佳。

11. 下列哪個財務比率愈大愈好？（96年中華電信企業管理）

(A)財務槓桿　　(B)負債比率　　(C)營運槓桿　　(D)投資報酬率

【解析】

⑴TL＝OL × FL（OL與FL愈小愈好），式中：

TL（財務槓桿）係衡量銷售量對每股盈餘（EPS）之影響程度。

⑵$OL = \dfrac{息前稅前盈餘百分比變動（EBIT）}{銷售額之百分比變動}$（表營運利潤隨著銷售量變化之程度）

OL（營運槓桿）係衡量營運風險，表在營運過程中固定成本之使用程度；若太大，則OL會上升。

⑶$FL = \dfrac{每股盈餘之百分比變動（EPS）}{息前稅前盈餘百分比變動（EBIT）}$（表稅前利潤）

FL（財務槓桿）係衡量財務風險，若大於1，則為正的財務槓桿，對舉債有利；當等於1時，則表未使用任何融資。

⑷EPS（每股盈餘）＝（稅後淨利 − 特別股股利）／普通股流通在外加權平均股數

⑸負債比率＝$\dfrac{負債總值}{資產總值}$（愈小愈好；愈大表公司使用之財務槓桿FL愈大）。

⑹投資報酬率ROI＝淨利（純益）／投資額（資產總數）（愈大愈好，可增加銷貨、降低費用、減少營運資產，以增加ROI）。

12. 企業實行責任中心制度，若劃分為利潤中心，其部門經理對下列何者負責？（96年中華電信企業管理）

(A)成本　(B)利潤　(C)收入　(D)費用

【解析】

㈠責任中心：係依公司對「成本」或「收入」之發生來區分責任，分別

設立「投資中心」、「利潤中心」、「成本中心」，且定期評估及審
核各中心之績效，依績效結果給予獎懲。

(二)投資中心：指不僅負責控制成本及收入，且具有投資決策權，尚須對
資金籌措與產品運用負責。

(三)利潤中心：指須同時對「成本」及「收入」負責，以「邊際貢獻」
（單價—變動成本）來評估部門績效。

(四)成本中心：指對「成本」的發生負控制責任，如對部門作績效評估，以
實際成本與預期成本來作比較，若實際成本大於預期成本，則為不利。

13. 義群公司九十年度財務資料顯示：純益600萬元，營收淨額6,000萬元，
投資報酬率12%，該公司投資額應為：
(A)500萬元　(B)1,000萬元　(C)100萬元　(D)5,000萬元

14. 財務槓桿係指：
(A)舉債經營以增進股東報酬　(B)改變固定成本與變動成本比例　(C)透
過有利財務結構降低資金成本　(D)提高長期資金比例降低經營風險

15. 股東大會上，下列何者有投票權？（96年中華電信企管概要）
(A)普通股股東　(B)債權人　(C)銀行　(D)供應商

16. 假若你是一個公司的總經理，當你在面對財務報表分析時，請問下列哪
些敘述是錯誤的？（複選）
(A)流動比率愈高，表示公司的流動負債比例愈高　(B)存貨週轉率愈
高，意味著公司需要愈大的倉庫來堆積存貨　(C)本益比愈高，表示股票
愈有投資價值　(D)資產週轉率愈高，表示公司資產愈容易出售　(E)EPS
係指每股全年的平均銷貨收入

17. 財務分析中速動比率（Quick Ratio）的計算公式為：
（96年經濟部國營事業新進職員甄試）
(A)流動資產／流動負債　(B)（流動資產—存貨）／流動負債　(C)銷貨
成本／存貨　(D)總收入／總資產
〔註〕速動資金＝現金＋有價證券＋應收票據＋應收帳款

18. 企業取得長期資金的方法很多，若想以長期負債方式籌措資金，可以發
行：（96年中華電信企業管理）
(A)國庫券　(B)公司債　(C)商業本票　(D)政府公債

【解析】
募集資金方式：
㈠普通股：分為記名式與無記名式、面額股票與無面額股票，為公司之基本資金來源，對公司享有股東權，可在不受限制下參加公司每年之盈餘分配或最後財產之分配。
㈡特別股（原為優先股）：兼具普通股與公司債之特性，擁有優先分配股利及剩餘財產等權利。
㈢公司債：公司向一般民眾舉債款項，承諾於到期日支付一定利息予承購者，並於到期日償還本金之債券，故做風險評估就非常重要。

19. 在其他條件不變之情形下，台幣兌美元持續升值對國人旅遊美國：
（96年中華電信企管概要）
(A)有利　(B)不利　(C)沒影響　(D)看狀況

20. 存貨周轉率係屬於：（97年台電公司養成班甄試試題）
(A)短期償債能力分析　(B)長期償債能力分析　(C)獲利能力分析
(D)生產能力分析

21. 在銷售效率分析方面，所謂「薄利多銷」是指：
（97年台電公司養成班甄試試題）
(A)毛利率低，存貨周轉率高　(B)毛利率低，存貨周轉率低　(C)毛利率高，存貨周轉率低　(D)毛利率高，存貨周轉率高

22. Debt-to-asset rations are used to determine:
(A)profitability　(B)liquidity　(C)leverage　(D)operations

23. Capital costs do not include:
(A)cost for inventories　(B)profit margin　(C)accounts receivables
(D)goods in transit

24. 資本預算程序中，常用的固定資產投資評估方法有哪些因應之道？

25. 何謂公司治理？

26. 解釋下列各名詞：
⑴財務槓桿（Financial Leverage）
⑵營業槓桿（Operating Leverage）
⑶財務風險（Financial Risk）
⑷業務風險（Business Risk）

⑸存貨週轉率

⑹營業利潤率

本章習題答案：

1.(ABCDE)　2.(A)　3.(D)　4.(B)　5.(D)　6.(A)　7.(B)　8.(C)　9.(C)

10.(C)　11.(D)　12.(B)　13.(B)　14.(A)　15.(A)　16.(ABDE)　17.(B)

18.(B)　19.(A)　20.(A)　21.(A)　22.(C)　23.(A)

第18章．
電子商務

本章學習重點

1.電子商務概述
2.電子商務類型
3.現代商業四流

18.1 電子商務概述

電子商務（Electronic Commerce, EC）指公司、個人、政府間，利用資訊與通訊技術（網路及電子媒體）將資訊分享與傳遞，並以有效率的方式完成商品之企業功能（產、銷、人、發、財）等商業交易行為，藉以提升企業的經營績效。

若依Intel之定義，則為下式所示，如圖18-1：

EC = 電子化市場 + 電子化交易 + 電子化服務　　　　（公式18.1）

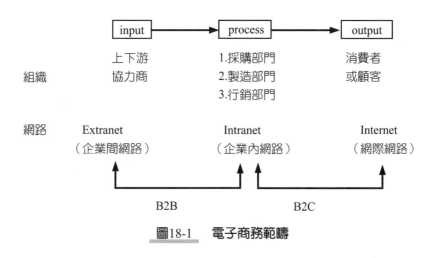

圖18-1　　電子商務範疇

企業內網路（Intranet）係指企業內部之資源與作業流程，藉由網際網路（Internet）加以整合，以提供企業內部員工作業使用。為了節省企業經營成本，加速經營績效，提高營運彈性，24小時提供支援服務，並依企業內部不同需求，規劃適當的網路架構，以建立企業高安全、高品質的內部網路。

1993年全球資訊網（WWW, World Wide Web）的出現，使多媒體資訊得以在網際網路間傳遞。基於網路環境展現出異於傳統商業活動的新交易模式，為企業帶來無限商機與挑戰。

電子商業

電子商業（E-Business）指透過新的資訊技術、企業流程、顧客需求變化，以顧客為核心的創新，對公司的流程、應用系統進行全面的整合。

18.2　電子商務類型

若以電子商務（E-Commerce）之交易對象來分，主要可將電子商務分為B2B、B2C、C2C、C2B等四類，另尚有G2B、B2G、P2P、B2B2C、B2E等，分述如下：

B2B

B2B（Business to Business）指企業對企業間透過電腦以網路進行的交易電子商務，服務範疇主要為上游原料供應商之供應鏈管理（Supply Chain Management, SCM）、製造商與間接物料商之間耗材採購管理（Maintain Repair Operation）、製造商與通路商之配銷通路管理（Distribution Channel Management）及付款管理（Payment Management）等。B2B有降低成本、增進企業之效率與效能、簡化交易流程、資訊快速傳遞等項優點。

B2B之企業採電腦化，符合顧客需求，以服務為導向，如IBM、Intel、GM等企業皆屬B2B。

B2C

B2C（Business to Consumer）為企業（Business）對消費者（Consumer）或顧客（Customer）之電子商務，係指企業之商品資訊透過多媒體在全球資訊網上呈現，而消費者或顧客則以網站瀏覽器進行產品查詢、訂購、售後服務，付款方式則透過安全交易及電子交付機制來完成，所購得的產品可直接由網站

下載，如電子產品，若為實體商品則由傳統物流配送。

B2C之企業是透過Internet銷售產品及服務給消費者或顧客，強調服務品質與準時交貨，如amazon.com、Dell電腦等企業皆屬B2C。

C2C

C2C（Consumer to Consumer）為消費者對消費者之電子商務，係透過網際網路，買賣雙方自行商量商品交貨付款方式，使資訊透明化，並建立雙方信任機制，如 ebay.com等企業皆屬C2C。

電子交易市集

電子交易市集（e-Marketplace）指透過網際網路提供企業進行多對多交易買賣的虛擬市場，透過電子交易平台，提供買賣雙方一對多或多對多的交易服務，突破了實體地域的限制，提供全天24小時交易，同時交易對象來自世界各地，為企業提供無限機會。

電子交易市集所組成之結構，主要有採購廠商、電子交易市集與供應廠商三種，如圖18-2所示。

圖18-2　電子交易市集的主要結構

18.3　現代商業四流

　　現代商業經營型態、交易流程及企業內部組織，都比傳統商業經營型態有顯著不同。新型態的產品，如數位化多媒體產品、個人化產品等不斷推陳出新；新的銷售模式，如虛擬商場、金融服務：以Internet為基幹、新的行銷及配送管道；新的支付工具，如電子現金、電子支票、電子信用卡改變了金流機制；新的企業流程整合上、中、下游方供應鏈系統；新的組織型態，如虛擬組織及新的顧客關係管理等。

　　現代商業的四流為物流、商流、金流、資訊流，如表18-1所示，現分述如下：

表18-1　現代商業四流

流通狀態	商業行為	製造商	批發商	零售商	消費者
資訊流	1.需求資訊	←	←	←	←
	2.商品資訊	→	→	→	→
商流	1.推銷	→	→	→	→
	2.訂購	←	←	←	←
物流	配、送貨	→	→	→	→
金流	付款	←	←	←	←

物流

　　物流（Logistics）指將產品由製造商透過批發商、中間商、零售商，將產品銷售至顧客的整個過程。其流通之內容包括資材物流、生產物流、銷售物流等，例如倉儲業、運輸業、批發業、零售業等行業即是透過物流將產品銷售至顧客手中。

商流

　　商流指由製造商或進口商等上游流通業者，運用各種行銷策略及多樣的銷售通路，適時、適宜的吸引不同類型的消費者，且滿足其需求的一種商業行為。

金流

金流指資金的流通，如紙幣、信用卡、IC晶片卡、預付卡、現金卡之交易流通。

資訊流

資訊流指資訊的流通，主要工具有條碼系統、電子資料交換（EDI）、電子訂貨系統（EOS）、銷售點管理系統（POS）。

POS

POS（Point of Sales）為「銷售點管理系統」，指在銷售商品時，利用自動化的管理（如電腦登錄作業、統計與傳送資料等功能），及時蒐集商品的銷售情況與資訊，建立數位化的商品管理與情報系統。

例如，POS系統透過光學自動讀取式的收銀機，將所蒐集到的各種商品銷售情報、送貨配送資料傳送至主電腦，再經由電腦處理與加工後，分別將商品配售情報資料傳至各相關部門，達成隨時調整行銷策略，提供給經營層級作為管理決策時之參考。

EDI

EDI（Electronic Data Interchange）為「電子資料交換」，係指應用電腦與通訊電子設備，將公司與公司間業務往來之商業文件轉換為標準電子資料格式，並經由專線或通訊網路的傳遞，將交易資訊或商業文件傳達給交易對象，使雙方以一種更迅速、正確、有效率與節省成本的溝通傳輸系統進行交易。簡言之，即是一種將企業間的商業資料文件以相同的資訊格式，透過網路進行傳輸的方式。

EOS

　　EOS（Electronic Ordering System）為「電子訂貨系統」，係指一種資訊傳送系統，當商店需要訂貨或補充貨源時，由商店輸入訂單資料，經由電子資料交換與通訊網路將資料傳送到總部或物流中心的電腦，再由總部或物流中心出貨。簡言之，即是以電子資料交換方式與網路傳輸，取代傳統下單／接單動作的自動化訂貨系統。

老師小叮嚀：
1.注意電子商務（EC）與電子商業（EB）之差異。
2.電子商務的類型如B2C、B2B、C2C等是常出現的考題。
3.注意POS、EDI與EOS之間的差異。

自我測驗

1. 金石堂書店設立網站讓消費者上網購買書籍，係屬於何種電子商務的類型？（96年特考）
   (A)B to B　(B)B to C　(C)C to C　(D)C to B
2. 解釋下列各名詞：
   ⑴供應鏈管理（Supply Chain Management, SCM）？
   ⑵全球運籌管理（Global Logistic, GL）？
   ⑶B2B
   ⑷B2C
   ⑸C2C
3. 何謂E-Commerce？何謂E-Business？
本章習題答案：
1.(B)

第 19 章 ·
國際企業管理

<u>本章學習重點</u>

1.國際企業之策略

2.海外直接投資

19.1 國際企業之策略

依Barplet and Ghoshal（1989）之定義，可分為國際企業（International Corporation, INC）、多國企業（Multinational Corporation, MNC）、跨國企業（Transnational Corporation, TNC）、全球企業（Global Corporation, GC）等四種。四種企業之比較，如表19-1所示。

表19-1　INC、MNC、TNC、GC之比較

	國際企業 （INC）	多國企業 （MNC）	跨國企業 （TNC）	全球企業 （GC）
定義	藉由母公司的組織與能力，母國的差異化，將產品複製到海外，以創造價值，共同開發及分享母公司的知識與能力，而產品之研發集中在母國，並保留市場和產品的控制權，建立當地國的行銷和製造能力，使分散資產和資源相互依存。	透過各國差異化之敏銳度和回應能力，母國之技術和產品移到海外市場，且將產品及行銷顧客化及當地化，以建立當地企業形象，符合各國不同之狀況，以回應當地國之市場需求。	以整合網路為架構，調整各地組織的角色與責任，採取全球學習（Global Learning），產品與技術不僅由母國流向海外子公司或回流母公司，或由海外子公司流向另一子公司。	將企業視為一整體，藉由企業集團式的全球規模生產據點，獲得低成本的全球效率優勢，亦即在海外設立工廠，尋求最低生產成本的製造基地，且採行銷標準化產品。
策略	對海外公司採嚴格控制，且適當回饋，將差異化產品複製到海外。	1.產品與行銷當地化。 2.針對不同國家文化而調整行銷方式。	1.低成本及差異化策略（降低成本及回應當地需求）。 2.提升全球競爭力。	1.低成本策略。 2.在國際間提供同質產品，並採相同行銷策略。
決策權	母國	母國或地主國	各地主國	母國
權責	集權	中庸	分權	分權
生產	母國生產	成本最低處生產	地主國生產	母國生產
研發	母國研發	全球代工	當地研發	母國研發
成本降低壓力	低	低	高	高
當地回應需求	低	高	高	低
全球化效率	低	低	高	高
全球學習	低	低	高	低
舉例	IBM、Microsoft	Toyota+國瑞 Nissan+裕隆	麥當勞、福特	Intel、Nokia、Dell

19.2 海外直接投資

當企業採取跨國經營而在外國設廠生產時，即是「海外直接投資」（Foreign Direct Intestment, FDI），主要所採取的策略是出口模式、授權約定、合資、策略聯盟、併購、直接投資等六種，現分述如下：

出口模式

出口商與獨立經銷商（Independent Agent）將產品在國內生產，再將產品直接運送到國外經銷商，並由經銷商賣出。

授權約定

授權約定（Licensing Arrangement）係指企業以契約的方式，在一定期間內授權部分的權利給另一個國家的企業，而被授權的企業在當地執行這些權利，如專利權、商標權等。

合資

合資（Joint Venture）係指企業和另一國家的企業合資共同經營某一事業，產生一家新企業，獲得合作夥伴的經營知識，其存續的時間是長期的。

策略聯盟

策略聯盟（Strategic Alliance）係指企業個體與個體間結成盟友，交換互補性資源，各自達成目標產品的階段性策略目標，以獲得長期的市場競爭優勢。

併購

併購（Merger and Acquisition）指企業增進所欲維持或保留之競爭地位，使營運績效提升及增加獲利水準。透過併購，可迅速獲取知識或技術資源。併購係企業多角化經營的一項策略工具，可節省時效，爭取市場商機，並且利用現有通路、原料、生產設備，迅速進入市場，以發揮企業綜效，獲取市場占有率。

直接投資

直接投資（Foreign Direct Investment, FDI）指企業在另一個國家直接投資設廠，直接進入該國市場。

上述採行的進入模式（Entry Model）之優缺點，如表19-2所示（依Hill Anderson & Gatignon）：

表19-2　海外投資進入模式的優缺點

	出口	授權	合資	策略聯盟	直接投資
優點	1.投資金額小。 2.投資風險最小。 3.可達事業化之規模經濟。	1.可開拓海外市場。 2.不須負擔海外市場風險。	1.可共享資源。 2.可分擔海外市場風險及成本。 3.易進入當地市場。	1.可共同分擔經營成本和風險。 2.共享知識、技能、經驗上之綜效。	1.可獲得全部利潤。 2.避免利益衝突。 3.可因應當地需求，作長期之經營。
缺點	1.對海外市場掌握不易。 2.不易打入海外市場。 3.高額運費。	1.獲利較低。 2.核心技術外流。 3.不易形成規模經濟。	1.合夥人不易尋找。 2.經營決策易產生衝突。	1.合作關係結束後，可能成為競爭對手。	1.投資金額最大。 2.投資風險最大。 3.若政經變動，損失最大。

老師小叮嚀：

1.注意INC、MNC、TNC、GC之間的差異（重要考題）。

2.海外直接投資（FDI）的六種策略是常出現的考題。

自 我 測 驗

1. 有關金磚四國的報導曾引起熱烈討論，請問下列何者不是金磚四國之一？（95年特考）

   (A)中國大陸　(B)俄羅斯　(C)印尼　(D)印度　(E)巴西

2. 臺灣企業進入國際市場的模式包括下列何者？（複選）（95年特考）

   (A)出口（Exporting）　(B)國際授權（International Licensing）

   (C)國際連鎖加盟（International Franchising）　(D)特殊模式（Specialized Modes），如管理合約或整廠輸出　(E)國外直接投資（Foreign Direct Investment）

3. 以下何種企業合作類型，多為各國之公平交易法令所禁止？（97年特考）

   (A)策略聯盟（Stratgey Alliances）　(B)合資（Joint Venture）　(C)企業群聚（Kombinat）　(D)卡特爾（Cartel）

4. 針對國際標準之敘述，下列何者有誤？（97年特考）

   (A)ISO是國際標準組織的簡稱，其總部設在瑞士日內瓦　(B)ISO14001是針對組織環境管理系統的驗證規範中，與組織環境管理能力的提升和企業界對外的貿易最為相關　(C)ISO標準系統中，ISO9000對企業在自然環境之維護方面具有最大的影響力　(D)ISO國際標準組織成立之主要目的為制訂世界通用的國際標準，以促進標準國際化，減少技術性貿易障礙

5. 東協自由貿易協定之東協十「加三」，是加入哪三個國家？（96年特考）

   (A)日本、韓國、印度　(B)日本、韓國、中國　(C)日本、印度、中國　(D)韓國、印度、中國

6. 通常企業在面對國際環境時，下列何者敘述為非？（96年特考）

   (A)採行自我參考準則（Self-Reference Criterion）可獲致良好成效

   (B)基於利潤、穩定和競爭會擴展業務於他國　(C)選擇擴展業務於任一國家

之基礎在於其在該國是否有「比較利益」（Comparative Advantages）　(D)
更應提升本身之「競爭優勢」（Competitive Advantages），以確保企業之
發展

7. 在歐盟會員國中，哪一國尚未採用共同貨幣──歐元？
（96年中華電信企管概要）

(A)英國　(B)義大利　(C)德國　(D)法國

8. 下列何者之全球策略的風險最低？（96年中華電信企管概要）

(A)合資　(B)策略聯盟　(C)授權／加盟　(D)進出口

9. 企業赴海外投資將會面臨一系列的風險，其中因當地國的國際收支狀況異
常，或當地政府經濟管理失誤所可能衍生的風險為何？
（97年台電公司養成班甄試試題）

(A)匯率風險　(B)法律風險　(C)政治風險　(D)溝通風險

10. 企業在推動國際化的過程中，可能遭逢的困境有哪些？①地主國關稅保
護，②社會環境不同的限制，③本國政府的限制，④本國市場的競爭
（97年台電公司養成班甄試試題）

(A)①②④　(B)①③④　(C)①②③　(D)①②③④

11. International management is defined as
(A)exporting a product to a foreign country　(B)importing a product from
a foreign country　(C)performing management activities across national
borders　(D)issuing a licensing agreement a foreign national

12. What is best description for the fundamental different between
multinational corporations (MNC) and transnational corporations (TNC)?
(A)MNC do business with more countries than TNC.　(B)MNC are run
by a local, national company.　(C)Decision-making in TNC takes place
locally rather than from the parent company.　(D)MNC are restricted more
by law than TNC.　(E)Non different between MNC and TNC.

13. The highest level of involvement in international business is：
(A)importing　(B)exporting and importing　(C)direct investment
(D)strategic alliance

14. 國際企業對子公司的人事制度完全由總公司主導的型態稱為：
(A)母國中心型　(B)多國中心型　(C)區域中心型　(D)全線中心型

15. ＿＿＿ is a set of international standards dealing with the environment effects of production processes.
(A)The Green peace's "Green Bank 100"　(B)EU 1992　(C)ISO 14000
(D)WUO 2002　(E)IFPI 500

16. In Europe, the Europe Union requires that the quality of a firm's manufacturing processes and products the certified under quality standard known as ＿＿＿ before the firms is allowed access to the European marketplace.
(A)total quality management　(B)ISO 9000　(C)reengineering　(D)just-in-time

17. 某企業提供一套標準化的產品、銷售及管理訣竅給他國的其他企業，藉以進入國際市場，其進入方式為：
(A)Franchising　(B)Foreign Branches　(C)Joint Ventures　(D)Licensing

18. 金磚四國（BRIC）被公認未來經濟具有發展潛力，請問其中之I指的是何國？（96年中華電信企管概要）
(A)俄羅斯　(B)巴西　(C)印度　(D)中國

19. When a company such as Coca-Cola decides to use the same product design and advertising strategy throughout the world, it is following the ＿＿ strategy.
(A)multidomestaic　(B)consortia　(C)focused　(D)globalization
(E)differentiation

20. 企業跨越國界，尋求全球的資源配置稱為：（96年中華電信企業管理）
(A)全球化　(B)在地化　(C)國家化　(D)本土化

【解析】
本土化：必須融入當地的文化中，使企業能敦親睦鄰，甚至融入社區（入境隨俗）。
在地化：即發展特有的企業文化，配合地方特色而有獨特的發展。
全球化：在國際間提供同質之產品，並採相同之行銷策略。
社會化：新成員被帶領進入團體文化之系統過程。

21. 國際企業在海外子公司任用當地人士擔任主管的優點是：
(A)與母公司溝通容易　(B)培植母國高階人才　(C)確保策略的執行
(D)避免派遣人員調適困難

22. 目前外商在台的子公司人力資源管理策略當中，同時高度強調「與母公司整合」和「本土化回應」的主要功能是：

(A)薪資管理　(B)人員任用　(C)訓練發展　(D)福利措施

23. Bartlett認為具有跨國界與跨功能的眼光來確認商機之能力者，適合擔任國際企業的：

(A)事業經理人　(B)國家經理人　(C)功能經理人　(D)人事經理

24. 跨國企業擬訂駐外人員的訓練課程時，最重要是在於培養：

(A)學識　(B)專業技能　(C)了解當地文化背景　(D)人際關係　　的能力

25. 國與國之間文化差異的另一個層面是陽剛氣概（Masculinity），指一國人民的剛強性價值觀（如崇尚競爭、追求成功）勝過溫柔性價值觀（如關懷弱者、講求生活品質）的程度。根據Hofstede的研究，哪一國人的陽剛氣概最高？

(A)中國人　(B)美國人　(C)日本人　(D)德國人　(E)荷蘭人

26. 國與國之間的文化差異，可以用幾個層面為基礎加以討論，其中的一個層面稱為個人主義（Individualism），指人們寧可單獨行動而不願集體行動的程度。根據Hofstede的研究，哪一國人的個人主義最高？

(A)中國人　(B)美國人　(C)日本人　(D)德國人　(E)荷蘭人

27. 在國際管理的領域中，管理必須考量不同的文化所造成的影響。請問下述中（臺灣）美文化之間差異的說明，何者是正確的？（複選）

(A)中國人比美國人更傾向集體主義　(B)中國人比美國人有較高的權力差距傾向　(C)中國人比美國人更傾向規避風險或不確定性　(D)中國人比美國人更強調生活品質，亦即較關切人群關係，關心他人福利等

(E)事實上，中美之間並無文化差異的情形存在

28. 在跨文化的研究領域中，Hofstede是著名的研究學者。請問下列各構面，哪些不是Hofstede所採取的研究構面？（複選）

(A)Power Distance　(B)Uncertainty Avoidance　(C)Individulism vs. Collectivism　(D)Nature of People　(E)Activity Orientation

29. What is best description for the fundamental difference between multinational corporations (MNCs) and transnational corporations (TNCs)?

(A)MNCs do business with more countries than TNCs.　(B)MNCs are run by a local, national company.　(C)Decision-making in TNCs takes place locally rather than from the parent company.　(D)MNCs are restricted more by law more than TNCs.　(E)No difference between MNCs and TNCs.

30. 多國籍企業同時強調各國的差異化貢獻與全世界整合運作者稱為：

(A)Multinational Companies　(B)Global Companies　(C)International Companies　(D)Transnational Companies.

31. Which of the following is the basic difference between multinational corporations and transnational corporations?

(A)Multinational corporations typically do business with more countries than transnational corporations.　(B)Transnational corporations are run by the parent company but must be owned by a local, national company. (C)Decision-making in transnational corporations takes place locally rather than from the home country.　(D)Multinational corporations pay more in taxes than transnational corporations.　(E)There is basically no difference between the two forms of business.

32. For a large diversified (related) and centralized global enterprise, what is the most appropriate organizational structure for its global operations? (A)functional for regional operations and SBU for global operations. (B)Conglomerate for regional operations and matrix for global operations. (C)SBU for regional and matrix for global.　(D)SBU for all operations. (E)none of the above.

33. 請說明企業跨國經營有哪些主要的進入策略？

34. 比較MNC與TNC之差異，二者之特色為何？舉例說明之。

本章習題答案：

1.(C)　2.(ABCDE)　3.(D)　4.(C)　5.(B)　6.(A)　7.(A)　8.(D)　9.(A) 10.(C)　11.(C)　12.(B)　13.(C)　14.(A)　15.(C)　16.(B)　17.(A)　18.(C) 19.(D)　20.(A)　21.(D)　22.(B)　23.(A)　24.(C)　25.(C)　26.(C) 27.(ABC)　28.(DE)　29.(B)　30.(D)　31.(C)　32.(A)

1. 現代管理學　林建煌編譯　華泰文化事業公司　91.1
2. 企業管理概論　榮泰生著　五南圖書出版公司　89.8
3. 新管理學　邱毅著　偉碩文化事業股份有限公司　90.4
4. 管理學　林建煌著　智勝文化事業有限公司　90.6
5. 管理學　董營杉譯　東華書局　89.8
6. 管理學　邱繼智編著　華立圖書股份有限公司　90.7
7. 企業概論　吳淑華譯　華泰書局　86.7
8. 管理學　白崑成編著　千華出版公司　90.10
9. 管理學（上）、（下）　何牧著　正誼國際科技有限公司　91.3
10. 企業組織與管理　楊超然　中華電視公司教學部主編　90.8
11. 現代化商業經營　吳萬益　中華電視公司教學部主編　89.8
12. 行銷管理　林建煌著　智勝文化事業有限公司　91.9
13. 現代心理學　張春興著　東華書局　86.12
14. 生產計畫與管理　江達、江碩編著　鼎茂圖書出版公司　88.9
15. 組織與人力資源管理特質及人力資源專業人員核心能力之研究　楊平遠　中央大學人資所碩士論文　86年
16. 創造性破壞　唐錦超譯　遠流出版社　92.3.1
17. 知識型政府人力資源策略之初探　黃麗美
18. 鼎新網站　黃錦錄　運用資源科技強化企業IQ
19. Cheers雜誌　92年11月號
20. 數位周刊　第62期
21. 知識經濟與服務型政府　行政院人事行政局　90.7
22. 知識經濟新興產業與技術展望　行政院人事行政局　90.7
23. 服務型政府之知識管理　行政院人事行政局　90.7
24. 公司管控，證勞暨期貨市場發展基金會出版。
25. Dessler, Gary (1999), *Essentials of Management*, Prentice Hall, Inc.

26. Fiedler, Fred (1967), *A Theory of Leadership Effectiveness*, McGraw-Hil

27. Robbins, Stephen P. and David A. Decenzo (2001), *Fundamentals of Management,* 2nd edition., Upper Saddle River, NJ: Prentice Hall, Inc.

28. "*Management Challenges for the 21st Centry*", Drucker, Reter F., Harper Audiu, 1999.5.

29. "*The Core Competence of the Corporation*", Hamel G. et al., Harvard Business Review, May-June, 1990.

30. "*Buildag Wealth*", Thurow Lester C., Harpercollins, 1999.5.

参考書目

零畫

一畫

二畫

三畫

索引

索引

索引

索引

中華電信股份有限公司100年新進從業人員（基層專員）遴選試題

遴選類別：業務類專業職(四)第一類專員（96801）

專業科目(一)：企業管理　　　　　◎請填寫入場通知書編號：＿＿＿＿＿＿＿＿

壹、四選一單選選擇題30題（每題2分）

1. 管理大師彼得‧杜拉克認為下列何者為做對的事情（do the right things）？

   (A)績效（performance）　　　　　　(B)效果（effectiveness）

   (C)效率（efficiency）　　　　　　　(D)目標（target）

2. 對於總體環境的描述，下列何者錯誤？

   (A)總體環境包括政治、經濟、社會、科技等環境

   (B)總體環境產生的影響不因特定企業而有所不同

   (C)總體環境又稱為任務環境

   (D)人口統計變數也是總體環境一部份

3. 有關例行性（programmed）決策與非例行性（non-programmed）決策說明，下列
   何者錯誤？

   (A)例行性決策是經常性決策

   (B)例行性決策只要依循規則就可以做出決定

   (C)非例行決策針對特定、無明確定義、不確定性高的問題所進行的決策

   (D)非例行性決策可以讓組織簡化許多作業且讓行動一致

4. 在目標與計畫的層級中，高階管理者的目標與計畫，稱為：

   (A)戰術目標／計畫　　　　　　　　(B)策略目標／計畫

   (C)作業目標／計畫　　　　　　　　(D)使命宣言

5. 下列何者為「科學管理之父」？

   (A)吉爾伯斯（Gilbreth）　　　　　(B)泰勒（Taylor）

   (C)米茲伯格（Mintzberg）　　　　(D)費堯（Fayol）

6. 有關Douglas McGregor X理論與Y理論的描述，下列何者錯誤？

   (A)X理論將工作的心力與體力消耗視為遊戲與休息

   (B)Y理論認為多數人具有相當的想像力與創造力

   (C)Y理論對目標的承諾視為成就動機的一種獎勵

   (D)X理論認為多數人缺乏進取心，不喜歡負責、寧願被人指導

7. Robert L. Katz認為管理者需要具備的核心能力中，了解組織的營運模式是屬於下列
   哪一種能力？

(A)概念能力　　　　　(B)溝通能力　　　　　(C)效能能力　　　　　(D)人際能力

8. 關於工作設計（job design）的說明，下列何者錯誤？

(A)工作擴大化（job enlargement）是把工作垂直地擴張

(B)工作豐富化（job enrichment）是讓員工有更多的責任與自主權

(C)工作輪調（job rotation）是員工每隔一段時間就換另一種工作

(D)工作分析（job analysis）是描述與記錄工作行為與工作內容的過程

9. 下列何者不是策略性計畫的特性？

(A)長期性　　　　　(B)單一性　　　　　(C)必然性　　　　　(D)具方向性

10. 協助組織決定每個事業單位應如何競爭的是下列何種策略？

(A)公司整體層次策略　　　　　　　(B)事業單位層次

(C)差異化策略　　　　　　　　　　(D)集中化策略

11. 有關領導（leadership）行為理論中管理方格（management grid）的描述，下列何者錯誤？

(A)鄉村俱樂部型領導（Country Club Management）關切員工需求，塑造一個舒適友善的工作氣氛

(B)團隊型領導（Team Management）是透過團隊建立，員工認同組織、工作全力以赴、全員利害與共

(C)組織型領導（Organization Management）要求員工完成必要的工作並維持滿意的工作士氣，以達成組織一般水準

(D)威權型領導（Authority-Obedience Management）較少重視生產與員工，領導者做最少的事，僅維持基本工作要求

12. 在BCG成長佔有率矩陣中，下列何者為高市佔率、低預期市場成長率的事業單位？

(A)明星（Stars）　　　　　　　　　(B)狗（Dogs）

(C)問題事業（Question Marks）　　　(D)金牛（Cash Cows）

13. 學者French & Raven所認為領導的權力來源，下列何者非屬之？

(A)魅力權（Charismatic）　　　　　(B)強制權（Coercive）

(C)專家權（Export）　　　　　　　(D)參考權（Referent）

14. 有關赫茲伯格（Herzberg）雙因子理論的描述，下列何者正確？

(A)激勵因子與保健因子擇一就可以讓員工滿足

(B)與工作不滿足感相關的外在因素稱為保健因子，與工作滿足感相關的內在因素稱為激勵因子

(C)缺乏激勵因子會造成不滿足（dissatisfaction）

(D)只給保健因子就可以達到滿足（satisfaction）

15.在計算產品的損益平衡點時，不需決定下列哪個變數？

(A)單位價格　　　　(B)單位變動成本　　(C)單位固定成本　　(D)總固定成本

16.下列何者不是Burns & Stalker機械式組織（Mechanistic Organization）的特色？

(A)高度的專業分工　(B)嚴格的部門劃分　(C)控制幅度大　　　(D)追求工作效率

17.員工競爭好鬥與合作程度的比較，是屬於美國Chatman教授之組織文化剖面圖
（OCP）中哪一構面？

(A)注意細節　　　　(B)人員導向　　　　(C)創新與冒險　　　(D)進取性

18.有關影響控制系統設計的權變因素，下列敘述何者正確？

(A)組織分權化程度越高，高階主管的控制力越弱

(B)組織規劃不會影響高階管理者控制程度

(C)組織文化為開放、支持與相互信任的文化，應該採取正式的、外加的控制

(D)作業的重要性越低，應該採用越精細、廣泛的控制

19.下列何者之定義為「在法律與經濟規範之外，企業所負追求有益於社會長期目標之
義務？」

(A)社會回應　　　　(B)社會義務　　　　(C)社會責任　　　　(D)社會目標

20.有關全面品質管理（Total Quality Management, TQM）之描述，下列何者錯誤？

(A)管理者必須參與整個TQM計畫

(B)以公司為中心考量，建立一個有效率的TQM計畫

(C)必須持續改善所有的業務產品製造流程

(D)組織內每一個人都接受TQM相關訓練

21.下列何者不是企業進行『規劃』的目的？

(A)減低變革的衝擊　(B)指出方向　　　　(C)符合管理程序　　(D)提供控制標準

22.有關品管圈中的六個標準差（6σ）之描述，下列何者錯誤？

(A)是指某個流程或產品的觀測值中，每百萬次的觀測值中，只容許3.4次錯誤

(B)高階管理者應該扮演支持導入六個標準差的關鍵角色

(C)六個標準差讓員工在遇見問題時先衡量現況，找出原因加以改善

(D)主要是由Chrysler的李・艾科卡（Lee Iacocca）倡導與推動

23.溝通過程中，訊息的傳遞者會先經過下列何種過程，才進行傳遞訊息？

(A)編碼　　　　　　(B)整理　　　　　　(C)轉碼　　　　　　(D)解碼

24.管理矩陣是由管理功能與下列何者之結合？

(A)生產、行銷、人力資源管理、研究發展、財務

(B)高階管理者、中階管理者、第一線管理者

(C)專業技能、人際關係技能、概念技能

(D)規劃、組織、領導、控制

25.馬斯洛（Maslow）的需求層級理論中，強調成長與發揮自我的需求層級為下列何者？

(A)自我實現需求　　(B)安全需求　　(C)社會需求　　(D)尊重需求

26.下列何者不是目標管理（Management by Object, MBO）的四個基本要素？

(A)目標明確化　　　　　　　　(B)主管與員工都要參與決策

(C)明確的目標期限　　　　　　(D)利益切割

27.有關企業進行內部分析時所採用之SWOT分析，下列敘述何者錯誤？

(A)SWOT是優勢、劣勢、機會、威脅　(B)SWOT分析單位是特定產業

(C)優勢與劣勢包含有形與無形之描述　(D)機會與威脅屬於企業外部環境

28.下列何者為赫茲伯格（Herzberg）雙因子理論中的激勵因子？

(A)成就感　　　　(B)工作環境　　　(C)薪資　　　　(D)公司政策

29.利用五力分析進行競爭者分析時，競爭形態可以分為完全競爭、獨佔性競爭、寡佔與下列何者？

(A)間接競爭　　　(B)直接競爭　　　(C)獨佔　　　　(D)合夥

30.關於直線（line）與幕僚（staff）職位的描述，下列何者錯誤？

(A)幕僚大多只能提出建議或提供協助

(B)直線職位依循指揮鏈發佈命令

(C)幕僚經理無論如何都不能下達命令

(D)幕僚人員在其幕僚部門內，主管與部屬仍然有直線職權

貳、非選擇題二大題（每大題20分）

題目一、

在電信產品（例如iPhone、iPad等）如此快速推陳出新的趨勢下，請以產品生命週期五階段，說明Apple iPhone應採行的競爭策略為何？【20分】

題目二：

Michael Porter提出的企業價值鏈（value chain），觀點是指企業的經營活動由投入至產出之一系列連續的流程，每階段都對最終產品的價值有所貢獻。請自選一種產業之價值鏈分析之。【20分】

試題解答：1.(B)　2.(C)　3.(D)　4.(B)　5.(B)　6.(A)　7.(A)　8.(A)　9.(C)　10.(B)
　　　　　11.(D)　12.(D)　13.(A)　14.(B)　15.(C)　16.(C)　17.(D)　18.(A)
　　　　　19.(C)　20.(B)　21.(C)　22.(D)　23.(A)　24.(A)　25.(A)　26.(D)
　　　　　27.(B)　28.(A)　29.(C)　30.(C)

中華郵政股份有限公司100年從業人員甄試試題

職階／甄選類科：專業職(二)內勤／櫃台業務【98401-98407】、
　　　　　　　　專業職(二)外勤／郵遞業務【98501-98507】
專業科目(1)：企業管理大意　　　　　※入場通知書編號：_____

第一部分：【第1-40題，每題1.5分，共計40題，佔60分】

1. 薛華德（Shewhart）提出之PDCA循環是品質管理循環，針對品質工作按P、D、C
　 與A來進行管理，以確保品質目標之達成，並進而促使品質持續改善。其中PDCA
　 係指下列何者？
　 (A)P：Plan，規劃／D：Design，設計／C：Check，查核／A：Action，行動
　 (B)P：Plan，規劃／D：Do，執行／C：Check，查核／A：Action，行動
　 (C)P：Process，流程／D：Design，設計／C：Compare，比較／A：Action，行動
　 (D)P：Process，流程／D：Do，執行／C：Compare，比較／A：Action，行動

2. 凱茲（R. katz）認為管理者需要具備的能力中—「洞悉產業未來的發展趨勢」是屬
　 於下列何種能力？
　 (A)概念性能力　　　(B)溝通性能力　　　(C)技術性能力　　　(D)人際關係能力

3. 組織進行變革時，容易遭遇組織成員抗拒之可能原因中，下列敘述何者錯誤？
　 (A)組織變革存在不確定性　　　　　(B)害怕失去既得利益
　 (C)懷疑組織變革的效果　　　　　　(D)政治背景不同

4. 設立『意見箱』是組織與員工之溝通方式，下列何者為此種溝通？
　 (A)下行　　　　　(B)橫向　　　　　(C)上行　　　　　(D)縱向

5. 有關臨時性勞工的管理，下列敘述何者錯誤？
　 (A)盡量壓低工資　　　　　　　　　(B)審慎規劃
　 (C)了解臨時勞工的優、缺點　　　　(D)審慎評估真正成本

6. 下列何者係指一種借據，發行人允諾在未來某一個特定時間償還的憑證？
　 (A)股票　　　　　(B)基金　　　　　(C)債券　　　　　(D)貨幣

7. 通貨膨脹（inflation）是指一段時間內物價全面上揚的現象，通常發生在下列何種情況下？

(A)貨幣供應量不足 　　　　　　　　(B)經濟成長較遲緩

(C)經濟成長較活躍 　　　　　　　　(D)貨幣供應量增加太多

8. 有關貨幣（Money）的特質，下列敘述何者錯誤？

(A)易於攜帶 　　　(B)可以分割 　　　(C)短期的使用 　　　(D)穩定性

9. 有關全面品質管理（Total Quality Management, TQM）之敘述，下列何者正確？

(A)管理者必須完整授權整個TQM計畫之進行，並不參與干擾其執行

(B)以顧客為焦點，建立一個有效率的TQM計畫

(C)所有的業務產品製造流程，必須依標準化作業要求，不得改變

(D)只要組織內主管級以上幹部都接受TQM相關訓練，便能執行並達成目標

10. 根據赫茲伯格（Herzberg）兩因子理論，下列何者是屬於保健因子（Hygiene factor）？

(A)他人認同 　　　(B)責任感 　　　(C)升遷發展 　　　(D)監督方式

11. 存貨管理、物料需求規劃、排程管理、品質管理等管理活動，應視為下列何者？

(A)行銷控制 　　　(B)生產控制 　　　(C)財務控制 　　　(D)研發控制

12. 有關作業規劃中影響場址決策的考慮因素，下列何者錯誤？

(A)接近原料供應與市場 　　　　　　(B)投資者的喜好

(C)勞工與能源供給的便利性 　　　　(D)符合法規管制

13. 行銷中的『產品包裝』，其目的除了保護產品、凸顯產品的特徵與效益之外，還有其他目的，下列何者不包括在內？

(A)吸引消費者 　　　　　　　　　　(B)展現品牌名稱

(C)具有廣告效果 　　　　　　　　　(D)重複包裝可提高售價

14. 馬斯洛（Maslow）的需求層級，應用在行銷管理中，強調成長與發揮自我，並給予消費者學習及強調個人品味的是下列何種需求？

(A)自我實現 　　　(B)安全 　　　(C)社會 　　　(D)尊重

15. 消費者購買程序中，下列何者位於「購買決策制定」的前一個程序？

(A)問題／需求確認 　(B)資訊收集 　　(C)方案評估 　　　(D)回饋

16. 對於規劃的定義，下列敘述何者錯誤？

(A)定義組織目標 　　　　　　　　　(B)發展全面性的計畫體系

(C)爭取經費的必要手段 　　　　　　(D)建立達成目標之整體策略

17. 下列何項觀念認為企業在提供產品或服務時，除了滿足顧客需求也要同時顧及消費

者及社會群體的整體福利？

(A)行銷觀念　　　　(B)產品觀念　　　　(C)銷售觀念　　　　(D)社會行銷觀念

18.某手錶經銷商每年電子錶之需求量為2,500個，若每個電子錶的年持有成本是100元，訂購一次的成本是50元。請問其電子錶之經濟訂購量（EOQ）為多少？

(A)50個　　　　　　(B)100個　　　　　(C)250個　　　　　(D)500個

19.下列何者為管理者面臨的例行性決策？

(A)新產品開發　　　(B)品質抽樣　　　　(C)興建廠房　　　　(D)新市場投資

20.下列何者係將每一個生產階段所需要的原物料，在需要的時刻放入生產流程，降低不必要的存貨及無效率的活動？

(A)看板管理系統　　(B)物流系統　　　　(C)供應鏈管理　　　(D)及時生產系統

21.管理者面對新奇且非結構性問題時所做的決策係為下列何者？

(A)例行性決策　　　(B)理性決策　　　　(C)非例行性決策　　(D)非理性決策

22.企業預算編列的方式，哪種方式較符合執行人的意見且符合實際需要？

(A)零基預算　　　　(B)責任中心　　　　(C)由上而下　　　　(D)由下而上

23.新產品上市之前，須經過新產品開發流程的許多步驟，上市前為避免產品失敗的風險，公司往往須進行下列何者？

(A)商業化　　　　　(B)試銷　　　　　　(C)商業分析　　　　(D)產品發展

24.汽車是透過下列何種製程，將框架、引擎、發電機及其他零組件組合而成？

(A)連續製程　　　　(B)製造製程　　　　(C)組裝製程　　　　(D)間歇製程

25.財務報表為企業的最基本報表，企業主要的四個財務報表為何？

(A)損益表、資產負債表、現金流量表、股東權益變動表

(B)損益表、資產負債表、股東權益變動表、利潤預算表

(C)利潤預算表、資產負債表、現金流量表、股東權益變動表

(D)利潤預算表、資產負債表、股東權益變動表、營運預算表

26.經由工作分析來說明執行某一項工作所需的技術與能力，與能有效完成此項工作所需的人格特質與資格，此係為下列何者？

(A)工作規範　　　　(B)工作說明書　　　(C)工作系統　　　　(D)工作特性

27.下列何者是指利用各種非人員面對面接觸的工具，直接和消費者互動，並能得到消費者快速回應的推廣方式？

(A)人員推銷　　　　(B)直效行銷　　　　(C)銷售促進　　　　(D)廣告

28.某大型零售業總部管理階層，決定給予各個不同城市的商店管理者購買、標價、促銷等權力。此大型零售業的管理方式係為下列何者？

(A)集權管理　　　　(B)分權管理　　　　(C)目標管理　　　　(D)賦權管理

29.基於分工的考量，組織內部進行水平分化與垂直分化後，便形成了下列何者？

　　(A)科層組織　　　　(B)指揮鏈　　　　(C)組織結構　　　　(D)有機組織

30.管理人員能夠有效地監督、指揮其直接部屬的人數，係為下列何者？

　　(A)指揮鏈　　　　(B)職權接受論　　　　(C)部門化　　　　(D)管理幅度

31.下列何種組織模式是彙集組織內不同部門專家共同負責特殊專案，但是仍維持傳統直線與幕僚組織結構之組織？

　　(A)網路式組織　　　　(B)跨功能團隊　　　　(C)矩陣式組織　　　　(D)官僚式組織

32.主張人們是為了獲得報酬而工作，且此報酬是人們想要得到的且認為有機會獲得的，此種激勵理論為何？

　　(A)公平理論　　　　(B)兩因子理論　　　　(C)期望理論　　　　(D)需求層級理論

33.有關有機式組織的描述，下列何者錯誤？

　　(A)溝通結構是網路式的　　　　　　　　(B)高度正式化及高度集中化的特質

　　(C)低度集權的組織　　　　　　　　　　(D)決策由具有相關知識技能的人來制定

34.企業之負債比率愈高，係表示下列何者？

　　(A)財務槓桿率低，風險低

　　(B)財務槓桿率高，對債權人的保障大

　　(C)企業財務結構健全

　　(D)企業資金來自借入資金債務多，對債權人的保障小

35.下列哪一位學者於1962年提出「品管圈（Quality Control Circle）」？

　　(A)大前研一（Ohmae Kenichi）　　　　(B)石川馨（Kaoru Ishikawa）

　　(C)博納德貝斯（Bernard Bass）　　　　(D)麥克波特（Michael Porter）

36.在電子商務交易中，露天拍賣網提供標售二手商品服務，係為下列何種型態？

　　(A)B2B　　　　(B)B2C　　　　(C)C2C　　　　(D)P2P

37.下列何者非為「初級資料」的蒐集方法？

　　(A)觀察法　　　　(B)訪談法　　　　(C)政府出版品　　　　(D)問卷調查

38.下列何者屬於「無形資產」？

　　(A)商標　　　　(B)銀行貸款　　　　(C)未開發土地　　　　(D)股票

39.下列何者又稱為「酸性測試比率（Acid Test Ratio）」？

　　(A)移動比率　　　　(B)流動比率　　　　(C)活動比率　　　　(D)速動比率

40.下列何者非為「產品生命週期（Product Life Cycle）」的階段？

　　(A)衰退期　　　　(B)繁榮期　　　　(C)成長期　　　　(D)成熟期

第二部分：【第41-60題，每題2分，共計20題，佔40分】

41.有關Y理論與X理論的敘述，下列何者錯誤？

(A)Y理論認為將工作的心力與體力之消耗，視為遊戲與休息

(B)Y理論認為多數人具有相當的想像力與創造力

(C)X理論認為對目標的承諾，視為對成就動機的一種獎勵

(D)X理論認為員工在工作上不喜歡負責、寧願被人指導

42.下列理論何者最常拿來與PDCA管理循環一起討論應用？

(A)TQM全面品質管理   (B)MBO目標管理

(C)JIT及時系統   (D)KM知識管理

43.有關工作設計（job design）的說明，下列何者錯誤？

(A)工作擴大化（job enlargement）是把工作水平地擴張

(B)工作豐富化（job enrichment）是讓員工有更多的責任與自主權

(C)工作輪調（job rotation）是員工每隔一段時間就換另外一種工作

(D)工作分析（job analysis）是設計與安排工作行為與工作內容的過程

44.流動資產除以流動負債係為下列何種比率？

(A)獲利能力比率   (B)流動比率   (C)經營效能比率   (D)槓桿比率

45.現金流量表主要顯示三種影響現金收支的活動，下列敘述何者錯誤？

(A)與營運有關的現金流量   (B)與投資有關的現金流量

(C)與融資有關的現金流量   (D)與獲利有關的現金流量

46.有關品管圈中的六個標準差（6σ）的敘述，下列何者正確？

(A)是指某個流程或產品的觀測值中，每百萬次的觀測值中，只容許0.34次錯誤

(B)基層管理者應該扮演支持導入六個標準差的關鍵角色

(C)六個標準差讓員工在遇見問題時，先依規定呈報，不會擅自加以變更

(D)六個標準差主要是由GE的傑克威爾許（Jack Welch）倡導與推動

47.利用符號和購買者溝通，使對方明白某一特定產品是由特定製造者所生產的，此種程序稱為下列何者？

(A)品牌化   (B)促銷   (C)消費者關係管理   (D)公共關係

48.有關平衡計分卡（balanced score card）的衡量構面，下列敘述何者錯誤？

(A)財務構面   (B)顧客構面

(C)企業外部關係構面   (D)學習與成長構面

49.有關組織再造（reengineering）與組織文化的說明，下列敘述何者錯誤？

(A)組織文化是組織成員共享的價值觀，組織再造強調的是動態變革

(B)組織再造與組織文化成為相互衝突的力量

(C)組織變革優先於組織文化

(D)當環境變遷而需要改革時，組織文化可能會成為組織變革的阻力

50.企業在正常情況下，先決定需生產的產品數量，並以此數量大小決定雇用的人數、設備數量和規模，但在進行長期規劃時，必須同時考慮現有及未來的生產需求，此種規劃稱為下列何者？

(A)作業規劃　　　(B)產能規劃　　　(C)布置規劃　　　(D)品質規劃

51.生產排程主要是顯示企業生產何種產品、何時生產及特定時間內需要何種資源等，下列何者非屬生產排程的工具？

(A)計畫評核術　　(B)平衡計分卡　　(C)甘特圖　　　　(D)要徑法

52.強調有系統地研究工作方法與建立工作標準，以提高生產力並使工作更容易執行的管理理論為何？

(A)管理方格理論　(B)行政管理理論　(C)科層組織理論　(D)科學管理理論

53.若消費者對某一產品的偏好是屬於同質性偏好，則適合用何種行銷策略？

(A)利基行銷策略　　　　　　　　(B)差異化行銷策略

(C)無差異化行銷策略　　　　　　(D)個人化行銷策略

54.詳列預估的銷貨收入、營運費用及利潤計畫，並按月或季分割，再彙總為下列何種年度預算？

(A)資本預算　　　(B)營運預算　　　(C)現金收支預算　(D)彈性預算

55.消費品製造商若先透過批發商、再經由零售商將產品賣給消費者，此種通路稱為下列何者？

(A)一階通路　　　(B)二階通路　　　(C)三階通路　　　(D)直接通路

56.下列何項管理思想是運用數學符號與方程式來解決管理的問題，從模式的建立來求取最佳解？

(A)系統理論　　　(B)權變理論　　　(C)管理科學　　　(D)層級結構

57.公司每賺1元盈餘，股東願意以多少元來購買，稱為下列何者？

(A)每股盈餘　　　(B)股東權益報酬率　(C)本益比　　　　(D)純益率

58.某糕點公司評估擬再增加一條製造蛋糕的生產線，惟每月需支付60,000元租賃新設備。每盒蛋糕之變動成本為20元，零售價為80元。生產蛋糕時，為達損益兩平點，該公司每月應增加產銷幾盒蛋糕？

(A)1,000　　　　　(B)1,500　　　　　(C)2,000　　　　　(D)3,000

59.企業為達成生產或銷售計劃，所從事的採購管理活動5R，不包括下列何者？

(A)適當的數量（Right quantity） (B)適當的品質（Right quality）

(C)適當的時間（Right time） (D)適當的成本（Right cost）

60. 雲慶生技公司每年的平均存貨是$2,000,000，若預估資金成本率為10%，儲存成本為7%，風險成本為6%，請問每年的持有成本為多少？

(A)$260,000 (B)$340,000 (C)$460,000 (D)$540,000

試題解答：1.(B)　2.(A)　3.(D)　4.(C)　5.(A)　6.(C)　7.(D)　8.(C)　9.(B)　10.(D)

11.(B)　12.(B)　13.(D)　14.(A)　15.(C)　16.(C)　17.(D)　18.(A)　19.(B)

20.(D)　21.(C)　22.(D)　23.(B)　24.(C)　25.(A)　26.(A)　27.(B)　28.(B)

29.(C)　30.(D)　31(C)　32.(C)　33.(B)　34.(D)　35.(B)　36.(C)　37.(C)

38.(A)　39.(D)　40.(B)　41.(C)　42.(A)　43.(D)　44.(B)　45.(D)　46.(D)

47.(A)　48.(C)　49.(C)　50.(B)　51.(B)　52.(D)　53.(C)　54.(B)　55.(B)

56.(C)　57.(C)　58.(A)　59.(D)　60.(C)

台灣自來水公司100年評價職位人員甄試試題

甄選類別：營運士業務類【94901-94908】、營運士抄表類【95001-95008】

專業科目(1)：企業管理概要　　　　　※入場通知書編號：＿＿＿＿＿＿＿＿＿＿＿＿

1. 有關價值鏈（value chain）的觀念，下列敘述何者錯誤？

(A)價值鏈的焦點是如何產生利潤

(B)價值鏈觀念最早由Michael Porter提出

(C)價值鏈包括主要活動與支援活動

(D)價值鏈是指企業從原料投入到產出乃至運送至最終顧客之各類價值活動

2. 下列何者之管理功能為「結合與指派全體工作人員職掌，以協調彼此工作，達成企業最終目標」？

(A)規劃　　　　　(B)組織　　　　　(C)領導　　　　　(D)控制

3. 景氣對策信號綜合分數呈現下列何者時，表示景氣低迷，政府應採取激勵措施，以促使景氣上升？

(A)紅燈　　　　　(B)綠燈　　　　　(C)黃燈　　　　　(D)藍燈

4. 管理矩陣是管理功能與下列何者之結合？

(A)規劃、組織、領導、控制

(B)高階管理者、中階管理者、第一線管理者

(C)生產、行銷、人力資源管理、研究發展、財務

(D)專業技能、人際關係技能、概念技能

5. 有關官僚控制（Bureaucratic Control）的敘述，下列何者錯誤？

　　(A)預算控制與內部稽核都是官僚控制

　　(B)內部稽核包括財務稽核、營運稽核、電腦稽核、績效稽核、管理稽核

　　(C)因為僵化的官僚行為造成官僚控制失靈

　　(D)官僚控制即是公司老闆決定一切標準

6. 1980年正式成立之亞太經濟合作會議，其簡稱為下列何者？

　　(A)APEC　　　　　　(B)WTO　　　　　　(C)ECFA　　　　　　(D)GATT

7. 存貨管理、物料需求規劃、排程管理、品質管理等管理活動，可視為下列何者之基本機能（範圍）？

　　(A)生產管理　　　　(B)行銷管理　　　　(C)財務管理　　　　(D)研發管理

8. 管理者可能在不同的道德選擇之下，面對可能的利益衝突，稱之為：

　　(A)管理危機　　　　(B)自利行為　　　　(C)倫理兩難　　　　(D)功利主義

9. 有關麥可‧波特（Michael Porter）的五力分析，下列敘述何者錯誤？

　　(A)現存競爭者的競爭強度　　　　　　(B)新進入者的威脅

　　(C)供應商的議價能力　　　　　　　　(D)進口商品的威脅

10.下列何項領導理論，係強調以部屬外在需求與動機作為其影響的機制？

　　(A)任務領導　　　　(B)關係領導　　　　(C)交易型領導　　　(D)轉換型領導

11.有關總體環境的敘述，下列何者錯誤？

　　(A)總體環境包括政治、經濟、社會、科技等環境

　　(B)總體環境產生的影響不因特定企業而有所不同

　　(C)總體環境又稱為任務環境

　　(D)人口統計變數也是總體環境之一部份

12.下列何項理論認為人們之所以採取某一特定行為（例如努力工作），乃是基於他認為可以產生一定的成果，因而獲得所希望的報酬？

　　(A)公平理論　　　　(B)目標理論　　　　(C)對比理論　　　　(D)期望理論

13.下列何者為公司整體績效之負責人？

　　(A)股東（stockholders）　　　　　　　(B)董事會（board of directors）

　　(C)執行長（CEO）　　　　　　　　　　(D)會計長（CFO）

14.馬斯洛（Maslow）的需求層級中，下列何者強調友情與接納？

(A)生理需求　　　　(B)安全需求　　　　(C)社會需求　　　　(D)尊重需求

15.有關企業經營型態中「獨資」企業的缺點，下列何者非屬之？

(A)籌資不易，企業規模受限　　　　(B)業者須負有限清償責任

(C)事業生命有限　　　　　　　　　(D)晉用人才不易

16.領導者具有某些特質與行為，使成員能對其產生認同，心甘情願追隨他，Robert House & Boss Shamir將這種領導型態稱之為：

(A)魅力領導　　　　(B)特質領導　　　　(C)領袖領導　　　　(D)參考領導

17.管理者具有能與人共事、溝通、協調之管理技能（management skill），稱之為：

(A)概念化能力　　　(B)專業技術能力　　(C)人際關係能力　　(D)互動能力

18.在French & Raven所認為之領導者權力中，下列何者為強調特殊技術或知識？

(A)法制權　　　　　(B)強制權　　　　　(C)獎賞權　　　　　(D)專家權

19.組織藉由合併或購入相關、但不同產業的公司來達成成長的目標，稱之為：

(A)水平整合　　　　(B)直接擴充　　　　(C)相關多角化　　　(D)垂直整合

20.強調相似員工專長歸類在一起的組織設計是指下列何種組織結構？

(A)簡單式結構　　　(B)功能式結構　　　(C)事業部結構　　　(D)虛擬式結構

21.組織中負責管理「生產或庶務性員工」的管理工作者，稱之為：

(A)中階管理者　　　(B)高階管理者　　　(C)基層員工　　　　(D)基層管理者

22.企業內部分析時常採用之SWOT分析，下列敘述何者錯誤？

(A)SWOT是分析包括優勢、劣勢、機會、威脅

(B)SWOT分析是應用於特定產業

(C)優勢與劣勢包含有形與無形之描述

(D)機會與威脅屬於企業外部環境

23.「申訴管道」是指下列組織溝通方式中的何項溝通？

(A)上行溝通　　　　(B)橫向溝通　　　　(C)下行溝通　　　　(D)縱向溝通

24.一套將組織成員結合起來共享且傳承的價值、行為模式及信仰規範，稱之為：

(A)組織文化　　　　(B)組織規範　　　　(C)組織制度　　　　(D)組織系統

25.情緒智力（emotional intelligence）中，強調管理情緒與衝動的能力是指下列何者？

(A)自我認知（self-awareness）　　　　(B)自我管理（self-management）

(C)自我激勵（self-motivation）　　　　(D)同理心（empathy）

26.耶魯大學教授Alderfer於1969年提出的ERG理論中，其英文字母E代表下列何者？

(A)Economic　　　　(B)Existence　　　　(C)Efficiency　　　(D)Effectiveness

27.世界貿易組織（World Trade Organization, WTO）的前身為下列何者？

(A)IMF　　　　　　(B)GATT　　　　　(C)World Bank　　　(D)WHO

28.下列何者沿用X理論與Y理論觀念，提出了更具人性化管理的Z理論？

(A)麥克葛里哥（Douglas McGregor）　　(B)威廉大內（William Ochi）

(C)強伍沃德（Joan Woodward）　　　　(D)喬治梅奧（George Mayo）

29.下列何者為早期台灣中小企業的特色之一？

(A)黑手頭家　　　(B)員工人數多　　　(C)資本密集　　　(D)使用專業經理人

30.下列何者屬於BOT（Build-Operate-Transfer）案？

(A)台北101大樓　　(B)圓山飯店　　　(C)台灣高鐵　　　(D)新竹科學園區

31.在存貨管理之ABC存貨分類制度中，對於存貨中最不重要者（即值少量多者），
通常被歸類為下列何者？

(A)A類　　　　　　(B)B類　　　　　(C)C類　　　　　(D)D類

32.下列何者係指組織透過一些活動與機制，將與職務相關的訊息加以傳播到勞動市場
上，以吸引有興趣及符合條件的人前往應徵？

(A)招募（recruitment）　　　　　(B)甄選（selection）

(C)訓練（training）　　　　　　(D)職涯規劃（career planning）

33.管理者因為在組織內的位階不同，而有不同的職責與職權，稱之為：

(A)水平差異　　　(B)性別差異　　　(C)能力差異　　　(D)垂直差異

34.依據Y理論的主張，最不可能出現下列何種領導方式？

(A)民主領導　　　(B)仁慈領導　　　(C)專權領導　　　(D)僕人領導

35.下列何者不是行銷通路的中間商？

(A)零售商　　　　(B)批發商　　　　(C)代理商　　　　(D)製造商

36.依White & Lippet領導者行為模式理論，下列何者為強調鼓勵員工參與工作制定的
領導方式？

(A)專制型態　　　(B)民主型態　　　(C)放任型態　　　(D)無為而治

37.有關學者提出之理論名稱配對，下列何者錯誤？

(A)赫茲伯格（Herzberg）—雙因子理論

(B)麥克里蘭（McClelland）—公平理論

(C)弗魯姆（Vroom）—期望理論

(D)洛克（Locke）—目標設定論

38.費德勒（Fiedler）認為領導成功與否受三種因素影響，下列何者正確？

(A)工作結構、領導者與部屬的關係、職位權力

(B)工作結構、領導者與部屬的關係、利社會權力動機

(C)工作結構、職位權力、利社會權力動機

(D)工作結構、職位權力、誠實與正直

39.麥肯錫（McKinsey）公司所提出的7S模式中，下列何者錯誤？

(A)Structure   (B)Schema   (C)Style   (D)Staff

40.在組織或企業可運用的主要資源中，有5M之稱者，下列何者錯誤？

(A)人（Man）   (B)金錢（Money）

(C)監控（Monitor）   (D)原物料（Material）

41.學者Hofstede所提出的文化分析模式包括四個構面，下列何者錯誤？

(A)個人主義與集體主義（Individualism-Collectivism）

(B)權力距離（Power Distance）

(C)不確定性迴避（Uncertainty Avoidance）

(D)多元性（Polytropism）

42.消費者對一項新產品、新事物或新觀念的採用，大概要經過五個階段，稱為AIETA Model，下列敘述何者錯誤？

(A)A: Attention   (B)I: Interest   (C)E: Evaluation   (D)T: Trial

43.新型電腦遊戲主機（如PS3, XBOX）上市時，常將價格訂在成本以下，這種訂價法為何？

(A)加成訂價法   (B)滲透訂價法

(C)差別訂價法   (D)利潤最大化訂價法

44.學者Mintzberg提出了策略5P，下列敘述何者錯誤？

(A)策略是一種利潤（Profits）   (B)策略是一種手段（Poly）

(C)策略是一種型態（Pattern）   (D)策略是一種定位（Position）

45.依公司法規定，公司分為四種，下列敘述何者錯誤？

(A)無限公司：指一人以上股東所組織，對公司債務負連帶無限清償責任之公司

(B)有限公司：由一人以上股東所組織，就其出資額為限，對公司負其責任之公司

(C)股份有限公司：指二人以上股東或政府、法人股東一人所組織，全部資本分為股份；股東就其所認股份，對公司負其責任之公司

(D)兩合公司：指一人以上無限責任股東，與一人以上有限責任股東所組織，其無限責任股東對公司債務負連帶無限清償責任；有限責任股東就其出資額為限，對公司負其責任之公司

46.下列何者不是東南亞國協（ASEAN）之會員國？

(A)寮國   (B)尼泊爾   (C)柬埔寨   (D)汶萊

47.依據法藍曲（French）和雷蒙（Raven）的看法，權力並不包含下列何者？

(A)獎賞權（Reward power）　　　　(B)合法權（Legitimate power）

(C)執行權（Execute power）　　　　(D)參考權（Referent power）

48.依據凱普藍（Kaplan）和諾頓（Norton）的看法，平衡計分卡的構面並不包含下列何者？

(A)研究與發展（Research and development）

(B)學習與成長（Learning and growth）

(C)顧客（Customer）

(D)財務（Financial）

49.因受評者之年齡、種族或性別不同時，會影響評等的結果，使其與實際績效不符，這種現象稱之為：

(A)偏見效應（horn effect）　　　　(B)刻板印象（stereotypes）

(C)趨中傾向（central tendency）　　(D)月暈效果（halo effect）

50.富承餅乾公司準備增加一條生產線，需要每月支付90,000元租賃新設備。若每盒餅乾的變動成本為30元，零售價為90元，為達損益兩平點，請問該公司每月應增加產銷幾盒餅乾？

(A)750盒　　　　(B)1,000盒　　　　(C)1,500盒　　　　(D)3,000盒

試題解答：1.(A)　2.(B)　3.(D)　4.(C)　5.(D)　6.(A)　7.(A)　8.(C)　9.(D)　10.(C)

11.(C)　12.(D)　13.(C)　14.(C)　15.(B)　16.(A)　17.(C)　18.(D)　19.(C)

20.(B)　21.(D)　22.(B)　23.(A)　24.(A)　25.(B)　26.(B)　27.(B)　28.(B)

29.(A)　30.(C)　31.(C)　32.(A)　33.(D)　34.(C)　35.(D)　36.(B)　37.(B)

38.(A)　39.(B)　40.(C)　41.(D)　42.(A)　43.(B)　44.(A)　45.(A)　46.(B)

47.(C)　48.(A)　49.(B)　50.(C)

中國郵政股份有限公司委託台灣金融研訓院辦理99年從業人員甄試試題

甄選類科：專業職(二)內勤（78701-78718）、外勤（78801-78820）

專業科目(一)：企業管理大意　　◎請填寫入場通知書編號：＿＿＿＿＿＿＿＿＿

第一部分（1～40題，每題1.25分）

1. 為完成計畫所需要各項活動的先後順序，以及各項活動相關的時間或成本的流程圖，稱為：

(A)直方圖　　　　　(B)品管圖　　　　　(C)經濟訂購圖　　　(D)PERT網路圖

2. 已依證券交易法發行有價證券、採曆年制之公司，原則上應於每年幾月底以前公告並向主管機關申報第一季、半年度、第三季之財務報告？

(A)3、7、9月　　(B)4、8、10月　　(C)5、9、11月　　(D)6、10、12月

3. 物料管理中所謂的「五適」是指適時、適地、適質以及：

(A)適量、適價　　(B)適量、適人　　(C)適量、適用　　(D)適用、適法

4. 財務管理所定義之公司目標為：

(A)追求公司管理者財富的最大　　　　(B)追求員工利潤的最大

(C)追求公司股東財富的最大　　　　　(D)追求公司總營業收入的最大

5. 下列何者不是「平衡記分卡」中的四個指標層面？

(A)財務面　　　　　(B)顧客面　　　　　(C)溝通面　　　　　(D)學習成長面

6. 迪士尼在推出動畫電影時，經常在麥當勞店中張貼電影海報或展示公仔，麥當勞亦透過贈送公仔吸引顧客。此一通路整合方式稱之為何？

(A)水平行銷系統　　(B)垂直行銷系統　　(C)傳統行銷系統　　(D)直接行銷系統

7. 學習型組織即是組織中的成員不斷的發展其能力以實現其真正的願望，並培育出新穎具影響力的思考模式，是由下列哪位學者所提出？

(A)Joan Woodward（強伍德沃）　　　　(B)Fred Fiedler（費得費德勒）

(C)Larry Greiner（賴瑞格雷納）　　　　(D)Peter Senge（彼得聖吉）

8. 詹森法則（Johnson's rule）可以被用來處理下列何種問題？

(A)決定四個工作至二個工作中心之工作順序

(B)決定四個工作至四個工作中心之工作順序

(C)決定五個工作至一個工作中心之工作順序

(D)指派五個工作至五個工作中心

9. 機器設備的養護中，「每日清潔保養」是指：

(A)一級保養　　　　(B)二級保養　　　　(C)三級保養　　　　(D)四級保養

10.六個標準差是指每一百萬個產品約有幾個不良品？

   (A)0.034   (B)0.34   (C)3.4   (D)34

11.下列何者為BCG矩陣考量的基礎？

   (A)市場佔有率和市場成長率   (B)市場佔有率和市場大小

   (C)市場成長率和財務能力   (D)財務能力和企業大小

12.下列何種報表是屬於「靜態報表」？

   (A)損益表   (B)資產負債表   (C)現金流量表   (D)預算計劃表

13.下列四種企業組織型態，何者對投資人而言，責任或風險最小？

   (A)有限公司   (B)獨資公司   (C)合夥公司   (D)兩合公司

14.員工訓練方法中，提出問題、事實或意見給受訓者，讓受訓者回答問題，並對其回答的正確度做出回應，是何種訓練方法？

   (A)模擬訓練   (B)程式化學習   (C)工作中訓練   (D)工作指引訓練

15.倘若您是一個公司的總經理，當面對財務報表分析時，下列敘述何者錯誤？

   (A)股東權益報酬率的比率越高，表示公司獲利能力越佳

   (B)股票的本益比＝每股股價÷每股稅後盈餘

   (C)應收帳款週轉率＝營業收入÷各期平均應收款項餘額

   (D)流動比率過高，表示公司可能發生週轉不靈

16.在程序流程圖中，符號「□」代表的含意為何？

   (A)等待   (B)運送   (C)檢驗   (D)儲存

17.鴻海郭台銘先生，認為「阿里山的神木之所以大，四千年前種子掉到土裡時就決定了，絕對不是四千年後才知道」，此為領導理論中的何種理論？

   (A)行為理論   (B)情境理論   (C)系統理論   (D)特質理論

18.下列哪一位學者認為品管就是P（plan）、D（do）、C（check）、A（action）的循環過程？

   (A)貝斯（Bass）   (B)戴明（Deming）

   (C)費根堡（Feigenbaum）   (D)裘蘭（Juran）

19.姿樺將進行一份各大夜市餐食習慣的市場調查，她的主管提醒她問卷中要放入AIO量表，請問AIO量表是用來衡量什麼？

   (A)生活型態   (B)社經地位   (C)品牌偏好   (D)消費者滿意度

20.就電子商務而言，台灣的「博客來書店」是屬於何種型態？

   (A)B to B   (B)B to C   (C)C to C   (D)C to B

21.阿民逛東海商圈時經過一家攤販，發現大家都在排隊買雞排，一問之下才知道是某

電視節目曾經介紹過，於是也跟著排隊買了一個，請問這種現象稱之為何？

(A)區別效果　　　(B)類化效果　　　(C)經驗式學習　　　(D)觀念式學習

22.下列何者不屬於M. E. Porter提出價值鏈中的支援活動？

(A)人力資源管理　(B)技術發展　　　(C)採購　　　　　(D)售後服務

23.銷售到國外市場的產品和促銷調適策略有五種。當促銷不變，但改變產品以配合當地的情況或偏好，此乃採用何種策略？

(A)溝通調適策略　(B)產品創新策略　(C)產品調適策略　(D)直接延伸策略

24.根據韋伯（Max Weber）理想官僚制，下列何者代表將工作改變成簡單、有規律並詳細規範工作內容？

(A)工作導向　　　(B)客觀　　　　　(C)勞力分工　　　(D)權力階級

25.一個國家境內一年內所生產的產品與服務之總值，稱之為何？

(A)國內生產毛額（Gross Domestic Product; GDP）

(B)生產者物價指數（Producer Price Index; PPI）

(C)消費者物價指數（Consumer Price Index; CPI）

(D)股價指數（Stock Index; SI）

26.在資本預算決策中，「投資計劃的平均年度預期淨收入除以平均淨投資額」又稱之為何？

(A)回收期間法　　(B)淨現值法　　　(C)內部報酬率法　(D)會計報酬率法

27.管理者對環境問題的認知稱為「管理的綠化」。杜邦公司（Du Pont）發展新的除草劑，每年幫助全世界農民減少4,500噸的農藥用量。以上這段話說明杜邦公司是採取下列何者？

(A)守法途徑　　　(B)利害關係人途徑　(C)市場途徑　　　(D)積極途徑

28.以波特（M. E. Porter）之競爭策略而言，集中、低成本、差異化，是屬於哪一層級的策略？

(A)總公司（Corporate Strategy）　　　(B)事業單位（Business Strategy）

(C)功能單位（Functional Strategy）　　(D)國際企業（International Strategy）

29.假設A同學在學校企管課中很少遲交報告，偶爾遲交一次時老師並不斥責。此時依據增強理論，老師是用什麼方式來激勵A同學？

(A)正增強　　　　(B)消弭　　　　　(C)處罰　　　　　(D)負增強

30.預測（Forecasting）技術可分為量化及質化預測兩大技術，請問下列何者不屬於質化預測技術？

(A)專家意見　　　(B)替代效果　　　(C)綜合銷售員意見　(D)顧客意見評量

31.消費者市場中，依照人口密度做為市場區隔變數稱之為何？

(A)地理區隔　　　(B)所得區隔　　　(C)心理區隔　　　(D)利益區隔

32.假設A公司的影印服務每張$1.5，如果每年固定成本為$27,000，每張影印的變動成本為$0.4，則年度損益兩平時，服務收入約為多少？

(A)$9,818　　　(B)$40,500　　　(C)$36,818　　　(D)$24,545

33.在消費者行為中的行為學習觀點，其中古典制約理論說明了當狗聽到鈴聲而流口水的現象，可用下列何者說明？

(A)消弱（Extinction）　　　　　　　(B)刺激鑑別（Stimuius discrimination）

(C)認知學習（Cognitive learning theory）　(D)刺激類比（Stimnlas generatization）

34.根據世界經濟論壇（WEF）2009-2010全球競爭力評比，整體競爭力排名第一的國家為下列何者？

(A)美國　　　(B)新加坡　　　(C)瑞士　　　(D)芬蘭

35.實務上我們會將客戶分級，若甲公司有A級客戶1,000個，B級客戶2,000個，A級客戶一年要拜訪36次，B級客戶一年要拜訪12次。若一位業務人員平均一年可拜訪1,000次，請問甲公司需要多少位業務人員？

(A)50　　　(B)60　　　(C)70　　　(D)80

36.下列何者不屬於工作特性模式（JCM）所探討之核心工作特性？

(A)技術變化性　　　(B)自主性　　　(C)工作重要性　　　(D)工作異動性

37.促銷活動包括許多誘因，大多是短期性的，若讓消費者免費試用、提供現金折扣或折價卷……等方式則稱為下列何者？

(A)消費者促銷活動　　　　　　　(B)經銷促銷活動

(C)企業與銷售人員促銷　　　　　(D)通路促銷

38.陳經理是董事長的女婿，多年來表現的非常稱職，最近將被擢昇為副總經理。此後他在組織所擁有的權力應屬於French and Raven（1960）所提出的何種權力來源？

(A)法定權　　　(B)獎賞權　　　(C)專家權　　　(D)參照權

39.廠商聘請「豆花妹」或「瑤瑤」為電玩擔任代言人，並親自擔任遊戲主角化身的行銷方式，稱之為何？

(A)身分行銷　　　(B)自我推銷　　　(C)反向行銷　　　(D)責任行銷

40.D. Ulrich（1997）認為，現代人力資源有四大角色。在管理的重點上以效率及穩定性為主，同時能依固定流程完成例行工作是為何種角色？

(A)策略夥伴　　　(B)行政專家　　　(C)員工協助者　　　(D)變革促進者

第二部分（第41～65題，每題2分）

41.西方管理理論由傳統的科學管理進入到人際關係、行為科學理論的轉捩點，是由梅約（Mayo）所提出的下列何項理論？

(A)X理論　　　　　　(B)Y理論　　　　　　(C)霍桑實驗理論　　(D)因果歸因理論

42.如果存貨價格隨時間上漲，與「先進先出（FIFO）」相比，採用「後進先出（LIFO）」會有：

(A)較低的淨利、較高的現金流量　　(B)較低的淨利及現金流量

(C)較高的淨利、較低的現金流量　　(D)較高的淨利及現金流量

43.超商7-Eleven因為具有眾多的零售據點和可觀的集客能力，讓許多供應商必須與他們合作，藉以依據其零售體系進行銷售。請問這是屬於哪種行銷系統？

(A)企業式垂直行銷系統　　　　　　(B)管理式垂直行銷系統

(C)所有權式垂直行銷系統　　　　　(D)契約式垂直行銷系統

44.假設有三位製造商將產品銷售給三位消費者，交易次數共有幾次？又若多了一個中間商後，交易次數需要幾次？

(A)3，1　　　　　　(B)4，9　　　　　　(C)6，3　　　　　　(D)9，6

45.近年來，台灣的個人電腦專業代工廠為了應付客戶的要求，產生了新的商業模式，下列何者錯誤？

(A)ATO：訂單組裝

(B)BTO：訂貨生產

(C)CTO：直接將電腦的基礎配件先行組裝為完成品，以加快交貨時程

(D)ETD：接到訂單後才開始研發設計及生產，依客戶要求的性能規格交貨

46.依經濟部之中小企業訂定標準，依法辦理公司登記或商業登記之製造業、營造業、礦業及土石採取業以外之其他行業前一年營業額在新臺幣多少金額以下者，稱為中小企業？

(A)一億元　　　　　(B)二億元　　　　　(C)三億元　　　　　(D)五億元

47.斯泰德（G. Hofstede）在1984年針對國家文化的研究中，員工永遠相信主管是對的，即使事實證明主管是錯的，員工也不會主動的做出任何不同於以往的決定。此時是展現下列何者？

(A)高度的權力距離　　　　　　　　(B)高度的集體主義

(C)高度的不確定性規避　　　　　　(D)高度的英雄主義（男性主義）

48.傑民公司某生產線有三個工作站，其週期時間為2分鐘，每週期工作站閒置總時間共0.6分鐘，請問該生產線之效率為多少？

(A)10%   (B)20%   (C)80%   (D)90%

49. 以激勵理論而言，下列敘述何者錯誤？

  (A)Maslow提出需求階層理論

  (B)McClelland認為成就、權力、隸屬是三項重要的高層次需求

  (C)Herzberg提出生存需要、相互關係需要和成長發展需要

  (D)未滿足的需求會引起緊張進而產生驅動力量

50. 資料庫行銷中，常見的RFM分析可用來瞭解顧客的購買行為，其中的「F」是用來衡量什麼？

  (A)購買金額   (B)購買頻率

  (D)交易的流暢性   (D)最近一次的購買日期

51. 經濟部繼「兩兆雙星」計劃後，於2009-2012年將投入經費超過2,000億元進行「六大新興產業計劃」。其中「六大新興產業計劃」不包括下列何者？

  (A)醫療照護   (B)文化創意   (C)綠色能源   (D)數位內容

52. 組織為了獲得投入的控制權而藉由成為自己的供應商之方式，稱之為何？

  (A)向後水平整合   (B)向前垂直整合   (C)向前水平整合   (D)向後垂直整合

53. 行銷活動常需要做銷售量的變異分析。若假設年度計劃預計第一季將以$1銷售4,000單位，在第一季結束之後，發現僅以$0.8銷售3,000單位，亦即銷售額為$2,400，績效變異為$1,600。請問因銷售減少所導致之變異為何？

  (A)$600   (B)$1,000   (C)$400   (D)$1,280

54. 有關研究工作動機理論的主要學者，例如馬斯洛（Abraham Maslow）、賀茲（Frederick Herzberg）、阿德佛特（Clayton Alderfer），可歸類下列哪一學派的理論中？

  (A)內容理論（Content Theory）   (B)過程理論（Process Theory）

  (C)公平理論（Equity Theory）   (D)歸因理論（Attribute Theory）

55. 在拍賣時，以最高價投標者得標的拍賣方式稱之為何？

  (A)英式拍賣   (B)荷式拍賣   (C)封籤拍賣   (D)群組拍賣

56. 假設A廠商投資$100萬進行生產，希望有20%的投資報酬率，單位成本為$16，預期銷售量為5萬單位。請問若以目標報酬訂價法，該產品應以多少訂價？

  (A)$10   (B)$20   (C)$30   (D)$40

57. 在人際溝通程序中，有四種情況會影響到編碼的有效性，分別是：技巧、態度、發訊者的知識及下列何者？

  (A)社會文化系統   (B)接受者   (C)發訊者的年齡   (D)環境問題

58.下列何項理論之前提是認為「動機（投入、努力）並不等於滿意或績效」；即投入並不直接決定績效，還受到個人能力、特質及自我工作角色如知覺之影響而定？
(A)Victor Vroom的「期望理論」　　　(B)Porter‧Lawler有「工作動機模式」
(C)Alderfer「三需求理論」　　　　(D)Herzberg的「雙因子理論」

59.美美生技公司之速動比率為0.85，流動比率為1.15，倘該公司以現金支付應付帳款，則這兩項比率將如何變動？
(A)兩者皆下降　　　　　　　　　　(B)兩者皆上升
(C)速動比率上升、流動比率下降　　(D)速動比率下降、流動比率上升

60.在專案管理中，假設執行A工作所需的最樂觀時間為10、最悲觀時間為18、最有可能時間為11（以上均忽略單位），則可以求算出執行A工作所需時間之期望值為12，請問其變異數約為何？
(A)1.333　　　　　(B)1.4444　　　　　(C)0.1111　　　　　(D)1.7778

61.某公司有流動資產$100，淨固定資產$500，短期負債$70，長期負債$200，請問淨營運資金為何？
(A)$330　　　　　(B)$600　　　　　(C)$270　　　　　(D)$30

62.Blake和Mouton提出管理方格理論，以座標軸方式揭示81種領導模式，其中主要代表型之一（1,9）型為下列何者？
(A)赤貧管理　　　(B)威權管理　　　(C)團隊管理　　　(D)鄉村俱樂部管理

63.為了化解與改變某工作團體對其他工作團體所抱持的態度、刻板印象與知覺，經由彼此討論與分享感受，找出異同點、原因，並且用來診斷和形成改善關係的解決方案，稱之為何？
(A)敏感度訓練（Sensitive Training）　　(B)團際發展（intergroup development）
(C)程序諮詢（process consultation）　　(D)優能探尋（appreciative inquiry）

64.Hersey and Blanchard發展了情境領導理論，認為領導風格取決於部屬的成熟度。請問當低任務導向及高關係導向時，領導者應採用何種領導？
(A)授權型領導　　(B)參與型領導　　(C)推銷型領導　　(D)告知型領導

65.Leavitt的變革途徑乃經由三種機能作用來完成，下列何者非屬此三種機能之一？
(A)流程　　　　　(B)技術　　　　　(C)行為　　　　　(D)結構

試題解答：1.(D)　2.(B)　3.(A)　4.(C)　5.(C)　6.(A)　7.(D)　8.(A)　9.(A)　10.(C)
　　　　　11.(A)　12.(B)　13.(A)　14.(B)　15.(D)　16.(C)　17.(D)　18.(B)
　　　　　19.(A)　20.(B)　21.(D)　22.(D)　23.(C)　24.(C)　25.(A)　26.(D)

27.(C)	28.(B)	29.(D)	30.(B)	31.(A)	32.(C)	33.(D)	34.(C)
35.(B)	36.(D)	37.(A)	38.(A)	39.(A)	40.(B)	41.(C)	42.(A)
43.(B)	44.(D)	45.(C)	46.(A)	47.(A)	48.(D)	49.(C)	50.(B)
51.(D)	52.(D)	53.(B)	54.(A)	55.(A)	56.(B)	57.(A)	58.(B)
59.(D)	60.(D)	61.(D)	62.(D)	63.(B)	64.(B)	65.(A)	

99年公務人員特種考試警察人員考試及99年特種考試交通事業鐵路人員考試試題

等別：員級

類科：人事行政、運輸營業

科目：企業管理概要

考試時間：1小時30分　　　　　　　　　　　　座號：＿＿＿＿＿＿＿＿＿

※注意：(一)禁止使用電子計算器。

　　　　(二)不必抄題，作答時請將試題題號及答案依照順序寫在試卷上，於本試題上作答者，不予計分。

一、何謂科學管理（scientific management）？何謂管理科學（management science）？（25分）

二、說明授權（delegation）、集權（centralization）、分權（decentralization）與賦權（empowerment）的內涵。（25分）

三、說明Victor Vroom所提出的期望理論（Expectancy Theory）之主要觀點。（25分）

四、請說明費德勒權變模式（Fielder Contingency Model）的主要理論內容。（25分）

99年公務人員特種考試警察人員考試及99年特種考試交通事業鐵路人員考試試題

等別：高員三級

類科：人事行政、事務管理、材料管理、運輸營業

科目：企業管理

考試時間：2小時　　　　　　　　　　　座號：＿＿＿＿＿＿＿＿＿

※注意：(一)禁止使用電子計算器。

　　　　(二)不必抄題，作答時請將試題題號及答案依照順序寫在試卷上，於本試題上作答者，不予計分。

一、請論述有那些常見的全面品質管理（TQM, Total Quality Management）理念及品質改善工具，企業可以用來提昇服務品質及增進企業整體經營績效？（25分）

二、請論述有那些常見的激勵（motivation）理論及激勵工具，企業可以用來提昇員工工作滿意度及開發員工潛能？（25分）

三、企業經營中作業管理（operations management）、財務管理與市場行銷是三項不可或缺的作業事項，其中以作業管理在降低成本方面的貢獻最多。請論述有那些常見的作業管理方法可以降低成本及提昇效能？（25分）

四、請論述以下名詞：（每小題5分，共25分）

(一)同等購買力（purchasing power parity）

(二)生產力（productivity）

(三)公司社會責任（corporate social responsibility）

(四)綠色行銷（green marketing）

(五)傾銷（dumping）

國家圖書館出版品預行編目資料

企業管理概要／王德順著. －－二版.－－臺
北市：五南, 2011.04
　面；　公分
ISBN 978-957-11-6184-6（平裝）
1.企業管理
494　　　　　　　　　　99024676

1FG9

企業管理概要

作　　者 ― 王德順

發 行 人 ― 楊榮川

總 編 輯 ― 龐君豪

主　　編 ― 張毓芬

責任編輯 ― 侯家嵐

文字編輯 ― 劉芸蓁

封面設計 ― 童安安

出 版 者 ― 五南圖書出版股份有限公司

地　　址：106台北市大安區和平東路二段339號4樓

電　　話：(02)2705-5066　　傳　　真：(02)2706-6100

網　　址：http://www.wunan.com.tw

電子郵件：wunan@wunan.com.tw

劃撥帳號：01068953

戶　　名：五南圖書出版股份有限公司

台中市駐區辦公室/台中市中區中山路6號

電　　話：(04)2223-0891　　傳　　真：(04)2223-3549

高雄市駐區辦公室/高雄市新興區中山一路290號

電　　話：(07)2358-702　　傳　　真：(07)2350-236

法律顧問　元貞聯合法律事務所　張澤平律師

出版日期　2005年1月初版一刷
　　　　　2007年8月初版三刷
　　　　　2011年4月二版一刷

定　　價　新臺幣650元